JN187572

「白い光」を創る

社会と技術の革新史

宮原諄二 著
Junji MIYAHARA

東京大学出版会

A Brief History of Lighting: Invention and Innovation
Junji MIYAHARA
University of Tokyo Press, 2016
ISBN978-4-13-063360-4

はじめに

私たちの祖先が火を作り出す技術を発明し、夜の世界を照らす明かりを手に入れてから、現在までおよそ100万年になります。

はっきりと意識していなかったと思いますが、先人たちは、太古の昔から、ものの色が夜でも昼間と同じように見える明かりがほしかったに違いありません。明かりの歴史を眺めてみると、それは、昼間のような「白い光」を創り出したいとする創意工夫の歴史でもあったからです。

燃える炎の黄色い光の長い長い時代のあと、最初のその「白い光」が誕生したのは、「光」や「色」の理解が進み、自然科学に支援された近代技術が花開いた19世紀でした。それから200年の間に、「白熱ガス灯」・「白熱電球」・「白色蛍光灯」、そして21世紀に入る直前には「白色発光ダイオード」との、四つの「白い光のイノベーション」が立て続けに生み出されてきました。今では、地球は夜になっても「白い光」で光っている宇宙でもめずらしい星になりました。

それぞれの明かりの革新技術が工夫され、イノベーションが生まれるときには、それぞれに関連した科学があり、技術があり、社会があり、そして革新技術の研究や開発に関わり合った人たちと企業のドラマがありました。また「光」の現象だけならば、ニュートンの言うように科学の「理性」の言葉だけで語ることが可能なのですが、「白い光」のように「色」に関連する話は、ゲーテが言うように人間の「感性」の言葉でないと語れません。

本書では、科学と技術、そして人と社会とがからみ合いながら創り出されてきた１００万年の明かりの歴史を、「白い光」で照らしながら眺めていきたいと思います。

目次

第1話　太陽の白い光

今、私たちの周りは光に満ちあふれている。空気と同じように、光もまた当たり前の存在だ。この光はいつ生まれたのだろうか。どこから来たのだろうか。いやいや、そのような疑問を持つことは無意味であって、光はずっと昔からどこにでもあったのかもしれない。当たり前に存在する何かに気がついたとき、人は哲学者になり、科学者になり、宗教家になり、そして子どもになる。

自然科学の世界では、光は宇宙の誕生とともに生まれた。138億年前のことである。約50億年前に太陽が、それから4億年経った46億年前に地球が生まれた。地球誕生の混乱が落ち着くにつれて海ができ、大気は次第に変化し、約40億年前に太陽からの光の中で生命は誕生した。

それから実に長い時を経て、約700万年前に私たちの遠い祖先がサルと別れて地上を二本足で歩くようになった。そして約200万年前に登場したホモ・エレクトスが、夜になって昼間の狩りから住みかである暗闇の洞窟に戻ったとき、ものを照らす明かりが欲しかったに違いない。しかし、彼らが明かりとして手に入れることのできたのは、さらにその100万年後、今から100万年前である。それも燃える炎の黄色い光だった。

古代ギリシャのアリストテレスはすでに、太陽の光を燃える炎とは違う「白い光」と捉えていたが、その「白い光」が、じつはさまざまな色の光から構成されていることは、17世紀になって英国のニュートンが発見するまで知られることがなかった。

色、殊に人間の眼に映る色には、その性質を記述するための絶対的な基準があるわけではなく、感性や記憶などにも依存していて、誕生直後の自然科学には素直にはなじまないものであった。だが、より明るい白い光の明かりを求めようとする人々の欲望と、それを実現したいとする人々の創意工夫とが融合し、さまざまな明かりがつくられていった。

のちに詳しく説明するが、「イノベーション」とは人々に影響を与え、社会を変える原動力となった革新のことを言う。長く続いたオイルランプやロウソクの炎による黄色い光の時代から、科学と技術の進展によって最初の「白い光のイノベーション」が生まれたのは、たった１５０年ほど前のことである。白熱ガス灯、白熱電球、そして白色蛍光灯という三つのイノベーションを経て、現在は白色ＬＥＤ（発光ダイオード）による第四のイノベーションが始まっている。

1　光が生まれた

宇宙の始まり

光がどのようにして生まれたかとの話は、それぞれの民族や宗教の中で独自の神話として残っている。特にこの世を創ったとされる最初の場面の中にある。

キリスト教の旧約聖書の中の創世記では、「初めに神が天と地を創造した」が、「地は形がなく、何もなかった。闇が大いなる水の上にあり、神の霊は水の上を動いていた。そのとき、神が『光よ。あれ』と仰せられた。すると光ができた」と語られる。光は神さまが創ったと明確に述べている。

バラモン教、ヒンドゥー教の聖典の一つ「リグ・ベーダ」では、宇宙が創られたあとの詳細な記述はあっても、宇宙が最初に誰によってどのように創られたとの記述はない。神さまは宇宙創造のあとに現れたのであって、誰も宇宙の創造を知らないと言っている。光は最初からあったのだ。

日本の古事記では、天地創造の最初から天の世界である高天原（たかまがはら）、地上の世界である葦原中国（あしはらのなかつくに）、そして闇の世界である黄泉国（よみのくに）との三つの世界があった。太陽の神としてアマテラス（天照大神）が生まれてくるのは、死んだ妻イザナミを追って黄泉の国に行った夫イザナギが、妻イザナミに追われて逃げ帰る途中でミソギを行った結果である。弟スサノオ（素戔嗚尊）の乱暴狼藉に愛想が尽きて、姉アマテラスが高天原の天岩屋戸（あまのいわやと）に隠れたとたんに、それまでは光に満ちあふれていた世界が突然に闇になったと言う。つまり古事記では光が誰によって、いつどのように創られたかとは何も語られてはいない。光は最初からあったのだ。

光の起源に関する神話は世界中の民族の数だけあるだろう。それらの話は旧約聖書、リグ・ベーダ、古事記の振れ幅の中、つまり創られた光と最初からあった光という振れ幅の中に収まることはたしかであろう。神さまが意志として光を創った話と、光は知らないうちに創られていた話である。

絶対的な1人の神さまが君臨して存在する一神教の社会と、神さまがたくさん身近にお住まいになさっている多神教の社会での創造観の違いがここに現れている。

自然科学においてもさまざまな宇宙創造の理論が語られている。その中で現在のところもっとも正しいだろうと信じられている理論は「ビッグバン・モデル」である。このモデルはアインシュタインを初めとするそれまでの説を集大成して、１９４０年代に多才な物理学者であったジョージ・ガモフが提案した仮説である。「ビッグバン」とは大きな爆発音を意味するが、その爆発の前には宇宙はなく、その爆発から宇宙は始まり、今も膨張し続けている成長の過程にあるとする。光もその宇宙の始まりとともに生まれたと考える。このモデルではビッグバンの前に宇宙はどのようになっていたのかと問うことは意味がない。

これに対する「定常宇宙モデル」では宇宙には始まりはなく、栄枯盛衰の輪廻はあったにしろ、全体としては永久不変だとする。このモデルでは光がいつ生まれたのかと問うことは意味がない。光は永遠に続いていく宇宙の中に最初から存在していたと説明する。自然科学における二つの有力な宇宙モデルは神話における二つの宇宙創造の話とその根本においてそれぞれ対応している。

自然科学における学説はその理論よりも、さらに自然の中の多くの現象を統一的に説明できる新たな理論が現れるまでは、今の理論を正しいものと認めようとする約束事の上に成り立っている。その新たな理論もまた仮の論理、仮説である。ビッグバン・モデルも例外ではない。１５０年を経た後もなおダーウィンの生命の進化論に今なお賛成しない人たちがいるように、宇宙の進化論「ビッグバン・モデル」に賛成しない専門分野の人たちもいる。いったん認められても、その後に無視されて捨てられた学説は無数にある。また一方で、その時代に早すぎて認められなかったが、しかし本質を突く学説は時期を得てまた復活する場合もしばしばある。

宇宙創造の仮説はまだまだ進化の途中にある。ビッグバン・モデルに対しては無から有が生まれるはずがないとする根強い反対意見もあるのだが、相対性理論と量子論をベースとするこのモデルは宇宙や物質の誕生、その他のさまざまな多くの現象を理解することができる現在ではもっとも確からしい理論として認められている。

早すぎた仮説──大陸移動説

アルフレッド・ウェゲナーによって1912年に発表された大陸移動説はそうだった。太古の大陸「パンゲア」を仮定し、パンゲアが分裂し地球表面を移動して現在の大陸と海の分布を作ったとする説である。実際に南北アメリカ大陸の東側の海岸線はアフリカ大陸とユーラシア大陸の西側の海岸線と大西洋を挟んで実にぴったりと合う。まさにジグソーパズルではないか。ところが大陸を移動させるメカニズムやエネルギーの源が何かを充分に説明できず、ウェゲナーの説は認知されなかった。と言うよりも不信と軽蔑でもって扱われた。1960年代になって地球内部のマントルの様相が明らかになり、プレートテクトニクス理論となって地球上の諸現象を説明できるようになってから、ウェゲナーの大陸移動説の正しさが立証された。

最初の光

ビッグバン・モデルによると、ある瞬間、宇宙はそれまで何もなかったある一点から始まった。われわれが想像すらできないほどの超々高温度で、超々高密度で、超々微小な一点である。空間も、時間も、物質の創成も、その瞬間、つまりビッグバン（大爆発）から始まったと言う。現在、その宇宙の誕生は種々の計測データから今から１３８億年前であろうと考えられている。光はビッグバンの瞬間の直後の超々高温のプラズマ状態のときに、電子や他の素粒子と共に創り出されたとされる。爆発以来、宇宙は現在もなお膨張を続けていて、現在の人類、地球、太陽系、銀河系などを含む全宇宙を創ってきたとする。

ビッグバンが起こり、その一点から宇宙が急速に膨張していくと宇宙は冷えていく。たとえ話風に言えば、ボンベに詰めた高圧力の二酸化炭素ガスを空気中に吹き出させると断熱膨張により急速に冷却されて固体のドライアイスになる。あるいは室内のエアコンがガスを圧縮させたあとで急速に膨張させることによって冷気を作るようなものだ。宇宙はそのとき以来現在までずっと冷え続けていることになる。

電子や素粒子と共に誕生した光（light）をこの場合は光子（photon）と呼んだ方がいいかもしれない。光と光子とは同じなのか、違うのか。私たちは「光」という言葉を聞いたり、話すときには何かの色を思い浮かべているはずだ。プリズムに太陽の白い光を透すと現れるあのいろいろな色である。光の波長によって色が違うことを私たちは知っている。この場合、自然科学的な言葉で言えば、無意識に「光」とは振動して空間を伝わっていく波を仮定している。一方、「光子」とはエネルギーをもった一粒の粒子として考える見方だ。光は波か粒子かとの論争は、17世紀の粒子説を唱えるアイザック・ニュートンと波動説を唱えるクリスチャン・ホイヘンスの論争以来続いてきたのであるが、20世紀に入ってアイシュタインの相対性理論によってこの論争自体が無意味であることが証明された。粒子と波は同じことを別の言葉で語っているにすぎないのだ。どちらが今の議論の場にふさわしいかによって言葉として使い分けられていると言っていい。

光を波として考えると、光は電場と磁場が真空や媒体の中を振動して伝わっていく電磁波である。ラジオやテレビの電波も、放射線と言われるガンマ線やX線も光と同じ電磁波だ。電波は「光」よりも波長が長いだけであり、ガンマ線などは「光」よりも波長が短いだけである。目に見える光は電磁波のごく一部でしかない。また電磁波の発生メカニズムと関連して言えば、ある温度の状態にある物質はある波長（振動数、エネルギーといってもよい）の電磁波を出す。温度が高ければ高いほど波長が短くガンマ線となり、温度が低ければ波長の長い電波となる。温度がちょうど人間の眼に見える範囲の波長の電磁波を出せば、それは「光」として認識される。たとえば七輪の中で木炭が加熱されていくと、次第に赤く見えるようになっていくのはおよそ波長700ナノメートルの眼に見える赤い光が放出されるようになるためだ。そのとき赤くなった木炭は600～700℃になっている。その前から赤外線が放出されているのであるが、肌で暖かくは感じても見えないだけである。

違和感を覚えるかもしれないが、電波のことも、ガンマ線やX線のことも、同じ電磁波なので「光」と呼んだり、「光子」と呼ぶこともある。さらにはそれらを波長のような「長さ」ばかりでなく、「温度」で表現することもある。たとえば宇宙はケルビン温度Kで２・７Kの光で満たされているなどと言う。

ともあれ、ビッグバンの瞬間の直後（10^{-11}秒後）、想像もできない超々高温度で超々高密度のプラズマ状態の中で、電子や他の素粒子とともに光子も創り出された。さらにその次の瞬間（1万分の1秒後）になって、やや温度が下がって陽子や中性子が生まれる。陽子は水素の原子核でもある。だから陽子が生まれたということは水素の原子核が生まれたと言ってもいい。さらに1分後には宇宙のケルビン温度は10億Kまで下がり、ヘリウム（He）とかリチウム（Li）などの軽い原子の原子核も存在するようになる。温度が下がるといっても10億Kは地球上では実現しえない超高温であって、原子核も電子も自由に飛び回るプラズマ状態になっている。誕生するのは原子核であって原子ではないことに注意したい。原子は原子核の周りに電子をとらえて電気的に中性になったものだ。原子の状態になるには膨張を続けて温度がさらに４０００Kくらいまで下がらなければならない。

ビッグバンから数十万年の時間が経ち、宇宙温度が４０００Kくらいになると、電子が水素やヘリウムの原子核に捕獲されて中性の水素原子やヘリウム原子が作られるようになる。それまで光子は陽子や電子などの電荷を持った粒子（荷電粒子）との相互作用が強いために、宇宙の中をまっすぐに進むことができなかった。その邪魔になっていた自由な電子や陽子が消えたのだ。その結果、宇宙の霧が晴れて透明になり見通せるようになった。まだ誕生していない地球の方向に向けて光が旅を始めたのはそれからのことである。光子は宇宙誕生直後の瞬間に生まれてはいたが、数十万年の間、原始の宇宙に閉じこめられていたことになる。その原始の宇宙は光では見ることができない球形の殻で覆われていたと言える。光と同時に創り出された素粒子のニュートリノはその殻を突き抜ける。ニュートリノが話題になるのは、まだ未知の宇宙の中心を知る情報源として期待されているからである。

とにかく光は光速度で旅を始めた。宇宙の誕生とともに始まった時間もそれなりに経過していく。時間とともに宇宙は膨張し、次第に下がる宇宙の温度の中を光は進んでいく。宇宙が超々高温で超々高密度の状態で誕生した直後に発生していた大量のガンマ線は宇宙が冷えてくると光となり、温度がさらにずっと下がると電波になる。電波は冷えた光なのだ。

138億年前の光

1964年、ベル電話研究所にいたアーノ・ペンジアスとロバート・ウィルソンは電波天文学のために宇宙から来る電波を精度高く測定しようとしていた。そのためには宇宙からのバックグラウンド・ノイズを精度高く知っておく必要があった。しかし何回測定しても、アンテナを宇宙のどの方向に向けても、正体不明のマイクロ波ノイズがどうしても残ってしまう。その理由が彼らにはまったくわからなかった。彼らは宇宙論の専門家でもなかったし、ましてビッグバン・モデルの提唱者であるガモフの論文すら読んだこともなかったのである。しかしビッグバン・モデルによれば、その観測結果は宇宙が晴れ上がったときに旅に出た光が138億年かかってマイクロ波領域の電波となって地球にやってきたことを意味していた。この宇宙背景放射の発見はビッグバンが実際に存在したという証拠となった。ペンジアスとウィルソンはこの宇宙背景放射の発見によって1978

年にノーベル物理学賞を受賞することになる。

宇宙背景放射の発見は典型的なセレンディピティの事例の一つである。セレンディピティというのはセレンディップ（今のスリランカ）の３人の王子様が旅に出たところ，彼らの行く手に予想もしなかった幸運が次から次に現れたというお話がベースになっている。そのおとぎ話から，何かを求めているときに価値のある別のものを偶然に発見する能力という概念を表現する言葉として，１７５４年にイギリスの著述家であり政治家であったホレス・ウォルポールによって作られた，とあるからずいぶんと古い由緒ある言葉である。ノーベル賞受賞者をはじめとする多くの発見や発明物語ばかりでなく，日常の私たちの暮らしの中にもセレンディピティが発端になっていることは実に多い。

なぜ宇宙創生時の光が１３８億年後に波長の長い電波として観測されたのであろうか。それは地球とビッグバンの中心とが光速に近い速度で互いに遠ざかっていくため，宇宙の最初に生まれた光はドップラー効果によって波長が長くなり電波となって観測されたのだと理解することができる。ドップラー効果とは音源や光源とそれを観測しているものの相対的な速度によって波長が変化して観測される現象であり，互いに遠ざかっていく場合は波長が長く，つまり周波数が低く観測され，近づいていく場合は波長が短く，周波数が高く観測される。救急車が目の前を通り過ぎるときの音の変化はまさにドップラー効果が起こっている。宇宙の膨張がエドウィン・ハッブルによって確認されたのは星の明かりに関するドップラー効果の観測によるものだ。宇宙の最初の光は眼に見えないマイクロ波の電波になってしまった。

今、私たちは宇宙の最初の光ではなく、宇宙の誕生からずっとあとに生まれた太陽からの光を受けている。その太陽の光はいつ頃生まれたのか。それに答えるには、またビッグバンまでさかのぼる必要がある。

ビッグバンによって創成された物質、つまり素粒子や水素・ヘリウムなどの原子核や原子は宇宙空間にばらまかれた。均一にばらまかれたのではなく、所々にむらがあった。いったんむらができるとそこは周囲よりも密度が高くなるので、重力によってますます周囲の物質を集める。そうして原始の星が誕生する。星は重力によって押し固められ、その圧力によって内部の温度は上昇し、ついには水素やヘリウムが核融合を起こすほどの超高温になっていく。その超高温の中で軽い原子の原子核から重い原子核へとさまざまな原子核が作られる。星は超高温状態による膨張と莫大な物質の重力による収縮という微妙なバランスを保って成長するが、そのバランスが崩れるとその星は収縮し、あるいは崩壊して超新星となって爆発する。この爆発によって水素やヘリウム、それ以上に重い物質も同じように再び宇宙空間にばらまかれる。この物質もまた宇宙空間に均一にばらまかれたのではなく、密度が高い領域はまた星として誕生する核となる。そしてまた超新星爆発を起こす。超新星爆発は物質を作り出すエンジンであり、ビッグバン以降無数に繰り返されたであろう。人類が超新星爆発を直接観察した記録は歴史上3回あった。１０５４年のかに星雲、１５７２年のティコ新星、１６０４年のケプラー新星である。宇宙年齢に比べて格段に短い歴史の中で3回もあったということは、驚くべき頻度である。私たちが生きている間に地球に近い場所で起こる可能性もないわけではない。

私たちの太陽は超新星爆発によって宇宙空間にばらまかれたその物質が集まって、銀河系という星の集団の端っこの所に、今からおよそ50億年前に誕生した。太陽は水素とヘリウムをその中心とし、核融合によって燃えている星だ。中心は超高温のためにガンマ線が多量に発生しているが、極低温の宇宙空間との境界面である太陽の表面に出てくる時は約6000Kの光となっている。宇宙の星はその表面温度によってO—B—A—F—G—K—Mとアルファベットで表されるスペクトル型[注1]で分類されているが、太陽は宇宙の中ではG型で表されるごくふつうの星である。

そして地球は太陽が誕生してからおよそ4億年後、今から46億年前に誕生した。宇宙空間にばらまかれた物質が太陽という星の重力によってその周囲に捕われ、次第に凝集し、太陽系という惑星系が作られ、その惑星の一つとして誕生したのだ。原始の地球は小惑星や隕石が衝突したり、激しくマグマが煮えたぎった想像に絶する世界であったろう。時間が経ち、重い鉄は地球の中心に沈み込み、地球が冷えてくるに従って表面には岩石が固まり地殻となった。原始大気の主成分であった水蒸気は海になり、地球の保温剤となっていた二酸化炭素ガスはその海に溶け込んだ。地球上の最初の生命が地球外からもたらされたのであるか、そうではないのかはどうであれ、その原始の海で生命が誕生した。無数の生命の連鎖を経て、およそ700万年前にサルと分かれた人類の遠い祖先が誕生した。彼らは太陽からの白い光を浴びて地球上を歩き回るようになった。

2　色とは何だろうか

白い光の発見

私たちの祖先が、たまたま燃えている木の炎を利用した最初の明かりは「黄色い光」だった。「白い光」ではない。しかし、太陽の光と炎の光の違いに気づいていたとしても、彼らは「白い光が欲しい」とは思わなかったはずだ。なぜなら、「白い光」とは「白くない光」、つまりさまざまな色の光があることを知ってはじめて、意識に上ってくるものだからだ。私たちの祖先も空にかかる美しい虹を見ていたはずだが、しかし、さまざまな色の光があることを知っていたとしても、「白い光」に気づくとは限らない。

では、私たちはいつ、「白い光」に気づいたのだろうか。ヴォルフガング・ゲーテによると、最初に「白い光」について語ったのは紀元前6世紀頃のギリシャのピタゴラス派であると彼の『色彩論』の中で述べている。下って、紀元前4世紀に生きたギリシャのアリストテレスは、色の基本を白と黒と考えた。さまざまな色は「白い光」と暗黒の「闇」の中間に存在し、媒質の中を「白い光」が通過するに従って暗くなり、色が現れる、というのだ。したがってアリストテレスが理解していた色の配列は、私たちが「紫・青・緑・黄・赤」と虹の色の順番のように並べるのとは異なって、明るい順に「白・黄・赤・紫・緑・青・黒」であった。それはともかく、こうしたアリストテレスの理解から考えると、当時のギリシャ人が太陽の光を「白い光」と考えていたことは間違いな

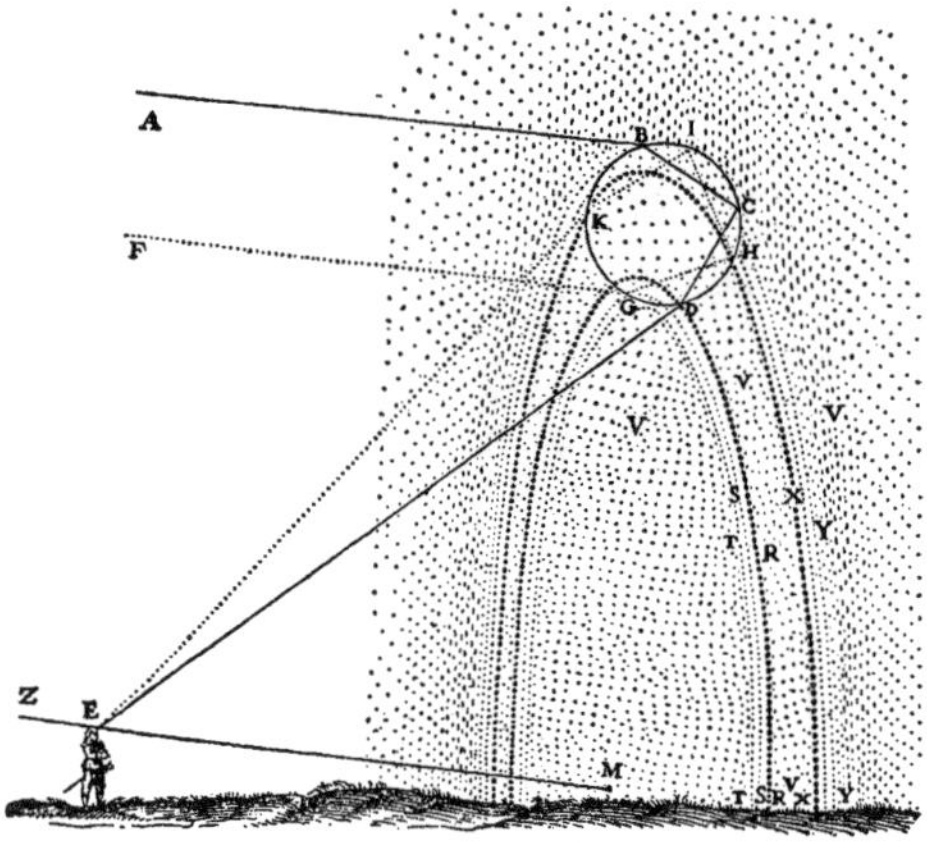

図1-1　虹はなぜ二つ見えるのか

虹は決まった高さに、内側の鮮やかな主の虹と外側のぼんやりした副の虹の二つが現れる。しかも主の虹と副の虹で色の順が逆になっている。デカルトはこの理由を明らかにするために水を満たした丸いガラス容器で実験した。彼は、空気中に浮いている丸い水滴に太陽の光が入射し１回だけ反射すると、太陽を背にした私たちの眼から見て水平から約42度の角度の高さに主の虹が見え、２回反射すると色の順が逆になって約52度の高さに副の虹が見えるはずだと屈折光学で計算した。それが実際の観測結果と一致したのだ。

いであろう。

哲学者であり数学者であり、また光学に関する先駆者でもあったルネ・デカルトは、１６３７年に彼の最初の著作『方法序説』を出版した。『方法序説』は「屈折光学」「気象学」「幾何学」の自然学に関する三つの試論の序論として書かれたものであるが、虹の話はその「気象学」に出てくる。なぜ色の順番の逆になった二つの虹がいつも同じ高さで見えるのかを、太陽光が空気中に浮いている水滴にぶつかったときの反射と屈折の仕方（角度）の違いから、みごとに説明している（図１－１）。もちろん空に浮かぶ水滴を用いて実験したわけではない。彼は球形をした水槽に水を満たし、その水槽をモデル水滴に見立てて実験と考察を加えたのだ。

デカルトは、さまざまな色の光は「白い光」が変化して生まれると考えていた。したがって、虹の原因である太陽の光を「白い光」と考えていたと思われる。しかし、逆に、虹の色を混ぜ合わせると「白い光」になることを、彼は実験によって立証しなかった。その決定実験をやったのはニュートンであった。

　当時でも、透明なガラスでできた三角柱（プリズム）に太陽の光を通すと虹のようにさまざまな色に分かれることは、市民の間でも広く知られていた。１６６６年になって、アイザック・ニュートンは自分の手で改めて、このプリズムの実験を行なった。彼はケンブリッジ大学の暗くした実験室に太陽の光を導き、その光をプリズムに通した。すると、太陽の「白い光」は赤色から紫色までの色に分解された。「赤・橙・黄・緑・青・藍・紫」の七つだ。さらにニュートンは、それらの中間にも、無数の色の変化があることも述べている。とすると、色が連続的に変化していることをわかっていながら、なぜ七つにきっちり分類したのだろうか。

　ニュートンは白い紙の上に現れたプリズムの色の境目を眼のよい助手に手伝わせて丹念に調べ、境界と思われる部分を線で区切った。それぞれの色の長さを測ってみたところ、その比率が心安らぐ美しい音楽のオクターブのルールと同じになっていたと言うのだ。

　西洋音階ではドレミファソラシドの最初の「ド」から数えて8番目に1オクターブ高い「ド」が再び現れる。つまりドレミファソラシの七つが一つの塊になるという美の意識だ。キリスト教の暦では、月火水木金土日の七つの塊があって、8番目にまた新しい日が現れるという美しい秩序が作られているのではないか。ニュートンは、もともと、自然は神様による美しい秩序を持って作られているという強い思いがあった。だから、光の色も音楽のようにきちっと七つに分けられるのは自然なことであると考えたのであろう。７は特別な数字なのだ。

だから当時の英国で知られていた五つの色の名前をまずは順番に当てはめていき、隙間が空いた二つの領域に、色の言葉としてなかった二つの色の名前を新たに加えた。植民地から輸入されていた果物のオレンジ（橙）と染料のインディゴ（藍）である。これで色の数はきちっと七つになった。

ところで、音楽における1オクターブ離れた二つの音とは、物理的に言えば振動数が正確に2倍違う二つの音であり、振動数と波長は反比例するから波長でいえば半分違う二つの音である。これがオクターブの定義だ。ニュートンが決めた七つの色の中で人の眼で見える範囲（可視光領域）の両端には赤と紫が位置しているのであるが、赤色と見える限界の波長はおよそ780ナノメートルであり、一方の紫色と見える限界はおよそ390ナノメートルである。つまり波長で2倍違っている色同志になっている。振動数で言えば半分違う。とすると赤と紫はまさに1オクターブ離れている二つの色となる。光の粒子説を唱えていたニュートンが光に関して波長や振動数という概念を持っていなかったはずなのだが、音と同じように人の眼に見える色にもオクターブの関係があると感じ取っていたとすれば、やはりニュートンは神がかっていたのかもしれない。

このオクターブの規則に関しては、のちに、元素を原子量の順番に並べていくと8番目ごとに似た性質の元素が現れているという事実が発見された。たとえば、リチウム（Li）に似た化学的性質を持つ次の元素はそれから8番目の元素であるナトリウム（Na）であり、同じように希ガスのネオン（Ne）に似た性質を持つ次の元素はそれから8番目の希ガスのアルゴン（Ar）と言う次第になる。これは1864年に英国のジョン・ニューランズが見つけた「オクターブの規則（音程則）」である。この法則は、未知の元素を見つけていく道しるべになった元素の周期律（巻末の「元素の周期表」参照）の発見に結びついていく。オクターブである理由はニュートンのように音楽における美の整合性からきているのではなく、原子内の電子配置に2、4、8、18、32の周期性があるために起こるからであり、ニューランズはその8の周期を見つけたのである。

ところで、近年では、虹の色はどう見ても七つには見えないとの意見も強くなった。たしかに七つに見えないこともないが、との思いを持っている人も多いと思う。そのような次第で虹の色は六つであるとの教育をしている国（たとえばアメリカ合衆国など）もある。もともとニュートンは色は無数にあることを承知の上で、彼の美学に従って虹の色を七つに分けたのだから、そのような時代の変化も彼自身は気にしていないであろう。

それはさておき、ニュートンは太陽の光を七つの色に分けたのだが、そのような話は子どもの頃から誰でも知っている。ニュートンがすぐれているのは、シンプルな「決定実験」を行ったことにある。決定実験とは、「科学で、ある現象を説明する複数の理論が競合しているとき、一つを確立し、他を否定するような実験」のことだ。科学の歴史の上では実にスマートな実験をすることによって、乱立していた多数の説を否定し、一つの説だけを確立するという出来事が時々起こることがある。彼の実験はまさにそれだった。

ニュートンは第一の実験として、まずプリズムで太陽の光を七つの色に分けたのち、一つの色だけをスリットで区切って取り出し、それをプリズムに通しても、もう再び七つの色には分けられないと確認した。つまり赤色は赤色、青色は青色であって、もう再びプリズムでは分解されなかったのだ。彼はさらに念には念を入れて、第二の実験を行った。プリズムで分けられた七つの色をすべ

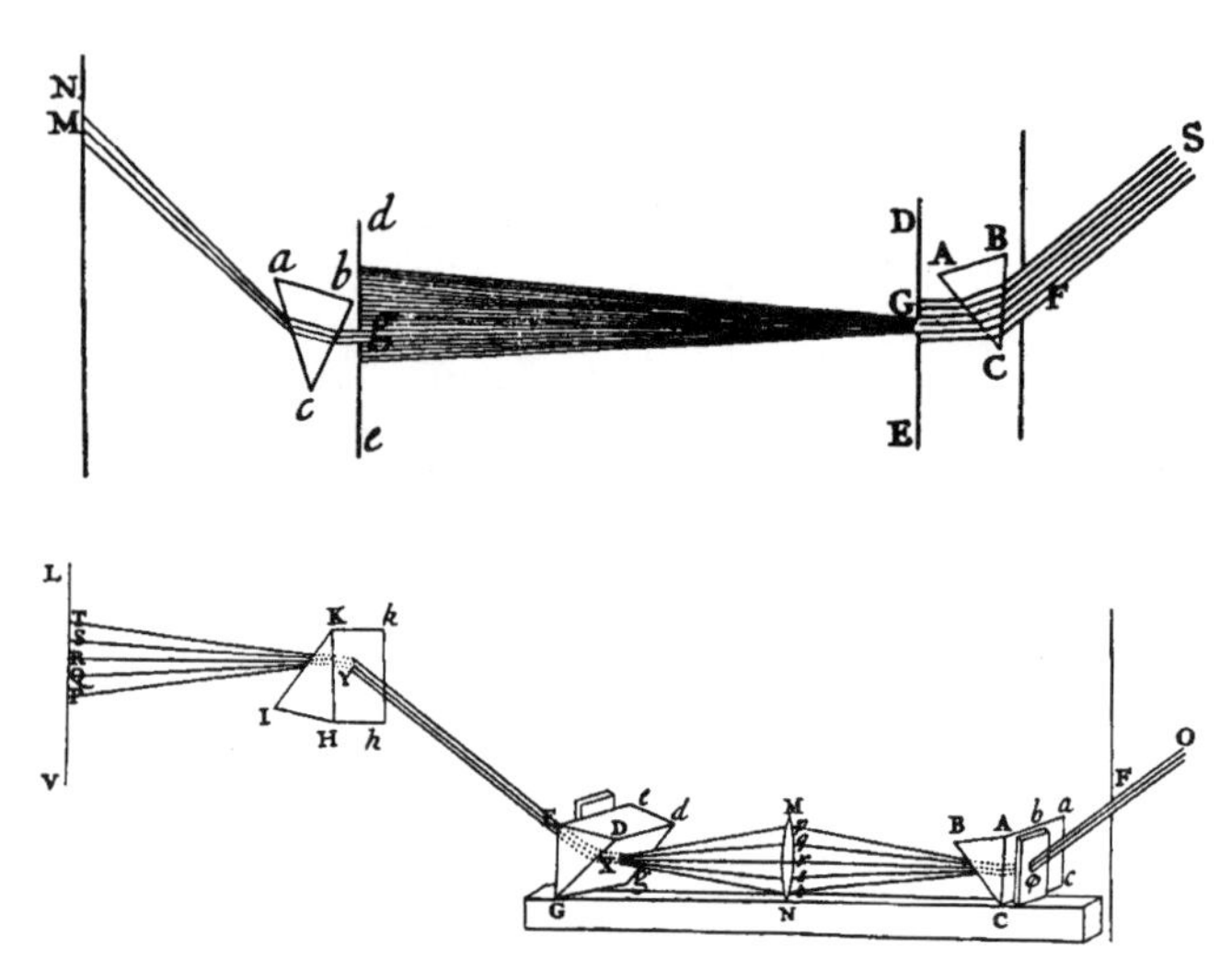

図1-2　白い光の発見

（上）ニュートンは、最初のプリズムで分けられた七つの色の一つをスリットで取り出し、さらに次のプリズムに通しても、その色は分けられないことを確かめた。（下）次に、最初のプリズムで分けられた七つの色をレンズで一つに集めると白い光になり、その光をまたプリズムに通すと再び七つの色に分けられることを確かめた。この「決定実験」によって「白い光」が発見された。

てレンズで集めて「白い光」にしたのち、その「白い光」をプリズムに通すとまた七つの色に戻ることを確認したのだ（図1－2）。

自然科学においては、実験によって新たな知識が生まれ、その知識で仮説を作り、次の実験によってその仮説の正しさを確認する。それがよく知られた自然科学の方法論だ。それまで誰も試みたことのなかった、この時のニュートンの二つの実験によって、「白い光」は発見されたのである。同時に、ニュートンはロバート・フックやクリスチャン・ホイヘンスとのきびしい論争に耐えて、赤や緑と同じように「白い光」は一つの色だとしたギリシャのアリストテレス以来の説をも、２０００年ぶりに打ち破ったのである。すごいことではないか。

なぜ色が見えるのか

人間が周囲の環境から受け取る情報量は、色とか形のような視覚による情報がもっとも多い。視覚の情報は毎秒10^6乗ビット（ビットは情報量の最小単位）、音とか声などのような聴覚の情報は毎秒10^4ビット、触ったり肌で感じたりする触覚による情報は毎秒10^2ビットと言われている。眼で見る情報は聞く情報の１００倍もあるのだ。「百聞は一見に如かず」という教えは、まさにこのことを表している。また、人間が自然から受け取る全情報の87％が眼で見る視覚の情報であり、７％が耳で聞く聴覚の情報というデータもある。もちろん、聴覚も触覚も味覚も嗅覚も、生きていくための重要な感覚センサーであるのだが、人は生きていくための必要な情報の大部分を視覚に頼っていることになる。

人間の眼の網膜には、明るさを感じる「杆体（かんたい）」という視細胞と色を感じる「錐体（すいたい）」という視細胞がある。杆体は微弱な光を感じることのできる高感度のセンサーなのだが、色は感じない。一方、錐体は杆体よりも感度は低いのだが、光の三原色である赤と緑と青に感じる三つのセンサー細胞に分かれている。昼間は明るいので、杆体よりも錐体が働くようになり、色が識別できるわけだ。錐体のなかでも緑に感じる錐体はもっとも感度が高く、赤と青の錐体の感度の10倍以上もある（図１－３）。

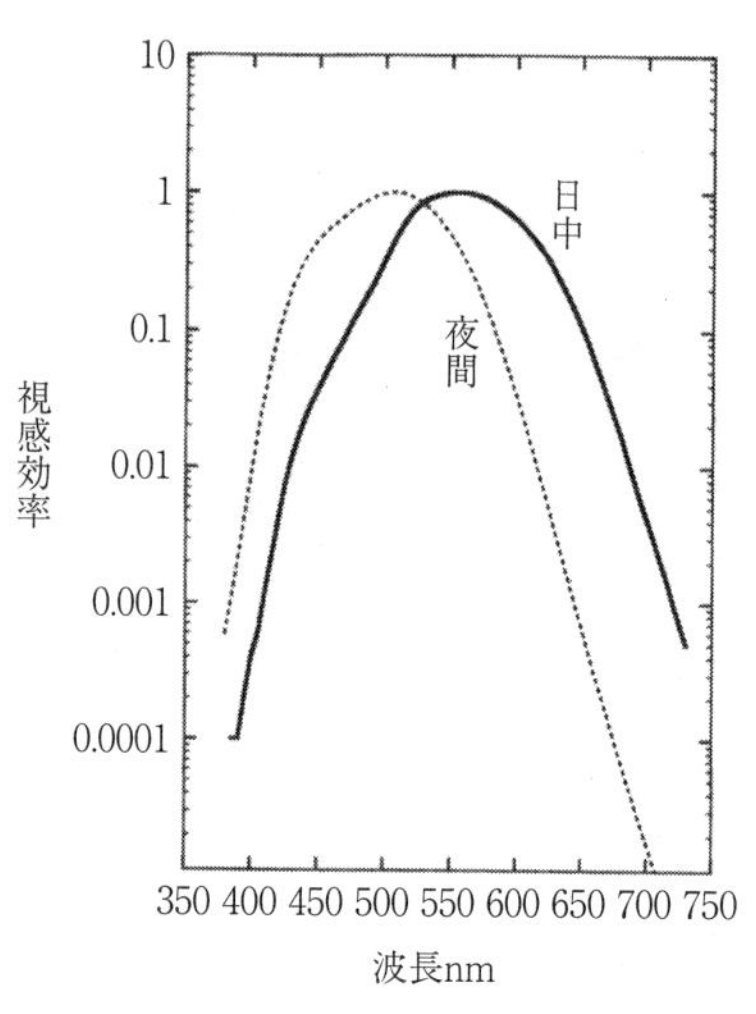

図1-3　眼の分光感度

眼の視細胞は、明るいときには色を感じる錐体細胞が主役となり、暗いときは明るさだけを感じる高感度な桿体細胞が主役となる。錐体の感度は色（光の波長）によって違う。緑（555 nm）の光に対する感度が最も高く、青や赤の光に対しては1/10以下になる。実線は明るい日中の場合、破線は暗い夜間の場合。暗くなるほど赤の感度が低下して青の感度が高くなる。この現象は発見した生理学者にちなんで、「プルキニェ現象」と呼ばれる。

昼間からだんだんと夕方に近づき、太陽の光が少なくなり、暗くなっていくにつれて、物の形はぼんやりとわかるのだが、色はよく見えなくなってくる。月夜の晩に見える風景は色の情報が失われ、白と黒の画像のようになって見えてくる。よく経験することである。これはチェコの生理学者ヤン・プルキニェの発見（1825年）にちなんで「プルキニェ現象」といわれている。

言うまでもなく、これまでに起こった地球上の出来事はすべて、太陽の光の下で行なわれてきた。その「白い光」の中で人間の眼は他の哺乳類には見られない赤・緑・青の三つの色に感ずる視覚、つまり三色視という能力を持つように進化した。ペットである身近な犬や猫も私たちと同じようにフルカラーで物の色が見えていると思うかもしれない。しかし違うのだ。彼らは二色視のままにとどまっている。どちらかと言えば赤色の不足した色の世界である。その代わり、嗅覚や聴覚にすぐれた特別な能力を獲得した。一方私たちは視覚の能力を高め、多様な色の情報を競合相手の他の動物たちよりも豊富に獲得する三色視によって、きびしい生存競争に打ち勝ってきたといえるだろう（図1－4）。ちなみに、恐竜の子孫である鳥類は紫外線を含む四色視である。鳥たちは私たちが想像することすらできない色の世界を見ていることになる。

太陽の「白い光」とは、「赤・緑・青に感ずる三つの錐体細胞のそれぞれに、赤・緑・青の光があるバランスで入ってきたときに感じる光の色」なのであるが、私たちにとって白く見える光であっても、別の環境で進化した生物にとっても同じ、であるとは限らない。もしも、どこかに太陽と表面温度が異なって、違う色（波長）の光を出している恒星があったとしよう。その周囲に惑星があって、その一つに私たちに似た知的生物がいたとしよう。その知的生物が棲息している惑星には、地球と違う波長（色）の光がふりそそいでいるはずだ。そうすると、その知的生物の視覚が感じる

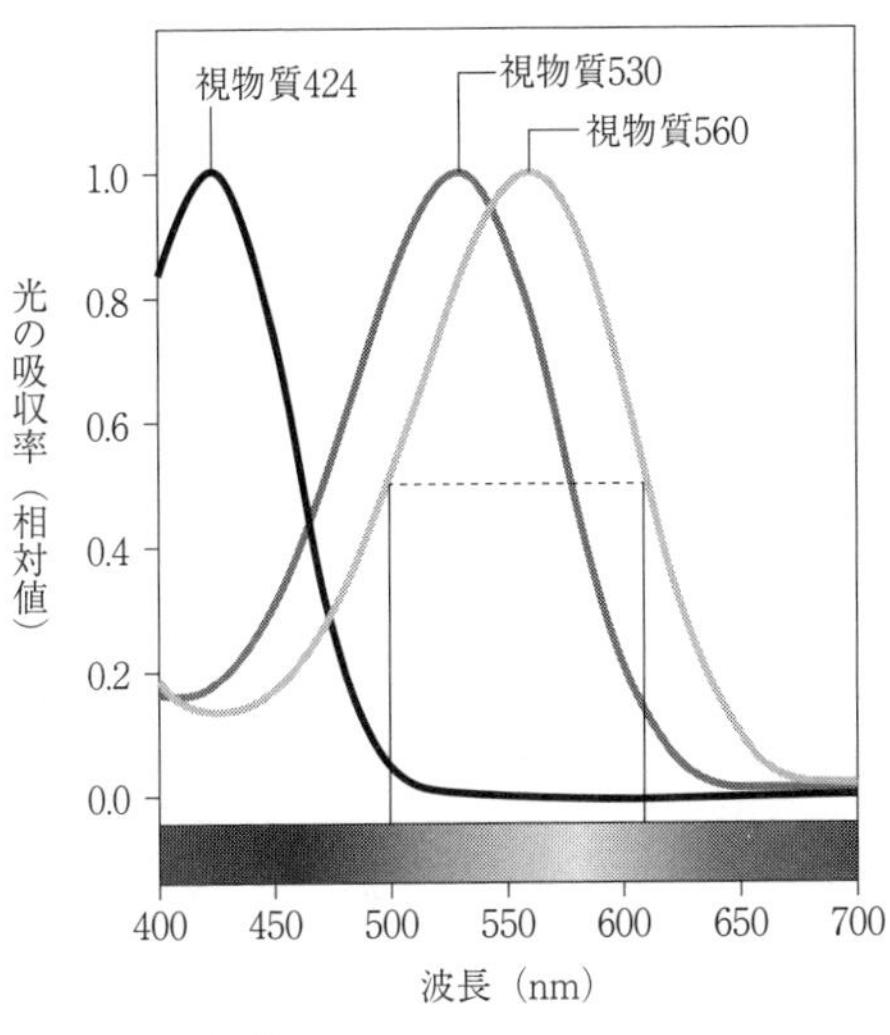

図1-4　三色視

人類は三色視が可能な珍しい哺乳類である。この能力を獲得することによって、他の動物たちとの熾烈な生存競争を生き抜いてきた。三つの錐体細胞のうち、“視物質560”だけでは波長500 nmと610 nmに対して同じ応答を示すので、脳は色を識別できない。“視物質530”は同じ波長で異なる応答を示す。これによって脳は色を識別できる。［出典：T. H. コールドスミス「鳥たちが見る色あざやかな世界」日経サイエンス2006年10月号 pp. 44-55より］

光は、私たち人類とは違っているだろう。紫外線だけを感じるかもしれないし、赤外線を感じるかもしれない。仮に、その知的生物が地球にやってきたとしよう。地球は「白い光」で満ちていると感じるのか、それとも緑だらけの光に満ちた異様な世界と感じるのか、それとも……。

ほんとうのことを言うと、人の眼が白いと感じる光は、赤・緑・青の光の三原色光を混合しなくてもいい。補色の関係にある色の光でありさえすればよい。「補色の関係にある」とは、適当な割合で混ぜ合わせることによって白く（正確には無彩色に）なる二つの色を言う。たとえば、黄色の光と青紫の光を混ぜれば「白い光」を得ることができるし、緑色の光に赤紫の光を混ぜても「白い光」になり、赤色の光と青緑の光でも「白い光」になる。もとの光の色の組み合わせは無数にあることになる。

それに、同じ黄色い光であっても、もともと黄色い光を見ている場合、赤と緑が混じった光を見ている場合、太陽の白い光から青紫の光が抜けた光を見ている場合とがあって、どれも人間の眼には同じように黄色く見える。

同じように、照明する光の色によって、同じ物なのに反射してくる色が異なって見える経験は誰でも持っているだろう。このように物理的なスペクトルが異なっていても、同じような色に見える現象は「メタメリズム」と呼ばれている。

補色に関してはおもしろい話がある。

ニュートンは七つ色の光を混ぜ合わせると「白い光」になると主張したのだが、じつは、ニュートンの論敵であったクリスチャン・ホイヘンスは「黄色の光と青の光を混ぜ合わせても白い光ができるのはなぜか」と反論した。ニュートンはそれに答えることができなかったために、「白い光」の話を太陽の光に限定したといういきさつがある。ホイヘンスはニュートンが知らなかった補色の関係を知っていたのだ。これも当時のオランダがイギリスよりも世界の最先端の技術や情報が集まっていた先進国であった故なのかもしれない。このクリスチャン・ホイヘンスが、ニュートンよりも先に虹の正体を明らかにしたデカルトの生涯の友人であり、彼を客人としてオランダ滞在中手厚くもてなしていたコンスタンチン・ホイヘンスの息子であったのも何かの因縁であろう。

明るさによって色の見え方が違うばかりでない。人間の視覚には「色順応」という現象がある。照明の光に赤みが多い場合には赤い色に対する目の感度を下げ、青みが多い場合には青色の感度を下げる、人間の自然な機能である。黄色味がかかっている「白熱電球」や青味がかかっている「白色蛍光灯」の光は、昼間の太陽の「白い光」とは明らかに違うので、その明かりで照らされた物体の色も違って見えているはずなのだが、慣れてしまうと、違いがほとんど気にならなくなる。つまり、物理的には異なって見えるはずなのに、感覚的には同じ色であるかのように、自動調整してしまうのである。

次の第2話からいろいろな明かりが登場する。太陽、ロウソク、白熱ガス灯、電球、蛍光灯、白色LEDなどである。それらの明かりからは「白い光」が放射されているのであるが、その光のスペクトルはそれぞれ全部が異なっている（図1－5）。物理的な光としては異なっているのであるが、人はそれぞれの光に慣れてしまうとすべて同じ「白い光」と感じる。

色の問題をさらに複雑にしているのは、人間の持っている「記憶色」という機能だ。たとえば、

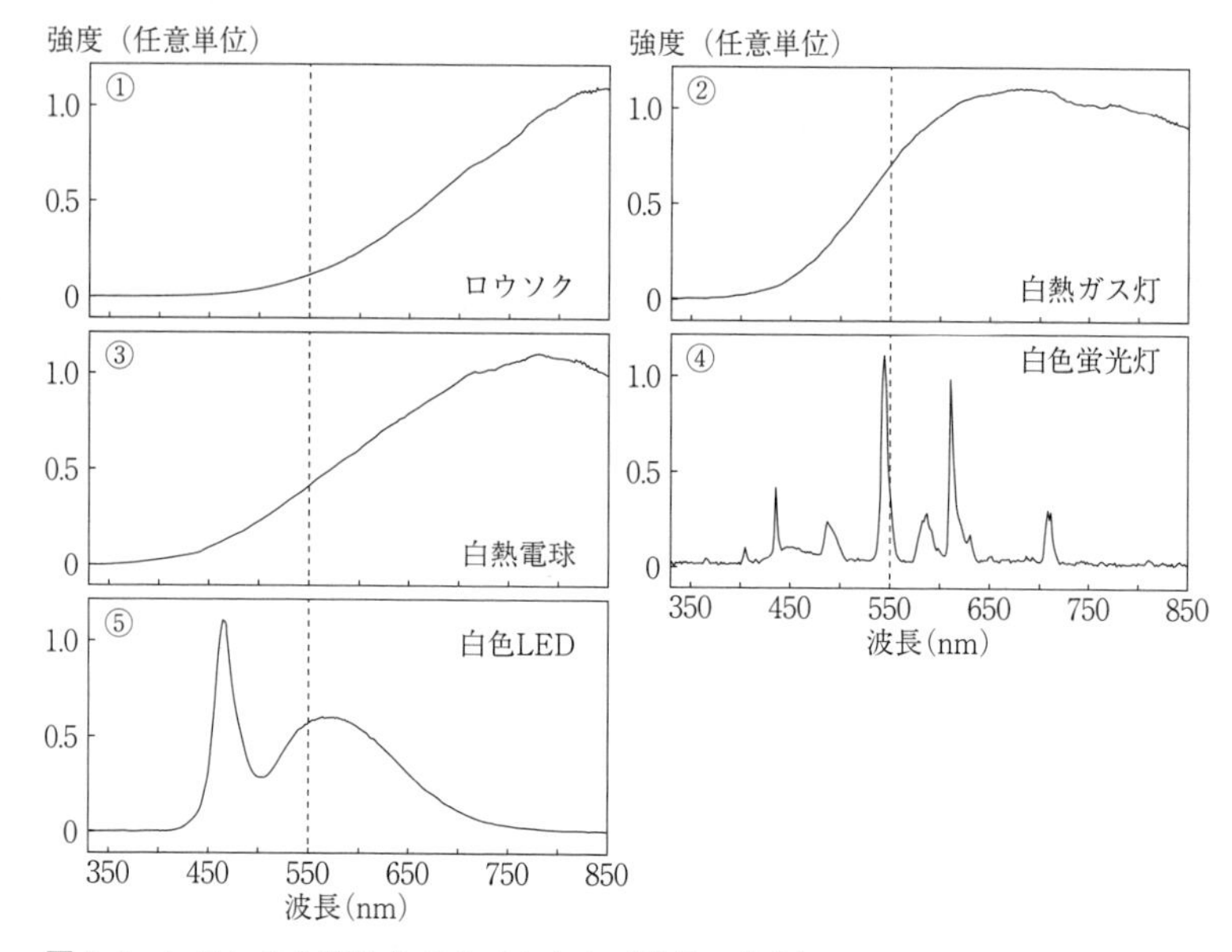

図 1-5　いろいろな明かりのスペクトル（波長の分布）

この本に登場する明かりのスペクトルを示す。可視光は紫色の約 390 nm から赤色の約 780 nm 付近まで、光の振動数で言うと 2：1、つまり 1 オクターブの範囲である。スペクトルが異なるこれらの明かりを、人はすべて同じ「白い光」と感じる。なお国際照明委員会（CIE）で定めた太陽からの標準の「白い光」のスペクトルは図 1-8 に示す。
①ロウソク：赤色が強く、青色はほとんど含まれていない。スペクトルのピークは赤外線領域にある。②白熱ガス灯：ロウソクに比べると、格段に明るい白い光である。スペクトルのピークは赤色の領域にあるが、青、緑色の成分を多く含んでいる。③白熱電球（60 W）：高温のフィラメントからの熱放射スペクトルである。赤色成分が多く、青成分は少ない。光エネルギーの大部分は赤外線領域にある。④白色蛍光灯（三波長型）：赤、緑、青に発光する 3 種類の蛍光体による鋭いピークを持つスペクトルからなり、演色性が向上している。色温度 5200 K の光。⑤白色 LED：青色に発光する窒化ガリウム（GaN）系発光ダイオード（LED）と、補色関係にある黄色に発光する蛍光体とを組み合わせて、白い光を実現している。

晴れた空は青いし、葉っぱの色は緑色をしている。同じ緑といってもいろいろな緑があって、春の若葉の緑もあれば、松の針のような葉の濃い緑もある。チューリップの赤い花がとてもきれいだったな、という記憶もある。土の色、人の肌の色、みんなそれぞれ、自分が経験した、思い出す色をもっている。そのために、眼の前の同じものを見ているときでも、物理的な色をそれぞれの人の「記憶色」という一種のフィルターを通して感じてしまう。つまり、物理的には同じに見えるはずなのに、人はそれぞれのそれまでの経験によって、色の見え方を自動調整してしまうのである。

この記憶色を突きつめていくと、色や物の形が何であるかを眼で見て認識できるということは、その色や形を見た過去の体験の記憶や教育による知識などが不可欠であるということになる。視覚とは、根源的には、先天的に持っている能力ではなく、後天的に得た情報をもとにして総合的に考え推理をして目の前の色とか物を判断しているのだ。生まれつき視覚のない障害を持つ幼児が、成長してから手術などにより視覚を持つようになったとき、目の前の世界を見ても、色や物の形がまったく判断できなくて大混乱に陥り、以前の視覚のない世界に戻ろうとするとの医学的事例はそれを物語っている。

ランドの二色法——錯視

加えて、人には「錯視(さくし)」がある。物理的な模様や色が、ある種の条件下で予想されるものとは著しく異なって見える現象で、私たちの正常な生理反応である。見えるはずがないのに見えてしまうと言ってもよいだろう。私たちに備わっている基本的な反応なのだが、ふつうはそれに気づかないで暮らしている。その場面に出会うと仰天する。

錯視とは、たとえば、私が体験したつぎに述べるような現象だ。

1977年5月5日の夜、写真学会（Society of Photographic Science & Engineering：SPSE）が行なわれていたハリウッドのホテルの出来事である。始まる前なのに駆けつけた特別講演会場はすでに入り口まで人が立っているほどの超満員であった。講演者はポラロイド社をつくり、偏光フィルターやインスタント写真「ポラロイド」を発明したあのエドウィン・ランドである。ランドが聴衆に最初に示したのは、バスケットに入ったいろいろな色の果物の白黒のスライド写真であったと思う。その後のことはできるだけ正確に思い出したいのだが、間違っているかもしれない。ランドは次にその白黒のスライドを黄色い光で投影した。純粋に黄色のモノクロの果物の写真が見えている。次にその白黒のスライドをオレンジ色の光で投影する。当然ながらこれもオレンジ色のモノクロの果物の写真が見えている。最後に黄色のモノクロのスライドとオレンジ色のモノクロのスライドを重ね合わせて投影する。黄色がかったオレンジ色の果物の写真が見えると思うであろう。

しかし違った。その果物の写真は鮮やかなフルカラーになっていた。私もびっくりしたが、会場のすべての研究者たちの「わぁ」という歓声がその瞬間に聞こえてきた。黄色とオレンジ色だけで、すべての色が（私たちの眼には）再現されたのだ。フルカラーを出すには青・緑・赤の光の三原色が不可欠だと信じ込んでいた常識が、ひっくり返った瞬間であった。この夜のランドの「二色法」（三原色ではなく二色でフルカラーを再現する方法）のデモンストレーションは自然科学だけでは説明がつかなかった。

もっともランドの二色法はその講演よりもずっと前、1959年の写真学会でランド自身によって発表されていたのであるから、言葉として知っていた研究者は多くいたはずである。しかし実際には二色法のデモンストレーションを見たことがなかったのであろう。会場での満員の聴衆の驚きの声はそれを物語っていた。

このランドの二色法はカラーテレビの創生期に試みられたことがあったが、実現するには至らなかった。色の感じ方が人によって異なる場合が出てくるという「錯視」の本質的な問題があったためであろう。

「色は人から離れて存在できるものではない」と言ったのはゲーテである。ゲーテは詩人・文学者・劇作家として知られているが、最も自慢できると彼自身が語っている著作は自然科学者として書いた大作『色彩学』なのだ。この中で彼は「ニュートンは間違っている」と徹底的に批判している。たしかに「光」は物理的な言葉で説明できるが、「色」は人の感性を抜きにしては語れない。ゲーテの方が正しい。ゲーテについては第5話「ルミネセンスの白い光」でまた触れたいと思う。

3　白い光を創る

フェルメールの白い光

自然科学の研究や技術の開発を行なうときには、たとえ仮のものであっても、何かの基準や標準を決めて、そこから出発する。その基準がないと、新しく見つかった現象や新しい技術が、すでにわかっていることやこれまでに開発されたものとどれくらい違うのかが、正確にわからないからだ。だから、科学や技術の力によって「白い光」を創りだそうと思ったら、定義することから始めなければならない。

これまでにも述べてきたように、まず、「白い光」は太陽からの光である。太陽の光には赤外線や紫外線も含まれているが、私たちの眼には見えない。私たちの眼に見える光の範囲（可視光）は電磁波のうち、ごく狭い範囲である（図1-6）。

しかし、昼間の光と違い、日の出や日の入りには空が燃えて、太陽の光も赤くなる。光のうちでも波長の短い青い光は、ぶつかってさまざまな方向に乱反射（散乱）される度合いが大きい。昼間の空が青く見えるのは、散乱された青い光のためだ。しかし、空気中の進む距離が長くなると、青い光は散乱を繰り返すうちに減衰してしまう。その結果、波長が長く散乱されにくい赤い光が残るわけだ。

このように、同じ太陽の光でも、時刻によって色が違って見える。晴れていたり曇っていたりしても違うし、日なたと日陰でも違うし、季節によっても違う。地球上のどこに住んでいるかによっても違うだろう。太陽からの光であったとしても、無数の「白い光」がある。「白い光」は太陽の光だ、とは単純には言えない。きっちりと定義されなければいけない。

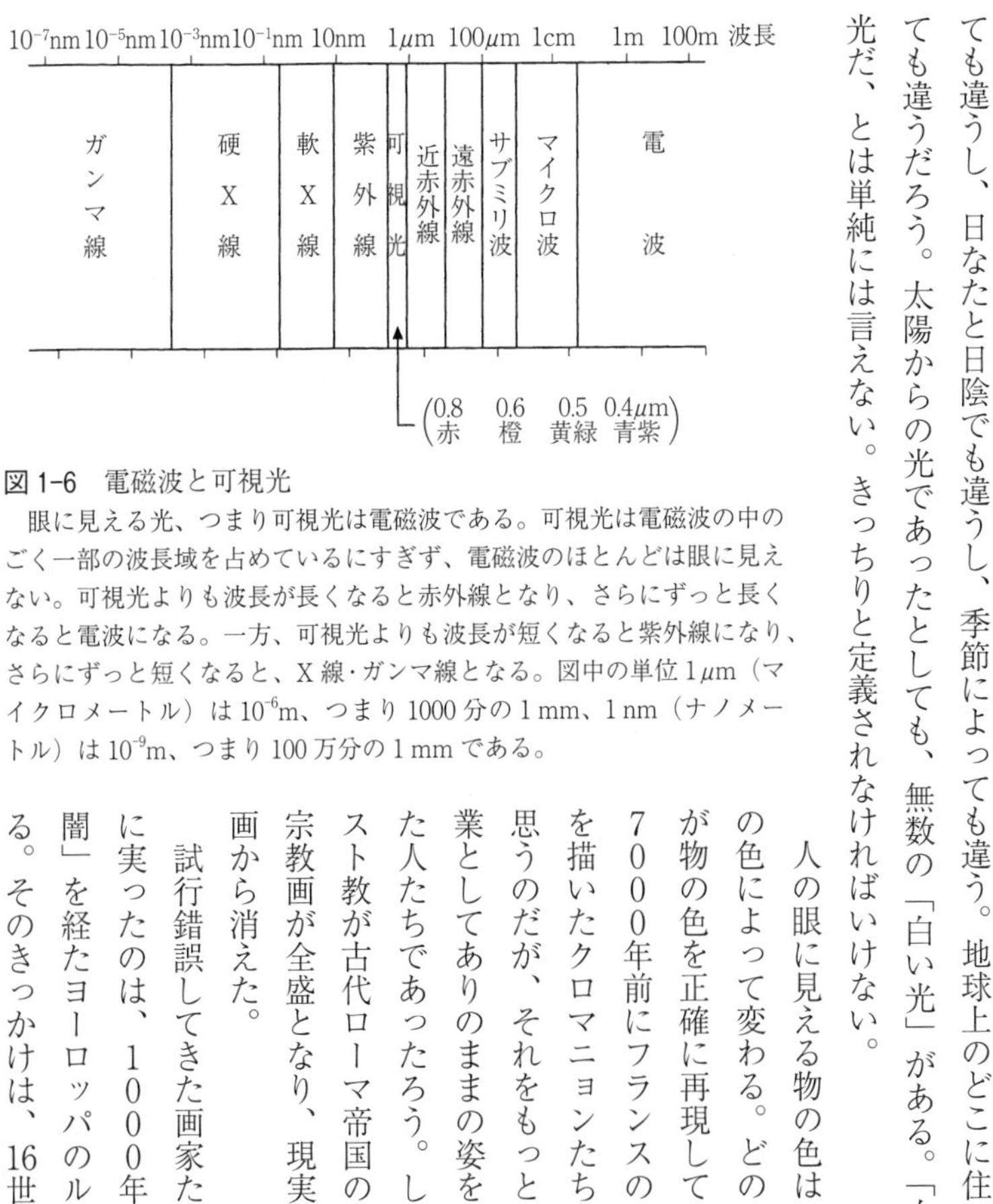

図 1-6　電磁波と可視光

眼に見える光、つまり可視光は電磁波である。可視光は電磁波の中のごく一部の波長域を占めているにすぎず、電磁波のほとんどは眼に見えない。可視光よりも波長が長くなると赤外線となり、さらにずっと長くなると電波になる。一方、可視光よりも波長が短くなると紫外線になり、さらにずっと短くなると、X 線・ガンマ線となる。図中の単位 1 μm（マイクロメートル）は 10^{-6}m、つまり 1000 分の 1 mm、1 nm（ナノメートル）は 10^{-9}m、つまり 100 万分の 1 mm である。

人の眼に見える物の色はその物に当たる光の色によって変わる。どのような「白い光」が物の色を正確に再現してくれるのか。1万7000年前にフランスのラスコーの洞窟画を描いたクロマニョンたちもそうであったと思うのだが、それをもっとも気にしたのは職業としてありのままの姿を正確に描こうとした人たちであったろう。しかし4世紀にキリスト教が古代ローマ帝国の国教となってから宗教画が全盛となり、現実の「白い光」は絵画から消えた。

試行錯誤してきた画家たちの成果が具体的に実ったのは、1000年にわたる「中世の闇」を経たヨーロッパのルネサンス以降である。そのきっかけは、16世紀のファン・アイ

図 1-7　フェルメールの白い光

17 世紀のオランダの画家フェルメールは光の画家である。「牛乳を注ぐ女」は北側に向いた三つの窓のある彼のアトリエで描かれている。この絵は背景の壁に大きな地図が掛けられていたのだが、塗りつぶして白壁にしたことがわかっている。北の窓から差し込む柔らかい光が、その白壁の表面のあちこちで反射し散乱し、窓辺の女性を暖かく包み込んでいる。「白い光」の下でゆらめく光と色のニュアンスを実に見事に描ききっている。ラピスラズリ（青金石）によるフェルメールブルーも美しい。［アムステルダム国立美術館所蔵］

ク兄弟の発明と言われている油彩画という絵画表現の技術的な飛躍的進展、そしてこれがとても重要なことであるが、長い中世における神の束縛を離れて、現実のありのままの姿を自由に表現しようとする精神への解放がなされたことにある。その結果、ヨーロッパの画家たちはそれまでの宗教画を離れて風景画や人物画、風俗画などの世俗画を自由に描くようになった。たとえば、光の画家と言われているオランダの17世紀の画家ヨハネス・フェルメールもそうであった。彼はどのような光の下で絵を描いたのであろうか。

フェルメールの絵で残っているものは三十数点ほどと、極めて少ないのであるが、その絵の多くは自宅のアトリエで描かれている。自宅といっても実際には彼の奥さんの実家であるが、デルフトの町のマルクト広場のすぐ近く、アウデ・ランゲンディク通りに面したウナギの寝床のような間口が狭く奥行きの長い3階建てである。家の配置や間取りを調べてみると、その2階にある彼のアトリエには窓が三つあり、三つとも北側の通りに面していたことがわかる。

光と色の微妙な味わいを見事に描いたフェルメールの「牛

乳を注ぐ女」を見てみよう（図1－7）。彼のその絵では、窓は左側に描かれ、そこから柔らかい光が室内に差し込んでいて、描かれる影は右側に流れている。彼は北側から注ぐ昼間の光こそが物の色、絵の具の色を正確に表現する「白い光」であると認識していたに違いない。彼と同じように17世紀の画家たちはすでに常識として北側の窓を持つ部屋をアトリエとしていたようである。

ギザギザ屋根の話

余談だが、北側の窓については、おもしろい話がある。

鋸（のこぎり）の刃のようにギザギザした形の屋根の工場を、今ではほとんど見かけることがなくなったが、昔は工場といえばギザギザの屋根がふつうだった。このギザギザ屋根の特徴は、北側の屋根の窓から光を取り入れていたことにある。北側から光を取り入れることによって、安定した自然の白い光が得られたからだ。そのルーツは、産業革命の最中の19世紀初めの英国にあるが、日本では明治16（1883）年に大阪の紡績会社の工場で最初につくられた。多くは、とくに微妙な色具合や織り具合を点検する必要のある繊維産業で導入された。つまり、北側の窓からやんわりと注いでくる光がほんとうの色を識別できる、望まれた「白い光」であることが体験的に知られていたからである。1960年代になって、後に述べる白色蛍光灯などの「白い光」が簡単に得られるようになると、工場の密閉性をよくしたいという理由から、ギザギザ屋根はほとんど消滅してしまった。

白い光を定義する

これまで述べてきたように「白い光」の要素のうち、「光」については純粋に自然科学の言葉だけで記述できるのだが、「白い」は人の眼の特性やら記憶やら心理的条件が関係してくるので、自然科学の言葉できちっと決めるわけにはいかない。「白い光」を定義しようとすることは、ことほどさように難しい。

そうは言っても、実際に大多数の人が「白い」と感じる光があることも、間違いないだろう。そして、そのような光を手に入れるために、さまざまな工夫がなされ、技術が開発されてきたわけだ。

実は、国際照明委員会（ＣＩＥ）による「白い光」の現在の定義は、「北半球における北空からの自然昼光であって、日の出から3時間後から、日の入り3時間前までの太陽光の直射を避けた天空光をいう」である。要するに、北側の窓から差し込んでくる昼間の光だ。これはおわかりのように、ヨーロッパの画家たちが経験的に使っていた「白い光」、そのものである。

しかしこの言葉だけでは技術の定義にはならない。きちっとした数値で定義はなされなければならない。そこで北半球の高緯度にある主として3カ所（英国のロンドン北部にあるエンフィールド、米国のロチェスター、カナダのオタワ）を選び、上のような条件で太陽の光のスペクトルを繰り返して測定し、その平均値を「白い光」と定義とするようになった（図1‐8）。この「白い光」は「ＣＩＥ昼光」と呼ばれている。

太陽からの光は、太陽というおよそ６０００Ｋ（Ｋはケルビンで絶対温度を表す）の高温の物体から放射される熱放射光である。物体からの熱放射光については第2話「炎の黄色い光」で詳しく述べるが、そのスペクトルの形は20世紀の初めに量子理論を生み出すことになった由緒正しい実にきれいななめらかな曲線である（図2－13参照）。「白い光」の定義である太陽からの光のスペクトルを見て、太陽の光はこんなに凸凹であったのかと驚かれる方もおられよう。この凸凹の一つ一つが太陽の大気を構成する元素の貴重な情報を含んでいる。これもまた由緒正しいフラウンフォーファー線（暗線）である。これについては第3話「炎の白い光」の中で述べようと思う。

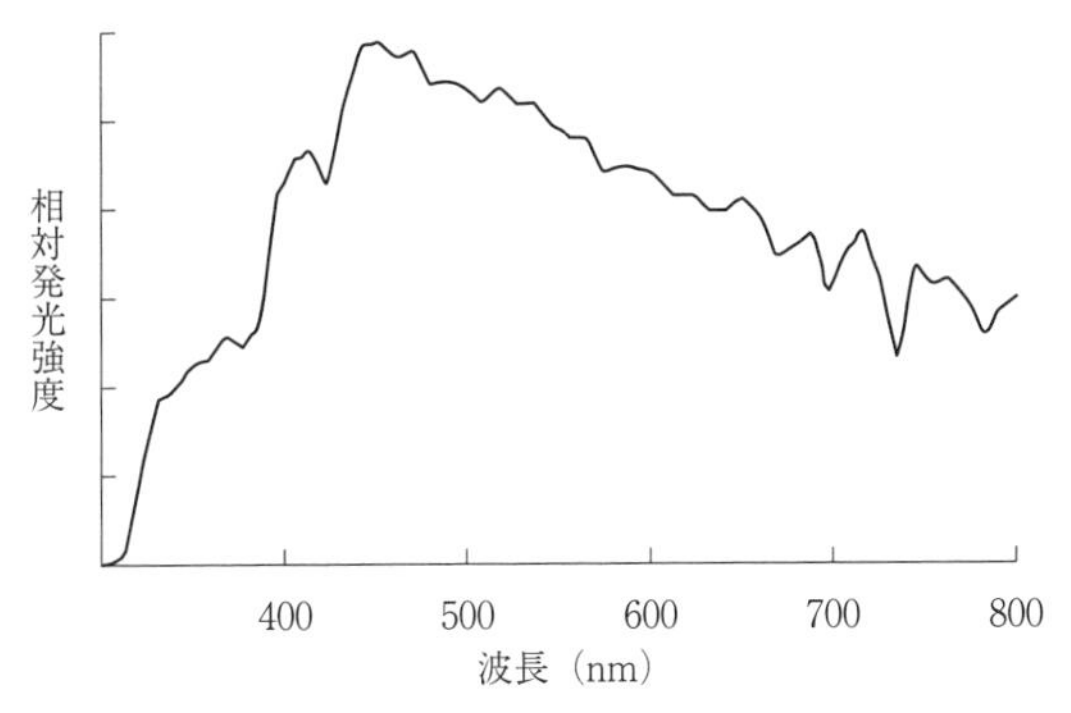

図1-8　「白い光」のスペクトル

国際照明委員会（CIE）が定めた「日の出の三時間後、日の入り3時間前における北の空からの光」であり、「CIE 昼光」と呼ばれる色温度6504 K の「白い光」である。北半球高緯度の3地点における観測結果の平均値。太陽を構成する元素の吸収で生じたフラウンフォーファー線（暗線）により、ギザギザのスペクトルになっている。このスペクトルに近似させた人工の D65 標準光源は「白い光」の基準として演色性評価に用いられる。

さて、「白い光」の白さへの感受性は人によってまちまちで、好みの問題もある。屋内照明なのか、手術室の明かりなのか、工場で使うのか、などといった使用目的によっても必要な白さは違うのだが、その違いは、この「色温度K」で表現されることが多い。大雑把に言えば、色温度が高いと青っぽく、低いと赤っぽくなる。たとえば、２５００Kの明かりを「白い光」と言う人はいないとか、欧米の人たちは赤みがかった２８００Kの「白い光」を好むが、日本人はそれよりも白っぽい４０００Kの明かりを好むとか、「今度の建物の照明には輝く白い６７００Ｋの光にデザインしたい」などと表したりする。太陽からの光は地球上のどこに住んでいるかによっても、わずかながら違っている。定義に従って定められた標準の「白い光」（図１－８）は色温度で言うと６５０４Ｋの光のことだ。

実を言うと、北半球中緯度に位置するモンスーン地帯に住んでいる日本人にとって、この北半球高緯度に住む欧米の人たちが決めた標準の「白い光」は白すぎると感じているのではないか、赤道直下に住む人たちはさらに違和感を感じるのではないかと思うのだが、どうなのであろうか。

白い光をつくる――標準の光

前にも述べたように、科学の方法で「白い光」の明かりを手に入れるためには、たとえ仮にでも「白い光」の基準になる明かりを物理的に決めて、いつでもどこでも誰にでも再現できるその「白い光」の標準光源をつくる必要がある。

標準光源をつくる試みは、「白い光」がまだなかった19世紀以来なされてきた。その当時は色というより明るさの基準だったのだが、最初はロウソク、次はガス灯、そして電球へと変遷してきた。しかし、いかに基準が必要といっても、太陽の表面と同じ６０００Ｋもの温度を地球上で人工的につくりだすことはきわめて難しい。そこで、それよりは手軽で再現性がよく、もっとも安定した高温状態として選ばれたのが、凝固点に保持された白金（Pt）の湯（２０４２Ｋ）である。その中に「黒体」と見なされる物質(注２)を置き、そこから放射される熱放射光を基準とすることにした。それが１９３７年に国際基準として用いることになった「白金点黒体標準器」である。

それでも、白金を用いたこの方法は、誰でも、どこでも、簡単に再現できるわけではない。その後、精度の高い光測定技術が可能になったために、眼の分光感度を厳密に定義し、これと比較した上で厳密に調整された色フィルターと厳密に調整されたタングステン・フィラメント電球とを組み合わせて、さまざまな色温度の標準光源[注3]が作られた。

たとえば、国際的にはA光源、B光源、C光源などと呼ばれている標準光源である。A光源とは色温度２８５６Kのタングステン・フィラメント電球であり、B光源とはA光源を色のついた溶液のフィルターに通して色温度４８７４Kに調整したもので、黄味がかかった昼光色である。C光源は同じように色のついた溶液フィルターに通して色温度６７７４Kにしたもので、青味がかかった昼光色だ。ただしB光源やC光源は現在では補助としてのみ使われている。

標準の白い光のスペクトルにできるだけ近似させた色温度６５０４Kの「白い光」の標準光源は「D65」と呼ばれている。65とは色温度の最初の2桁を示す。これはフェルメールなどの画家たちが好んで利用した「晴れた日の昼間に北側の窓から注いでくる白い光」、そのものである。

「白い光」の明かりはすべて同じだと思い込んでいて、ふだんはそれに気づかないのであるが、物の色がそれを照明する明かりで違って見えて驚く経験を誰もが持っているだろう。たとえば生の牛肉を白熱電球で照明すれば鮮やかな赤色に見え、ひと昔前の蛍光灯の照明で見ればどす黒い色になって見える。デパートで気に入って買ってきたカラフルな衣服の模様が、家に帰って見たら違って見えたなどという経験である。この明かりによる色の見え方の違いをきっちりと技術の言葉で表現しようとして決められた客観的基準が、「演色性[注4]」である。つまり、昼間の明るい場面で見た色とどのように違って見えるのかとの指標である。演色性が高い明かりとは、物の色をより忠実に再現させる明かりであることを示す。

通常は、調べようとしている明かり（光源）で標準の色見本を照明し、その色の見え方と、定められた標準光源を用いたときの色の見え方を比較する。標準光源と色の見え方が同じならば、その光源の「演色性」は１００ということになる。だから電球や蛍光灯、あるいは白色ＬＥＤを購入するときに、演色性の数値が１００に近いほど昼間の「白い光」に近いということになる。たとえば水銀ランプは41で演色性が悪いとか、昔の蛍光灯は65で悪かったが、最近の蛍光灯は90になって演色性が向上したなどという。生の牛肉の色が昔よりもふつうに見えるようになったのは、赤緑青の三原色に光る蛍光体を用いた「三波長蛍光灯」が実現され、演色性が高くなったからだ（第５話「ルミネセンスの白い光」参照）。

とは言え、私たちが心地よいと感じる光の色は必ずしも演色性の高い光ではない。別の話である。真昼の太陽のような「白い光」よりは炎のような黄色い光の方が心地よいこともある。言えることは、「白い光」が実現したおかげで、現在はさまざまな場面で、気分に応じて、望ましい明かりを自由に使える時代になったということだ。

4　インベンションとイノベーション

社会を変えるイノベーション

明かりは、人と技術と社会と関わり合いながら歴史を刻んできた。最初はたき火やかがり火、動物の油脂を用いた原始的なランプであった。あとから出てきたロウソクも、暗い黄色い炎の明かりだった。それでも、暗闇に比べたらずっと明るい。このような状態が驚くほど長い間続いた。

明かりの歴史を1日24時間に換算すると、その24時間が終わる30秒ほど前まで、つまり明かりの歴史の99・5％は、炎の黄色い光の時代だった。ロウソクやキャンプファイヤーの炎の黄色い光を見て、何か懐かしさや心地よさを感じるのは、私たちには遠い祖先の時代からその光に親しんできたDNAが残っているからに違いない。「白い光」の明かりは、つい最近になって私たちの前にあらわれたと言ってよいだろう。おじいさんの時代、あるいはひいおじいさんの時代までの明かりは、黄色い光だったのだ。

自然科学が生まれ、その知識によって技術が加速され、新しい明かりが発明されると、明かりの器具を生産するためのいろいろな仕事や産業が生まれる。そればかりではなく、その明かりを灯すための新しいエネルギー産業が同時に生まれたり、それまで細々とやってきた産業が突然に活発になったりする。

ロウソク用の蜜蠟（みつろう）のための養蜂業や、ハゼなどの植物から蠟を採取する植物栽培産業、オイルランプのための捕鯨産業や石油産業、ガスランプ用の石炭ガス産業、ランプのホヤを作るようになったガラス産業、さらに、それらを売ったり流通させるための、ありとあらゆる産業が生まれてくる。新しい産業が生まれるということは一方で、それまでの産業が衰退していくことも意味している。

こうして、個人の暮らしばかりではなく、経済や産業などを含めた社会全体が、大きく変わっていく。このように、発明や技術、あるいは商品などが広く普及して、社会や産業構造をも変えていく変化は「イノベーション（innovation）」と呼ばれる。イノベーションは日本では「技術革新」と訳されることが多いが、それだけではない。もう少し広く「新しい何かを取り入れたり、既存のものを変えたりすること」、つまり米国の経済学者ジョセフ・シュンペーターが書いた『景気循環論』（１９３９年）のなかの言葉で言えば、「創造的破壊」を伴うような変革や改革を意味している。

たとえば、新しい原料や供給源を開発したり、新しい製品やサービスをつくりだしたり、これまであった製品やサービスを提供するための新しい技術や、それをユーザーに届け、保守や修理、サポートを提供する新しい技術や仕組み、さらにはそれを実現するための組織や組織間のシステム、ビジネスのシステム、制度の革新など、じつに広い範囲の概念である。「技術革新」だけを意味しているのではない。

また、市場経済のなかで新しい技術や製品が市場で受け入れられなければ、つまり広く普及しなければ個人の生活や経済や産業の構造に影響を与えることはないわけだから、イノベーションとは言えない。イノベーションとは事後にわかる現象なのであって、将来の革新的な技術や商品などの実現を目指す試みがイノベーションになるのかどうかは本質的には事前にわからない。このように、イノベーションとは革新的でありさえすればよいのではなく、「経済的成果をもたらす革新」でなければならないのだ。

インベンションは必ずしもイノベーションにはならない

そのイノベーションは、「発明（インベンション：invention）」がきっかけで起こることが多い。無数の小さな発明や工夫が行なわれ、その基礎の上にイノベーションのきっかけとなる発明が生まれ、さらに市場や社会がその発明と共鳴してイノベーションが生まれるのだ。しかしながら、イノベーションはインベンションがきっかけになることはあっても、インベンションは必ずしもイノベーションにはならないのである。

人が快適に生きるために「白い光」が必要なのは、「黄色い光」の時代でも同じだ。しかし、自由に手軽に扱える「白い光」のなかったそのような時代に、「白い光が欲しい」と意識して考えたのは、ごく少数の人だけだろう。見たことも考えたことも気がつきもしないものを、人が欲しがるはずがない。

たとえばいま、「イノベーションを起こすような画期的な製品は何でしょうか」「この革新技術はイノベーションにつながるでしょうか」と尋ねられても、見当もつかないのと同じことだ。市場調査をしてもほとんど意味がない。

しかし、明かりの歴史をさかのぼってみると、たとえ意識はしていなくても、便利で簡単に扱える。

の光に飛びついた。欲しかったから飛びついたのだ。イノベーションはそのような現象を伴ってい

る「白い光」を求めつづけてきたことがわかる。その証拠に、「白い光」が工夫されると、人はそ

「白い光」の明かりに関する工夫や発明はずっと古い昔から現在までたくさんあるが、ふつうの人たちがふつうに使うことができるようになった「白い光」の明かりは、ごく少ない。インベンションはたくさんあったが、イノベーションにまで至らなかった事例は無数にあるのだ。イノベーションとはすこぶる社会的な現象であって、アイディアをつくりだす「人」の要因、環境や社会という「場」の要因、時代や偶然などの「時」の要因の三つの条件がすべて整って共鳴しあわないと成立しない。

たとえば、15世紀にレオナルド・ダ・ヴィンチは、空を飛ぶための「ヘリコプター」や「オーニソプター」（羽ばたき式の人力飛行機）のアイディアを紙に描いたが、それを実現することはできなかった。科学や技術のレベルにも、社会的な状況にも、彼のアイディアを実現する条件がまったく整っていなかったのである。それから、およそ500年が経った。20世紀の前半に多くの創造的な人たちがこの「空を飛ぶ機械」の実現に挑戦した。数々の失敗のあとで、1940年にロシア生まれの米国人イゴール・シコルスキーによってヘリコプターは実現した。オーニソプターはまだ実現していない。しかしその実現は不可能であると誰が言い切れるであろうか。ダ・ビンチのアイディアを実現するには現在はまだ技術はもちろんのこと、「人」と「場」と「時」が共鳴するに至っていないのだ。

白い光のイノベーションを目指して

産業界はもちろん一般の家庭にまで広く普及し，最初の「白い光」が実現したのは19世紀も終わりに近づいた頃である。さきほど，明かりの歴史を1日にたとえると，その1日が終わる30秒前にやっと「白い光」が実現したと書いたのは，こういうことだ。

その最初の「白い光のイノベーション」は現在でもキャンプでしばしば使われるあのガスランタン，正確にいえば「白熱ガス灯」である。二番目の「白い光のイノベーション」は20世紀の初めに急速に普及した「白熱電球」であったし，三番目は20世紀後半になって普及した「白色蛍光灯」である。電球と蛍光灯の時代が長く続いたが，21世紀になる寸前になって，画期的な「白色発光ダイオード」（Light Emitting Diode：ＬＥＤ）が実現した。その白色ＬＥＤは，第四の「白い光のイノベーション」となって，現在従来の白熱電球や白色蛍光灯に置き換わるように急速に全世界に普及し始めている。

では，人類が炎の明かりを自分のものとしたおよそ１００万年前の昔から，「白い光」の実現を目指して現在までに至ったイノベーションの歴史を眺めていこうと思う。

第2話　炎の黄色い光——オイルランプ・ロウソク・ガス灯

人類が自ら火を作り出したのは今からおよそ100万年前であった。炎は、照明・暖房・調理の三つの機能を兼ねていて、裸の彼らが氷河時代の中で生き延びるためには不可欠な技術となった。自然と共存してきた他の動物と違って、人類は火の保護のもとに「道具」を作りだし、「農耕」を始め、自然を改変して劇的に人口を増やしてきた。

炎の照明の機能に特化した人類の智恵の最初の産物は「たいまつ」であったが、燃える芯と燃やす燃料とに機能を分離した「オイルランプ」は、それ以上に大きな技術革新であった。機能が分離すると、燃やす工夫、燃料の工夫のそれぞれの自立的な発展が可能になる。

炎の明かりが大幅に改良されていったのは、ルネサンス時代以降である。フランスの科学者ラヴォアジエの燃焼理論を取り入れた18世紀の「アルガン・ランプ」はその最高の輝きと言ってもよいであろう。明かりの燃料としての蜜蠟(みつろう)、鯨油(げいゆ)、石油などをめぐって、それぞれの産業が生まれ、経済活動が活発になっていった。

18世紀後半に英国で起こった産業革命の時代には，物理学と化学の知識を基盤とする近代技術が花を開いた。製鉄産業における廃棄物しての石炭ガスを利用した「ガス灯」は，それまでの明かりに比べ非常に安い経費で明かりを灯すことができ，新たな産業を生み出した。ガス灯は家庭に，工場に，街路に広く使われるようになった。ガス灯がそれまでの明かりと大きく違う点は，それ自体では燃料を持たず，石炭ガスの中央供給システムの単なる端末になったことである。このマードックの発明した石炭ガス中央供給システムは今日の電力供給システムまで踏襲されているイノベーションであった。しかしながら，ガス灯の光もそれまでのロウソクやオイルランプと同じように，燃える炎の中の炭素粒から放射される熱放射光であり，黄色い光のままであった。

火は炎となって熱と光の両方を簡単に利用できるすばらしい技術であった。あまりにもすばらしかったために，技術の閉じたループに入り込み，結局のところ白い光を生み出すことはできなかった。

1　炎の明かりはいつ生まれたのか

人はいつ火を発明したのか

人類が利用した最初の火は，たまたま手に入れた山火事の木々の燃えかすだったであろう。落雷による発火であったかもしれないし，木々がこすりあわされて発生した火事であったかもしれない。動物はふつう火を恐れるものだが，なぜか人類だけは火に近づき，利用するようになった。

ともあれ、私たちの祖先は火種を大切に保存しておき、必要なときに枯れた木や草を燃やして火をつくった。特別な石と石とをぶつけると火花が出たり、木をこすりあわせると熱くなって発火することを知ったのは、ずっと後のことであろう。火を自由につくることができるとわかった後は、人類の特徴である創意工夫の能力がものを言う。必要なときに自分で火をつくりだす技術は、人類にとってとてつもない飛躍だったはずだ。

人類が木々を燃やした最古の痕跡は約50万年前の北京郊外の洞窟にあるとされてきた。その火を燃やしたのは「北京原人」（アジアに進出したホモ・エレクトス）である。これは、たまたま運良く証拠が残っている場所を、たまたま運良く見つけたのであって、それよりも以前に人類が火を自らつくらなかったことを意味しているわけではない。それに、ほんとうに彼らが火を焚いたのかどうかについては、疑問が絶えなかった。

そのような次第で、世界中の各地の遺跡で新しい発見があるたびに、人類の火の使用の始まりが次々とさかのぼっていく。現在のところ最も確実な証拠が残っていると言われている遺跡は79万年前のイスラエルのゲシェール・ベノト・ヤアコフ遺跡で見つかった炉の跡であるという。とは言え、南アフリカで150万年前の火を使った跡が見つかったとか、東アフリカで140万年前の火を使った跡が発見されたとか、数々の報告がされているようであって、何を定説としてよいのか困るのだが、今のところは私たち現生人類であるホモ・サピエンスよりも前に生きていたホモ・エレクトスが、アフリカの地でおよそ100万年前に火を自由につくりだしたとしておいてもよさそうだ。

しかしながら、さらに古い数百万年前から地球全体の気候が次第に寒冷化に向かい、氷河期を数万年ごとに繰り返すようになった寒い気候の中で、７００万年前に分かれたサルとは違って体毛がなくなった裸のホモ・エレクトスたちは衣服を着る知恵[注5]もなく生き延びたわけだから、ひょっとしたら火の発明は１００万年前よりもさかのぼるのではないかと、実は思っている。衣服を作り寒さに耐える工夫をするようになったのは、ずっとのちの７万４０００年前のインドネシアのトバ火山の大噴火による地球の大寒冷化に耐えた新たなホモ・サピエンスたちである。

最初の炎の明かり

火を自由に操ることができるようになった人類は、火を通すことによって食べられる動物や植物の食材範囲が格段に広がり、火の暖かさによって氷河期のような寒い時期を生き延びることでき、それまで不可能であった緯度の高い寒冷の地にも住むことができるようになった。そして、光の下で暗黒の恐怖を免れ、他の動物からの襲撃を避けることができるようになった。火と道具を使って自分よりも大きな動物までも狩りの獲物として、とうとう食物連鎖の最上位に躍り出て、個体数の増加が急速に加速されるトップ・ギアの状態に入った。

最初のころ、明かりは調理と暖房と照明を兼ねた火の三つの機能の一部であった。つまり、火の三つの機能は分離されておらず、専用の明かりはなかった。木々を燃やすうちによく燃える種類の木を発見し、それを束ねたり、形を工夫して専用の明かりである「たいまつ」がつくられた。「たいまつ」は本来燃え尽きてしまうものであるし、そうでなくとも時が経つと朽ち果ててしまうから、証拠は何も残っていない。だから、いつごろから使われるようになったのか、いまとなってはわからない。しかし、専用の明かりをつくることによって、かまどのような煮炊き専用の炎の工夫や、暖をとるためだけに使われる炎の工夫も、独自に行なわれるようになったであろう。

狩りをして得た肉を火にあぶって食べるときに、獣脂も「たいまつ」のようによく燃えることに気がついたであろう。その獣脂を石などでつくった容器に入れ、植物の繊維などでつくった芯を獣脂に浸(ひた)すオイルランプがつくられた。

図 2-1　ラスコーの洞窟壁画

1万6000年前の後期旧石器時代にクロマニヨン人によって描かれたフランスのラスコー洞窟にある壁画。昼間の明るい太陽の光の中で躍動するバイソンの姿を、洞窟の暗闇の中で獣脂のランプの明かりの下で描いている。[©AFP/JEAN-PIERRE MULLER]

オイルランプが「たいまつ」と決定的に違うのは、燃えるもの（灯心）と燃やすもの（燃料）との機能を分離した構造にある。灯心には灯心としての工夫が、獣脂を貯蔵する容器は容器で、それぞれにさまざまな工夫が行なわれるようになった。ある現象を形づくっている多くの機能に気がつき、一つ一つの機能を分離して、それぞれが自立的な成長を遂げられるように操作することで、人類は多くのイノベーションのきっかけをつくってきたのである。人類ならではのこの知恵は、明かりの歴史の最初から発揮されてきた。

オイルランプの最古の例としては、後期旧

石器時代（約3万5000年前から約1万年前）の末期に属するフランスのドルドーニュのラ・ムート洞窟から出土した砂岩製ランプが知られている。ランプの底にはヤギの姿が刻まれ、受け皿部分には燃料であった獣脂の痕跡があった。同じドルドーニュ川の支流ベゼール川渓谷にある有名なラスコー洞窟の壁画は、昼間の太陽の光の下で見た躍動している動物たちが描かれている（図2-1）。後期旧石器時代終末期の1万6000年ほど前の光景である。そのラスコー洞穴でも石灰岩製ランプが見つかっている。真っ暗な洞窟のなかで絵を描いていたのであるから、明かりはなくてはならないものだったはずだ。

ラスコーの洞窟の壁には「くぼみ」がつくられ、オイルランプやたいまつの明かりが置かれた。いまでいう室内灯に相当する。壁の「くぼみ」は、古代のローマ建築ではとくに盛んにつくられ、中世を経て現在まで、広く用いられている。この「隙間」「くぼみ」をニッチ（niche：日本語では「壁龕（へきがん）」）と言う。

生態学の分野では、ある生物が環境に適応して棲息している場所のことをニッチと呼んでいる。もともとは『種の起源』を書いたチャールズ・ダーウィンの言い出した概念だが、英国のチャールズ・エルトンがそれをニッチと呼び変えた。広い概念を短い言葉で示すことによって、その概念は多くの人によって使われるようになる。ふつう、ニッチは「生態学的地位」と訳されるが、ある生物が、あたかも「隙間」や「くぼみ」に寄り添うかのように、特定の場所やそこで得られる食物に適応して独自に生き延びることを言う。

経済学者や経営学者が、この便利な概念に目をつけないわけはない。新しいビジネスの機会が生まれてくる市場の隙間や、大きな市場ではあってもその企業にとって得意な市場や得意な場所、いわば生きていける市場の隙間のことをもニッチ(注6)と呼ぶようになった。世の中の流れを変えてしまうようなイノベーションを起こした企業が、もともとはニッチ市場から参入してきた歴史を持っていることは、しばしば見られる。

明かりは社会を変えた

こうして、思いがけない道を通って、明かりとイノベーションとの言葉が結びついたわけだが、ともあれ、私たちがいま注目しているのは炎の黄色い光を発するオイルランプであって、「白い光」のイノベーションは、まだ見えてきていない。

炎の明かりは世界各地の古代の人たちで広く使われてきたのであるが、それはもっぱら夕方になって自分たちの住みかに戻ってきてから使われた。夜の野外はずっと前からそうであったように月や星の明るさよりは夜の暗闇が支配していた。しかし、エジプトやギリシャ、ローマ時代の都市が栄えるようになると、夜間に公共の場所や街路で明かりが使われたこともあったようだ。しかし、夜の街が明るくなるのは、祝い事のある特別な夜に限られていた。ランプやロウソクは家の中だけで使われていて、ふだんの夜は月が、新月の晩は星が唯一の明かりだった。

ヨハン・ベックマンによれば、祝い事に関係なく夜の街路を照明した最初の近代都市は16世紀のパリであり、次の言葉が残されている。

『夜のパリがたくさんのランプで照らされている様子は、遠方からであっても見にいく価値がある。ギリシャ人やローマ人でさえも、照明を治安のために用いるなどとは、考えつきもしなかった』

この夜間照明の発端は、夜の闇に紛れて追い剝ぎや放火犯が横行し、犯罪に手を焼いたパリの治安当局が市民に対して、午後9時以降、街路に面したすべての家の窓の前にロウソクやオイルランプなどの明かりを灯しつづけるように命令を下したことにある。1524年のことだ。町を明るくすれば犯罪が減るだろうと、当局は考えたのである。

1558年にはおのおのの街路にランプが三つ吊されるようになる。それでも、すべての通りに明かりが灯されているわけではないので、外出するときは貸しランタン屋からランタンを借りたり、「たいまつ」やランタンを持って付き添って歩く新しい商売も生まれた。ランタンとは小田原提灯のように持ち運びできる明かりのことだ（図2-2）。1671年のパリでは、10月10日から翌年の3月31日までの冬の期間に、月夜であってもランプが点灯されていたそうである。

図2-2　ランタン
ランタンとは、持ち運びできる明かりのことだ。フランシスコ・ゴヤの名作「1803年5月3日プリンシペ・ピオの丘での銃殺」（1814年作）では地面に置かれたランタンが描かれ、夜の闇のなかでランタンからの光と陰が象徴的な演出を行なっている。［プラド美術館所蔵］

ロンドンでも1668年には、市民も定められた時間、屋外にランプを吊るすよう命じられた。1716年になると、いかなる街路であろうと街路に面している家は、満月のあとの第二番目の夜から新月のあとの第七番目の夜までの毎晩6時から11時まで、街路の照明を行なうことが市議会で決議された。現在でもよくあることであるが、この市議会による決議は当然ながら一般市民には充分に守られなかったため、請負人に街路照明業務が委託されていくようになる。

請負人は市当局に毎年600ポンドの金を払い、一方家賃10ポンド以上の家からは年に6シリングを徴収した。家の前に明かりを吊した家は支払を免除されていた。しかし街路は年間117日の夜だけが照明されたので、かえって犯罪が横行した。そこで市当局は1736年に請負人が適当と思われる街路にガラス製のランプを設置し日没から日の出まで年中灯す権限を彼らに与える法律ができた。その結果、年間750時間であった照明時間は5000時間に増加した。平均すると毎日12時間はランプが点灯されていたことになる。これでもすべての夜道が照明されたわけではない。犯罪と街路照明のいたちごっこはその後も、現在までも、続いていくことになる。

ところで、私たち人類は火の保護のもとに、自然を改変して劇的に人口を増やし、現在に至っている。これまでの人口増加には、いくつかの波が観察される。何を波と見なすかは、どのような基準で分析するかによって異なっているが、エネルギーを自由に操ったり、自然には存在しないものをつくりだす人類の行為、つまり「技術」に着目するなら、大きな人口増加の波は三つあって[(注7)]、それぞれ「道具」と「農耕」と、そして「科学と工業」に関わりがある。

第一の人口増加の波は「道具」を作る技術の発明によるものである。およそ200万年前にはホモ・ハビリスが石と骨から簡単な道具、主として石器をつくっていた。ホモ・エレクトスが火を発明する100万年も前のことだ。もちろん、木や竹などからも道具をつくっていたであろうが、朽ち果てていて残っていない。

地球全体にいた人類の数は100万年前からおよそ1万年前までの間に、インドネシアのトバ火山の大噴火（注5参照）により一時的に激減したものの、それまでのおよそ15万人から500万人にまで増加した。世界各地に残されている旧石器時代の洞窟画には、大型の動物を狩る絵がよく見られる。このことから、植物の採取ももちろん行なわれていただろうが、当時のメニューには肉が多かったのではないかと推定されている。人類が火を自由に操り、たいまつやオイルランプを明かりとして使い始めた時期でもあった。しかし、人口増加率はほとんどゼロに等しい。子どもが生まれても多くは生き残らなかったであろうし、大人になっても病気になったり猛獣に殺されたり崖から落ちたりして死んだであろう。一緒に行動する集団の中の仲間の数が大幅に増えるようなことはなかったはずだ。

第二の人口増加の波は「農耕」という技術の発明によるものである。農耕は新石器時代の約8000年前に始まったと考えられている。人口はおよそ1万年前から4000年前ころまでに、それまでの500万人から5億人へと急速に拡大した。農耕が始まると、動物を追って移動したり、季節の周期に従って植物を求めて移動する狩猟採取生活ではなく、植物を栽培したり、動物を飼育する定住生活に変わっていった。食糧も貯蔵でき、自ら働くなくてもよい階層が生まれた。いわゆる世界の四大文明（現在のイラクを流れるチグリス・ユーフラテス川、エジプトのナイル川、中国の黄

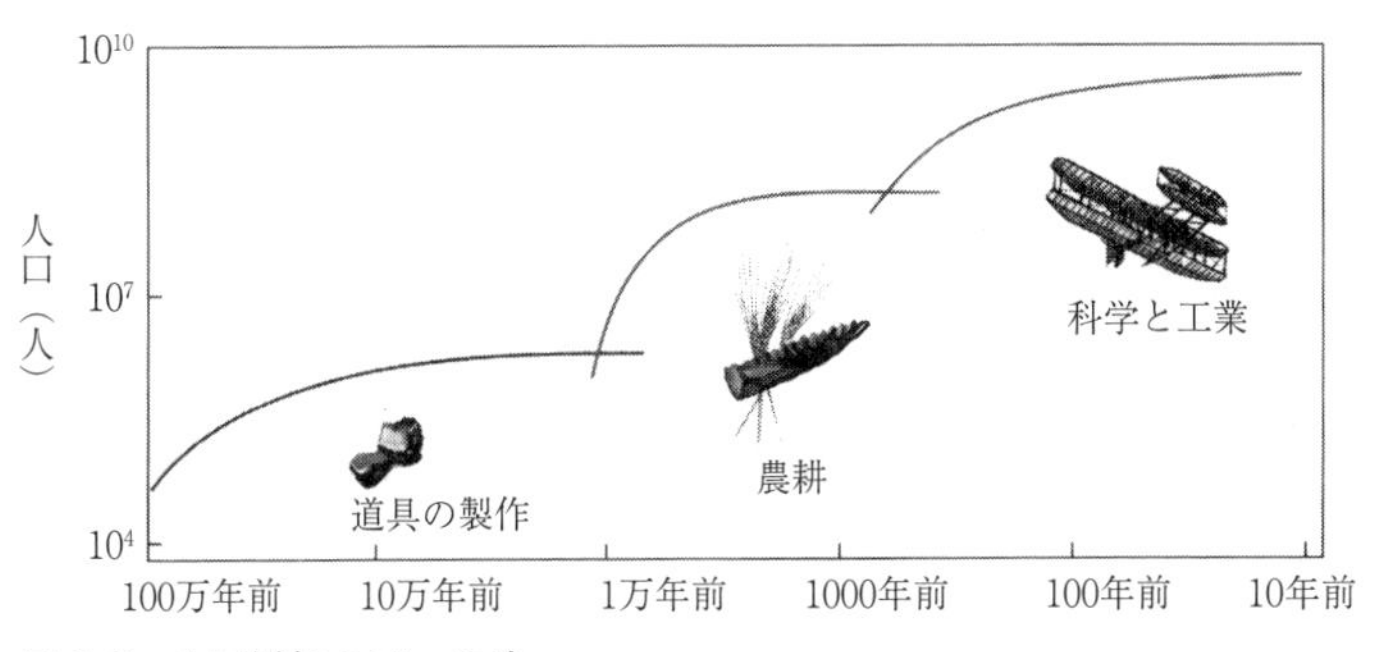

図 2-3　人口増加の三つの波

人類は、約 100 万年前に火を発明し、活発に「道具」を作り出し、「農耕」を始め、ついには「科学と工業」を手にした。そのたびごとに人口増加を経験し、食物連鎖の頂点に立った。明かりの四つの「白い光のイノベーション」が立て続けに起こったのは「科学と工業」の時代である。[出典：ロバート・W・ケイツ「人類存続への道」『日経サイエンス』1994 年 12 月号]

河、インドのインダス川の流域）が出現したのは、この時期である。ランプに加え、たいまつの後継者であるロウソクも明かりのメニューに加わった。

現在の地球温暖化問題のルーツは、石炭や石油燃料を大々的に消費し炭酸ガスを大量の放出し始めた産業革命以降と考えるよりは、エネルギー源として森林を伐採し、森を焼き払って土地を開き、灌漑を行なって農耕を始めた、この第二の波の時期にあると考えられている。

第三の人口増加の波は「科学と工業」によるものである。人口は今から５００年ほど前の中世の終わりごろの５億人から、西暦２０００年には60億人にまで急増した。そのもっとも大きな理由は、およそ４００年前に自然科学という考え方と方法が生まれ、人類誕生以来の技術の発展が、自然科学の助けを借りることによって、急速に分野を広げかつ効率化されたからである。自然を採取し、自然を改変しようとする人類の活動は、指数級数的に活発になっていった。オイルランプが画期的に改良され、ガス灯、電球、蛍光灯、白色ＬＥＤと明かりのイノベーションが連続して生じたのは、「科学と工業」の花が開いたまさにこの時代である（図2－3）。

1975年は、人口増加の問題を考えるうえで特筆すべき年、マジックナンバーの年である。地球上の人類の数は人類の誕生以来増加してきたのであるが、その増加する割合、つまり人口増加率はゼロに近い微々たるものだった。人口増加率そのものが増加しはじめたのは、科学と工業による第三の波が起こりはじめたころ、つまりおよそ400年ほど前からである。

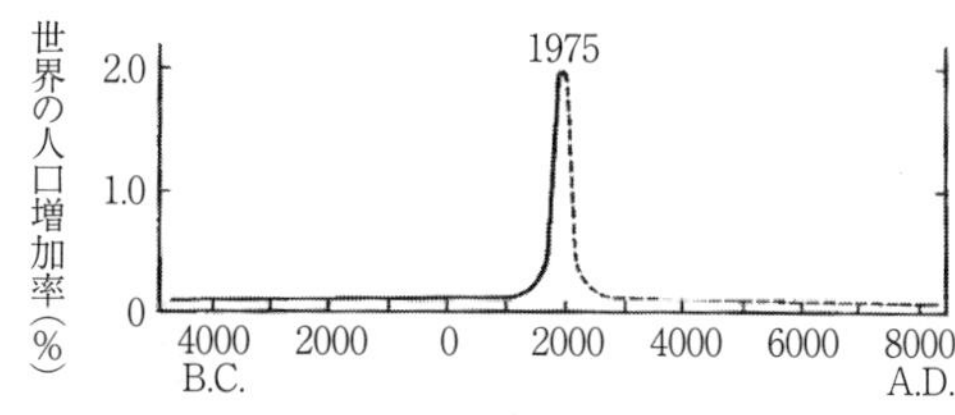

図 2-4　人口増加率の変化

人類が生まれてからじつに長い間、人口増加率はほとんどゼロに近かった。技術の発展が自然科学によって加速された400年前頃から世界の人口増加率は徐々に大きくなり、1975年にはピークの1.8%となった。［出典：日本第四紀学会編『百年・千年・万年後の日本の自然と人類』古今書院、1987年］。この増加率が100年続くと、人口は約6倍に急増するという驚異的な数字である。人口増加率が減少するのは経済発展の結果生じる少子化によるものであるが、それでも世界の人口はなお増加しつづけ、1975年に40億人であった世界人口は、2050年には2．4倍の96億人になると予想されている。［2013年　国連統計］

その人口増加率がピークを迎えたのが、じつは1975年だった（注8）。その値は1・8%。小さな数値と考えてはいけない。人口増加率は総人口に対して、銀行からの借金のように複利で効いてくる。1975年の世界人口は40億7000万人であった。この1・8%が100年続くと、2075年には世界の人口は約6・0倍の242億人にふくれあがることになる。増加率がほとんどゼロに近かったそれ以前の時代に比べると、1・8%は破壊的な数値に近い（図2－4）。

科学技術が発展し、市場経済が発達し、経済成長が進んで生活がそれ以前よりも豊かになる必然として、生活を支えるための労働力としての子どもの必要性が薄らいでくる結果、先進国であるか発展途上国であるかに関わりなく少子化が起こりはじめる。そのため地球全体から見ると人口増加率は１９７５年をピークとして減少の方向に向かったのである。人口増加率は減少に向かったものの、人口の増加は相変わらず続いている。国連の人口予測（２０１３年）では２０５０年に世界の人口は、マジックナンバーの１９７５年の総人口の２・35倍の95億５０００万人になると予想されている。第7話で述べることになるのであるが、現在進行中の白色ＬＥＤに続く次の第五の「白い光のイノベーション」も、同じ頃に出現する可能性がある。

2　炎の明かりの進化

オイルランプとロウソクのイノベーション

獣脂を用いたランプは煤（すす）が出たり、悪臭がするものの、それ以外に明かりの手段がなかった人々にとっては充分に満足のいくものであったろう。オイルランプは古代社会のもっとも基本的な明かりであり、壺の材質や形がいろいろと工夫され、ギリシャ、ローマをはじめ、世界の各地で長らく使われてきた。

植物性油が用いられるようになるのはおよそ３０００年前と考えられている。とくにオリーブ油は古代ギリシャやローマの人々の間でもてはやされ、胡麻油は主として中近東で用いられた。あの

図 2-5　中世のオイルランプ

17 世紀フランスの画家ジョルジュ・ド・ラ・トゥールは同時代のレンブラントと同じように、「光と陰の画家」と言われる。しかしレンブラントと違い、ラ・トゥールは好んで画面のなかに光の源、明かりを描いた。彼の代表作「ゆれる炎のあるマグダラのマリア」とそのなかのオイルランプの部分。透明なガラスの容器のなかで固まった半透明の油脂の上に炎の熱で溶けた透明な油が浮かび、芯がその油に浸かり、炎が静かに煤を上げて燃えている。庶民はこのような素朴なランプを使っていたのであろう。［ロサンジェルス州立美術館所蔵］

『千一夜物語』に出てくる『アラジンと魔法のランプ』のランプには胡麻油が使われていた。だから、秘密の扉を開ける魔法の呪文は、アラビア語の呪文のとおり、やはり「開け、ゴマ！」でなければならない。「開け、オリーブ！」ではだめなのだ。日本では明治の終わりころまで菜種油が使われていた。エスキモー（イヌイット）は近年までセイウチやアザラシの獣脂を用い、コケ類やカヤツリグサ科の植物繊維を灯芯として利用した石製のランプを使っていた（図２-５）。

オイルランプは何万年もの間、ほとんど改良されずに使われてきたのであるが、近世になると改良が相次いだ。その最初は、イタリアのジローラモ・カルダーノ（１５０１―１５７６年）が考えたオイルランプである。カルダーノは著名な数学者でもあり医者でもあるという、自然科学の誕生以前にはしばしば見受けられた万能の人であった。彼の考えた「カルダーノ・ランプ」は、油壺を灯芯よりも高い位置に設置した方式で、オイルを自動的に供給することができ、明るく長時間の点灯を可能にした。従来のオイルランプは燃料と灯心とが密接していたのに対して、カルダーノ・ランプでは距離を離して燃料と灯心を完全に分離したのである。

次の重要な改良は、いまから考えれば当然と言えば当然のことなのであるが、炎を覆うガラス製のホヤ（火屋）であった。このランプはフランスの薬剤師アントワーヌ・カンケが1784年に発明したと言われる。しかし、フランスの画家ジョルジュ・ド・ラ・トゥール（1593―1652年）がそれよりも100年以上も前に描かれた「ランタンのある聖セバスティアヌス」のなかに、ロウソクの入ったガラス製ホヤ付きランプがすでにある（図2‐6）。よくある話であるが、実際には名も知れない、しかし創意工夫にあふれた多くの人たちがホヤを発明したのであろうが、たまたまカンケの名前だけが後世に残ったと考えたほうが真実に近いであろう。ともあれ、ホヤは風による炎のちらつきを防ぎ、かつ炎の明かりを遮らないため、オイルランプばかりでなくロウソクの実用性を大いに高めた。この「透明の容器のなかに光を発する部分を閉じ込めた明かり」と

図2-6　ガラス製のホヤ付きランプ

ジョルジュ・ド・ラ・トゥールの「ランタンのある聖セバスティアヌス」。ガラス製のホヤの中でロウソクが静に燃え、聖セバスティアヌスの顔を淡く照らしている。ガラス製のホヤは炎を風から守り、安定した明かりを約束した。「光を放つ部分を透明な容器に閉じ込める」というコンセプトは現在の電球、蛍光灯、白色LEDにまで使われている大発明といえよう。［オルレアン市立美術館所蔵］

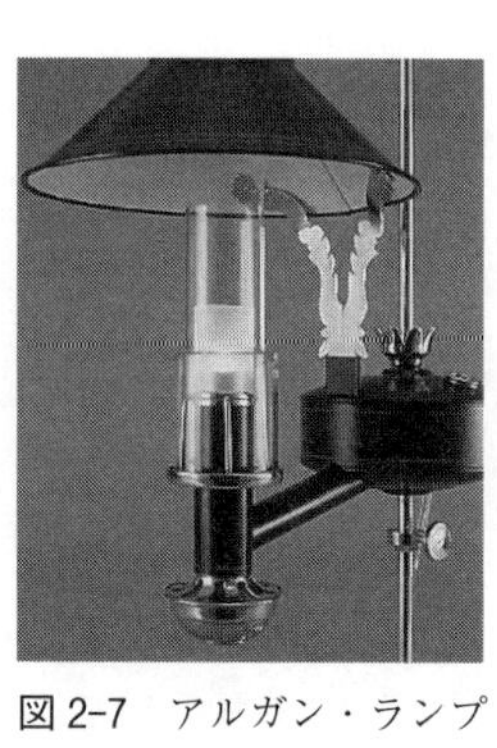

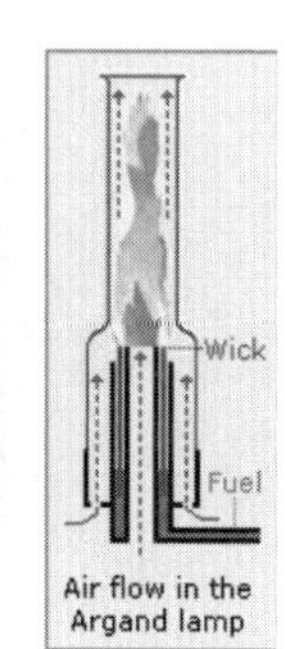

図2–7　アルガン・ランプ

アルガンは1783年にラヴォアジエの燃焼理論を応用し、円筒形の灯心の内側を空気が上昇することにより、炎と空気との接触面積を大きくして、明るく煤の出にくい画期的な「アルガン・ランプ」を発明した。右図はその原理を示す。左図は1820年頃のアルガン・ランプ。オイルは左側の高い位置に置かれ、重力を利用してパイプ経由で灯心に導かれる。［出典：S. Wechssler-Kummel, *Chandeliers Lampes et Appliques de Style*, Office du Livre, 1963］

いう基本コンセプトは、白熱ガス灯、白熱電球、白色蛍光灯、さらには最新の白色LEDにも受け継がれている。大発明だったと言えよう。

ランプにおける画期的な成果は「アルガン・ランプ」である（図2－7）。近代化学の父とも言われるフランスのアントワーヌ・ラヴォアジエ（1743―1794年）に師事したことのあるスイスの発明家で、いかさま師とも言われたアミ・アルガンは、ラヴォアジエの燃焼理論を積極的にランプに応用した。それまで使われていた灯心は植物の繊維を編んでつくったひものようなものであって、明るくするためには太さや面積を大きくするだけだった。アルガンが1783年に発明した「アルガン・ランプ」では、灯心は円筒形状に編まれていて、下にある油壺と直結し、金属の二重パイプの隙間を上下する仕組みになっている。火を灯すと、パイプの内側は空洞になっているので、空洞の上のほうにある空気は、燃えた灯心の炎に温められて上昇し、同時に下側からは新鮮な空気が入り込む。要するに、煙突のようにパイプ状の灯心のなかを空気が絶えず下から上に流れ、効率よくオイルを燃焼させるようにしたのである。それまでのオイルランプよりもいっそう明るいアルガン・ランプは、しかも燃焼効率がよいため煤も出にくかった。現在でも石油ストーブにはアルガンの方式が使われているように、オイルランプの技術革新であった。

このアルガン・ランプがいかに画期的であったかについては、当時フランス科学アカデミーの会員であったピエール・ジョセフ・マケの次のような報告（1783年）をシヴェルブシュが伝えている。

『このランプはじつにみごとだ。法外に明るく、活気があり、まぶしいといってもよい。その点で、現在使われているあらゆるランプを上回っている。煙も一切でない。（中略）。その上、ほんのわずかな臭いさえ炎の周囲から嗅ぎ取ることができなかった』

ロウソクについても、少しふれておこう。オイルランプとともに使われてきたロウソクは、脂肪あるいは蠟類を塗った樹皮や木片を束ねてつくった「たいまつ」の類から発達したと考えられている。固まった脂を融かし、芯のまわりに固め直したロウソクは、紀元前3000年のエジプト壁画に書かれているというから、ずいぶんと古いものである。時代が下がって紀元前3世紀、イタリアのエトルリア地方オルビエトのゴリニ墳墓にある壁画にもロウソクが描かれているし、中国では漢の高祖（在位紀元前206—195年）に蜜蠟200枚が献上されたという古文があり、また発掘によって燭台が発見されている。つまり、紀元前3世紀ころには世界の各地でロウソクが使われていたと見られている。ロウソクもまた根本的には改良されないまま近世まで使われてきた（図

図2-8　ロウソク

ジョルジュ・ド・ラ・トゥールの描いた「二つの炎のあるマグダラのマリア」（1630年代）の一部。燭台の上のロウソクが煤を上げて燃え、その姿が鏡に映っている。あたかも2本のロウソクが灯っているように。［メトロポリタン美術館所蔵］。たいまつの後継者であるロウソクは19世紀にパラフィンが使われるようになって、においや煤の問題が大幅に改良された。

2－8）。日本では6世紀に、仏教伝来に伴ってロウソクが輸入されたと言われているが、庶民にまで広く普及するのは、ハゼの木の樹脂からつくられた木蠟が使用されるようになった江戸時代に入ってからであった。

18世紀後半以降、化学の知識は著しく増加した。化学は物質に関わる学問なので、知識が増えれば、必ずその知識を応用した製品が生まれる。ロウソクも例外ではない。それまでは自然にある材料をそのまま利用してつくられていたのだが、自然物から抽出したり合成したりした新しい材料が利用されるようになった。1818年にはアンリ・ブラコノーとF・シモナンが、動植物の油脂に含まれているステアリン酸からステアリン・ロウソクを製造する。さらに1825年、フランスの化学者ミシェル＝ウジェーヌ・シュヴルールとジョセフ・ゲイリュサックは、脂肪酸からつくったロウソクの特許を取っている。1830年ころには、いまもロウソクの原料の主流であるパラフィンが発見され、ただちに英国でパラフィン・ロウソクがつくられた。これらの新しい材料によって、ローソクのにおいや煤の問題は大幅に改良されていった。

新たな産業が誕生した

明かりの燃料として、燃えるものなら何でもあらゆるものが試された。特定の明かりが普及して、特定の燃料が多量に使われるようになると、その燃料の売買市場が生まれ、また、その燃料を供給する産業も生まれる。

蜜蠟ロウソクの場合がそうであった。蜜蠟は、ミツバチの巣を加熱して、そこから搾り取ってつくる。当時の一般家庭では、暗く、煤がひどく、悪臭を放つけれども値段の安い、ウシやヒツジなどの獣脂ロウソクが用いられていた。ロウソクのなかでも香りがよく高級な蜜蠟ロウソクは、一般庶民には手が届かない高嶺の花で、ユーザーは貴族や裕福な人々、教会に限られていたが、それでもミツバチ飼育は明かり市場を支える重要な産業になっていたとヨハン・ベックマンは伝えている。1601年にはフランスでは蜜蠟ロウソク製造業者の同業組合が存在していたほどである。

捕鯨産業も明かり用の燃料市場の重要な地位を占めるようになった。古代から行なわれてきた捕鯨は17世紀になると、オランダ、英国、デンマーク、ドイツ、フランスなどの多数の国が参加して活発に行なわれるようになる。それに拍車をかけたのは1725年ころに、マッコウクジラの頭蓋から得られた鯨油がオイルランプ用の良質な燃料であることがわかったからである。もっとも高級な鯨油は頭蓋のオイルだが、鯨油は鯨の脂肪部分や皮、骨などからも取り出された。鯨油を分離したのちに析出する固体状態の鯨蠟（げいろう）も、ロウソク用としても広く使われるようになっていく。鯨の肉は食用とせずに海に捨てられた。

当時の捕鯨の目的はもう一つあった。女性のファッションにとって、鯨のヒゲは必需品だった。

コルセットやペチコートの芯材に使われていたのである。セミクジラの口のなかにある、餌のオキアミをすくいとるためのヒゲがもっとも珍重された。だがしかし、19世紀の半ばに新しい製鋼法（ベッセマー法など）が開発されて、良質な金属製のバネが大量に安くつくられるようになると、捕鯨の目的は明かり市場に特化したものとなった。さらに付け加えるならば、マッコウクジラからとれる竜涎香（りゅうぜんこう）も、幻の香料として上流社会の人々に珍重された。竜涎香はマッコウクジラの腸内に生じる蠟状の塊で、それをアルコールに漬けたものは麝香（じゃこう）にも似た香りの貴重品であったのである。

ハーマン・メルヴィルは1851年、南太平洋の捕鯨船に乗り組んだ体験を背景に名作『白鯨』を書いた。「モービィ・ディック」と呼ばれたマッコウクジラに片足を食いちぎられた初老の捕鯨船の船長エイハブが、復讐のためにこの白い巨鯨を探し回り、追跡し、死闘を繰り広げたあげくに敗北して、日本の近海で海の藻屑と消える物語である。メルヴィルは、主人公イシュメールに当時捕鯨船の根拠地として繁栄した米国東海岸のニュー・ベッドフォードの様子を語らせている。「豪華な結婚式を見たければニュー・ベッドフォードにゆくがよい。家々の瓶（かめ）には鯨油があふれ、夜な夜な、身の丈ほどあの鯨脳油製のロウソクに惜しげもなく火がともる」と。鯨油が明かり用燃料としていかに大量に使われていたか、鯨油ロウソクがいかに高価であったかがわかる（図2－9）。

エイハブ船長の「ピークォド」号と同じように、各国の捕鯨船は良質な鯨油を求め、漁場は大西洋から太平洋に拡大していく。当時、最大の捕鯨国であった米国が、戦争をも辞さずとの構えで日本の江戸幕府に開国を迫った理由の一つは、日本を捕鯨船の燃料や水・食料の補給基地として確保

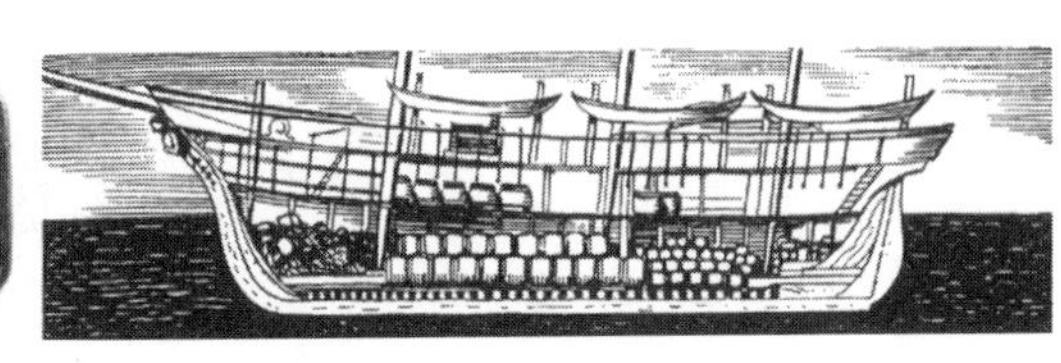

図 2-9　捕鯨船

捕鯨産業はオイルランプやロウソクの燃料を生み出す産業として隆盛を極めた。記念メダルに描かれた捕鯨船「チャールズ・W・モーガン」号（1841～1921年）（左）。捕鯨ボートを7隻積み、のべ2500頭以上の鯨をしとめ、船主に莫大な利益を生み出した。現在は米国コネチカット州ミスティック・シーポートに保管・展示されている。メルヴィルの『白鯨』初版本に画家ロックウェル・ケントによって描かれた捕鯨船の内部（右）。デッキには多くの捕鯨ボートが搭載され、船底には鯨油の樽が積み込まれている。下級船員は船首側の船室に押し込まれ、船尾の船室は船長、高級船員用だった。安い石油の出現によって捕鯨産業は19世紀末には衰退していった。

したいという意図があったからであるのはよく知られている。明かりの燃料を確保することは、国家の安全保障を揺るがす国家戦略の重要な施策でもあったのである。１８６４年の最盛期には、米国船７３６隻、その他の国の２３０隻の捕鯨船が操業し、１年間に１万頭以上のマッコウクジラを捕獲している。特に米国では１８４６年当時、捕鯨産業に関連した人口は７万人以上だったと言われている。しかし、やがて捕鯨産業は衰退していく。石油が鯨油に代わって用いられるようになって、需要自体が減ったことに加え、１８４８年に米国でゴールドラッシュが起こって労働者が金鉱掘りへと大量に流れたため捕鯨船の乗組員が不足し、さらに１８６１年の南北戦争によって打撃を受けたのである。米国の捕鯨業は、１８９８年にはほとんど消滅した。

石油産業も19世紀の明かり用の燃料市場に登場した新参の産業である。オイルランプの燃料の主体は植物油であったのだが、実は紀元前3000年ころからわずかではあるが、石油も明かりの燃料として利用されていた。現在、道路の舗装などに使われるアスファルトは原油の成分なのだが、アスファルトが天然に産出することもあるし、原油が地表に滲み出してくることもあった。日本では天智天皇七年（668）に原油が発見され、明治期に入っても「草生水（くそうず）」と呼ばれた原油を、産地である越後地方などで灯火に利用していたことが、記録に残されている。

原油ではなく石油をランプ燃料として用いたのは英国の医師アブラハム・ゲスナーが最初と言われている。彼は1853年にアスファルトから可燃性の液体を抽出する方法を開発し、この液体を「ケロシン」と名づけた。いまでも石油ストーブに使っていて、名前が残っているあの灯油のことである。しかし、この製造方法ではランプの需要を賄えるだけの生産は不可能であった。

地中からの石油の掘削に最初に成功したのは、米国のエドウィン・ドレークである。それまでの石油採取の方法は、手掘りの井戸や池に浮かんできた油を集めて汲み取る程度のことであったが、ドレークは1859年、機械掘りの井戸によって原油を汲み上げることに成功した（図2－10）。さらに米国の化学者ベンジャミン・シリマンによって効率のよい石油ランプが発明された。このシリマンランプは、芯が自動的に石油を吸い上げ、明るい光源をつくりだすことができた。安い石油の生産と効率のよいこの石油ランプの発明によって、石油を用いるオイルランプは世界中に普及していった。

日本にも明治になって灯油が輸入されるようになり、明かりの燃料として使われるようになった。民俗学者である柳田國男は、そのために、それまでもっとも一般的に使われていた菜種油の明かりの道具が何一つ利用できなくなったと書き遺している（『火の昔』１９４４年）。というのは、それまでの日本の明かりは火の燃えている芯と燃料の油の間隔がごく近かったため、石油をそのまま使うと引火して火事になってしまうというのだ。17世紀のカルダーノのランプのように灯心と燃料が完全に分離したオイルランプは、19世紀の日本ではまだ工夫されていなかったのである。

明かりに灯油が利用されることによって石油採掘業は急速に成長し、同時にランプに用いるホヤの製造でガラス製造業も発達していった。前途洋々と思われた石油産業だが、ガス灯の普及や電球の普及によって照明用の燃料市場が失われ、次第に衰退していった。石油というシーズはあっても照明市場のニーズがなくなった。石油産業は石炭産業に負けたのである。石油産業が復活するのは、20世紀に入ってガソリンエンジンを使った自動車が普及するようになってからのことである。

石炭産業は、石油産業を19世紀末に衰退させ、20世紀前半、エネルギー源として、また石炭化学の著しい発展により全盛期を誇った。しかし、華やかな時代は長くは続かない。20世紀も半ばになると、高効率のエネルギー源である液体の石油

図 2-10　石油産業の発展
近代石油産業の創始者エドウィン・ドレークのつくった石油採掘井戸（1861 年）。手前右側がドレーク。石油産業はオイルランプの燃料に利用されることにより大きく成長したが、ガス灯や電球の普及によって次第に衰退していった。石油産業は石炭産業に負けたのである。石油産業が復活するのは、20 世紀に入ってガソリンを燃料とする自動車が普及してからである。

と、多様な物質を高効率で作り出す石油化学を抱える新たな石油産業の隆盛によって、石炭産業が衰退していったことは記憶に新しい。21世紀の今日また、石油資源の枯渇が近い将来予想されるに至って、再び石炭資源の復活が試みられている。

その時代の基幹となる技術や産業は、永遠のものではない。あらゆるものは常に陳腐化のおそれを抱えているが、同時に、新たな技術や産業をつくりだすイノベーションへの芽をも秘めている。それに気づくかどうか、気づいたうえで認識するかどうか、認識したうえでイノベーションに向かって動くかどうか、それが重要である。

システムとしてのガス灯

ガス灯がそれまでの明かりと根本的に違うのは、システムになったことである。ガス灯だけを持ってきても明かりにはならない。ガス灯はガス配管を通じて社会のインフラシステムの端末に組み込まれたのだ。

石炭や木材を密閉容器に入れ、空気を遮断して加熱する、つまり乾留(かんりゅう)すると可燃性ガスが発生することは、17世紀の終わりころには知られていた。このガスを燃やすと照明に使えることもまた、知られてはいたのであるが、このガスを照明用に大々的に使おうと考える人物が現れるまでには、１００年近くもの長い年月が必要であった。

石炭は、17世紀中ごろの英国で、森林破壊で枯渇し始めた木炭に替わる燃料として登場し、基幹産業である製鉄にも使われるようになった。英国の森林破壊の兆(きざ)しは、すでに11世紀の頃の羊の放牧に始まっている。羊が林の下草を食べることによって森林が衰え，草原化したのだ。もちろん暖房や炊事の燃料とか建築材料として木材は使われていたのであるが，13世紀頃からは製鉄用のエネルギー源として大量に使われるようになり，森林破壊に拍車を掛けた。英国は次第に木材の輸入大国になっていく。それでも製鉄業の発展には追いつかなくなって，16世紀にはエネルギー危機に陥り，木材や木炭の価格は庶民には手が出しにくいほどに高くなっていったのである。そのために，庶民は煙が出たり，においが強くて使いにくい石炭を仕方なく使うようになった。製鉄業が石炭に目をつけたのは，庶民が石炭を使い始めたあとのことである。

石炭を鉄の精錬に使うためには，乾留してコークス（cokes）にする。鉄鉱石の主成分は酸化鉄なので，高炉で高温にして融かしてから還元する必要がある。コークスは乾留することにより石炭よりも純度が高くなり，炉のなかに積み上げても壊れない硬さを持つようになるので，鉄鉱石を高温で融かすための燃料として石炭よりもはるかにすぐれている。コークスはまた，鉄鉱石を還元して銑鉄にするときに必要な一酸化炭素ガスの発生原料にもなる。一酸化炭素ガスは鉄鉱石に含まれる酸素とコークスに含まれる炭素が高温の高炉で反応して生成する。コークスの製造法は英国の製鉄業者アブラハム・ダービーによって，18世紀の初めに発明されていた。このコークス製鉄法によって鉄の大量生産が可能になり，折しも進行中であった産業革命に拍車をかけたことは言うまでもない。

コークスを製造すると，コールタールや石炭ガスなどの種々の副産物が同時に生産される。要するに廃棄物なのだが，この廃棄物をいかに価値のある他の資源に変えていくかが，石炭化学産業にとっての宿題となっていく。19世紀後半から20世紀前半にかけてのおよそ100年間に化学産業が著しく進歩した背景には、石炭を原料とする化学によって有機化学の知識が大いに蓄積されたとの特殊な事情があった。

たとえば、コールタールの中からベンゼンが発見（1845年）され、初めての合成染料（1856年）がつくられ、次第に合成繊維、合成樹脂、染料、医薬品、火薬などを作る合成化学工業として発展していった。さらにコークスと水蒸気を反応させると一酸化炭素ガスを主成分とする水性ガスができるが、それをもとにアンモニア、メチルアルコールなどのいろいろな薬品が合成され、さらにコークスと石灰を反応させるとカーバイドが生成され、そのカーバイドからアセチレンを作り、そのアセチレンから……と連鎖反応のように化学工業原料が作られる。それをもとにしてまた無数の製品がつくられていくのである。

18世紀の終わり頃、コークスの副産物の一つであるコールタールはそれでも防水材として使われていたが、石炭ガスは不要なものとして空気中に放出されていた。ガス灯は、その廃棄物を新たな価値のある資源に利用した応用製品である。

技術の歴史のなかには、同じ時期に同じような画期的なコンセプトを提案する複数の人物がしばしば登場する。時代の機が熟した結果であろう。その分野においてイノベーションの同時多発性が見られるのだ。ガス灯の場合にも2人の人物がいた。1人は、英国のウィリアム・マードックであり、もう1人は後に出てくるフランスのフィリップ・ルボンである。

マードックは1792年にコークス製造の副産物である石炭ガスを燃焼させてガス灯の実験を行

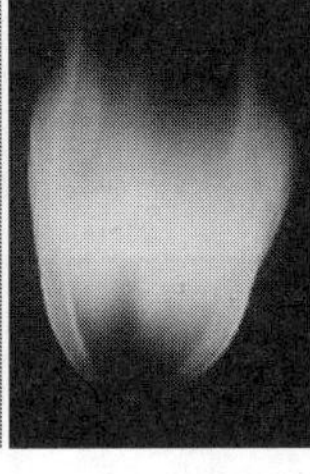
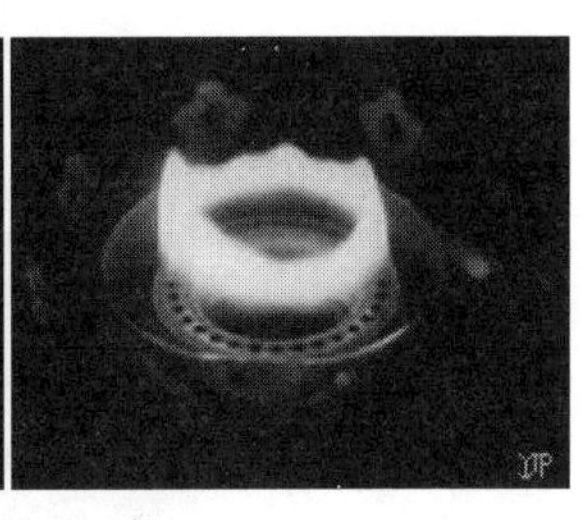

図 2-11　ガス灯

ガス灯が従来の明かりと大きく違うことは、ガス配管を通じて社会インフラシステムの端末に、明かりが組み込まれたことにある。オイルランプやロウソクのように燃える灯心もなく、金属のパイプの先端で石炭ガスを燃やした（左）。明るくするためにコウモリの羽のように炎の面積を広げたり（中）、アルガン・ランプのアイディアを用いて円筒形の炎の形にしたり（右）、さまざまな工夫が行なわれた。

ない、自分の家や事務所を照明した。彼が過去にガスの明かりを試みた他の人物と違うところは、ガス灯そのものを考えたのではなく、ガス灯のシステム全体を考えたことにある。マードックは石炭を乾留する装置、石炭ガスを貯蔵するガスタンク、ガスタンクからガスを導くパイプとその配管、ガスを止めたり流したりする簡便なコック、そしてガス燃焼させるガス灯という一連のシステムを工夫したのである。彼は１８０２年になって、そのシステムでバーミンガムのソーホー工場をガス灯で照明した。産業革命当時のイギリスは、家庭の明かりというよりは工場を明るく照らす産業用の明かりの出現を待ち望んでいたのだ。最初は鉄や真鍮などの金属のパイプに穴を開けてガスを燃やすだけだったが、より明るくするために、複数の炎にしたり、炎を薄く扇状にしたり、円筒状にする工夫などが行なわれた（図２－11）。ガス灯の明かりはいまの電球でいうと15ワット程度の暗い黄色い光であった。

ガス灯は新たな産業を生み出した。１８１０年には、

図2-12　日本最初のガス灯

日本の最初のガス灯は、明治5（1872）年に横浜瓦斯局と神奈川県庁との間で灯された。この歌川広重の錦絵「横浜郵便局開業之図」はそれから3年後の1875（明治8）年1月の横浜郵便局の開局の様子が描かれている。正面のバルコニーに「花ガス」が灯り、建物の周囲のガス灯が華やかさを添えている。［マスプロ美術館所蔵・原図は郵政博物館にある］

一般市民の家庭にガスを供給してガス照明の普及を図ろうとする会社が、ドイツ人技師のフリードリヒ・アルバート・ウィンザーによってロンドンで設立された。1812年にはさらに、ロンドン・ウェストミンスター・ガス会社（のちにガス灯コークス会社と改名）が設立され、1815年までにロンドンでは、街灯への供給のために42キロメートルのガス管が設置された。1822年にはガス会社はさらに増えて4社となり、直径18インチ（約50センチメートル）のガス本管だけで300キロメートル以上も敷設され、そこから各家庭に送る細いガス管と接続されていた。ガス会社は急増し続け1847年には1037社にも達し、インフラとしてのガス管の配管網がイギリス全土に整備されていった。遠い極東の横浜に日本最初のガス灯が灯されたのは、早くも明治維新直後の明治5（1872）年である（図2-12）。

ガス灯が急速に普及していった理由は、それまでのロウソクやオイルランプよりも明るく、煤も出にくく、点けたり消したりが簡単であったこともあるが、それにもまして、他の明かりよりも総合的に見て経済的であったからである。たとえば、それまで街灯として使われていたオイルランプが、すべての公道から短期間に追放された事件が起こった。オイルランプは人が定期的に見回ってオイルを街灯ごとに補給しなければならないが、ガス灯はガス配管さえ設置されていれば、そのような面倒な作業はいらない。その上に圧倒的にコストが安かったのだ。たとえば当時の試算によると、6分の1ポンドの重さのロウソクを7本灯したときと同じ明るさを得るのに、時間当たりガス灯は3ファージング、オイルを用いるアルガン・ランプでは3ペンス、ワックスロウソクは1シリング2ペンスであったとシヴェルブシュは伝えている。そうすると、1ファージングは4分の1ペンス、1シリングは12ペンスであるから、ガス灯はオイルランプの4分の1、ロウソクの18分の1もの安いコストであった。イノベーションを起こすには従来よりも性能が良い上に利便性が高く、かつ経済的効果に優れていなければならない。

産業革命時代の英国でオイルランプが公道からガス灯によって短期間に追放されたのと同じような現象を、現在の公道でも日本でも見ることができる。交差点の交通信号灯だ。これまで、信号灯はタングステンフィラメントの白熱電球の前に赤色、黄色、緑青色のガラスフィルターを付けていた。ところが、1993年に青色LED（発光ダイオード）が発明され、赤と緑のLEDはすでに実用化されていたから、これで光の三原色がそろい、あらゆる色の光が可能になった。LEDの光は指向性があって明るく、屋外にある信号に使えば色が見えやすい。それに消費電力も少なく、白熱電球のような球切れがほとんどなくなってメンテナンス経費が大幅に節約できる。このようなL

EDの特徴が評価されたのである。新しい技術が古い技術に置き換わっていくイノベーション・プロセスを目の当たりにする貴重な出来事といってよい。

ガス灯がそれまでのロウソクやオイルランプと違う外見上の大きな特徴は、燃える灯心がなかったことである。1810年ころの英国下院の公聴会で、ある議員がマードックに、「あなたは灯心がないのに明かりが灯るとでもいうのですか」と質問した記録をシヴェルブシュが伝えている。伝統的な価値に慣れ親しんだ庶民が革新的なイノベーションに対して語った象徴的な言葉である。

しかし、ガス灯がロウソクやオイルランプと本質的に違うのは、それが「システム」であったことにある。オイルランプやロウソクなどのそれまでの明かりは、燃料と灯心とが一体となった完結した小さな自給自足製品であった。それ対してガス灯は、燃料をそれにふさわしい場所で作り出し、明かりは明かりでそれにふさわしい別の場所で使用する。明かりの使用者は、遠く離れた場所から「エネルギー」を供給するシステムに組み込まれていったのである。のちになってエジソンが電灯システムを構築するときにこのマードックのガス灯システムを徹底的にモデルとしたことはよく知られている。このエネルギー中央供給システムは、原子力発電所を頂点とする現在の電気の供給システムにそのまま受け継がれている画期的なシステムであった。

マードックとほぼ同じ時期にガスを照明に使おうと試みたもう1人の人物にふれておかなければいけない。フランスのフィリップ・ルボンである。彼は石炭ではなく木材の乾留でガスをつくり、そのガスを照明や暖房に使おうと試みた。彼もガスをつくる装置、ガスタンク、パイプ、そして「テルモ・ランプ」と名づけた暖房兼照明から構成されるシステムを考えていた。その限りにおいてはマードックと同じように「システム」を考えていたのであるが、彼の製品である「テルモ・ランプ」は暖房と照明の二つの機能を兼ねさせた一軒の家に限定されたシステムであった。ルボンは、ガス製造装置を中心にして広い地域を集中管理するという考えには至らなかったのである。当時のフランスでは、まだ産業革命が始まっていなかったこともあるだろう。現在では近い将来に、各家庭に燃料電池やコージェネ(注9)などの分散型電源が普及することが予測されている。そのような時代がほんとうにやってきたら、マードックよりもルボンの方が先見性があったと評価する歴史家が現れるかもしれない。

3　炎の明かりは白い光になれなかった

なぜものが燃えるのか

オイルランプも、ロウソクも、そしてガス灯も、燃える炎の光を利用している明かりである。いままでは、何かが燃えるためには空気中の酸素がなくてはならないことを誰でも知っている。「燃える」とは酸化反応のことを言う。しかし、オイルランプが次第に改良されていった当時は、そうではなかった。物質が燃えるのは燃やされる物質のなかにフロギストン（Phlogiston：燃素）という元素のようなものが含まれているからであって、燃やしたあとの灰が燃やす前の物質より軽いのは、フロギストンが空気中に出ていくからだと説明されていた。このフロギストン説は18世紀の初めにドイツのゲオルク・シュタールが唱えた理論で、当時のほとんどすべての科学者に信じられていた。

そのような雰囲気のなかで、英国のヘンリー・キャヴェンディッシュは１７６６年に、鉄、亜鉛、錫などに希硫酸や希塩酸を加えることによって可燃性気体が発生することを発見する。また１７７４年には、やはり英国の科学者ジョセフ・プリーストリーが、酸化水銀をレンズで集光した太陽光で加熱すると新しい気体が生じ、そのなかでロウソクを燃やすと空気中よりも激しく長く燃えることを発見する。プリーストリーは、植物からも同じ気体が発生していることも見つけた。しかし、キャヴェンディッシュ、プリーストリーという当代随一の科学者も、燃焼という化学反応はフロギストン説で説明されると固く信じていた。

フロギストン説を完全に否定したのはラヴォアジエである。彼は１７７２年にリンの燃焼実験を行ない、精密な秤量測定によって、燃やして残った灰は燃やす前よりも重くなる現象を確認する。フロギストン説に従うなら、軽くならなければならないはずだ。したがって、この実験結果はフロギストン説では説明できない。ラヴォアジエは１８７７年までに新しい酸化燃焼理論を確立し、フロギストン説は排除されることになる。トーマス・クーンの言うパラダイム(注10)の転換が起こったのだ。パラダイムとは、ある時代やある分野において支配的な規範となるものの見方やものごとの価値の判断基準を言う。それがラヴォアジエによってまったく変わってしまったのだ。

ラヴォアジエはプリーストリーの発見した気体を「酸素」（１７８１年）と名づけ、キャベンディッシュの発見した気体を「水素」（１７８３年）と名づけた名付け親で、また水の組成が水素と酸素の化合物であると確定したのも彼である。近代化学の創始者であったラヴォアジエが、徴税官でもあったために、フランス革命の際に51歳で処刑されて早死にしてしまったことは、まことに残念である。

炎はなぜ黄色い光なのか

ガス灯が新エネルギーである石炭ガスを利用してはいても、ロウソクやオイルランプと同じように、燃焼を利用した炎の黄色い光であることには変わりはなかった。しかし、その光が黄色いかどうかは、「白い光」と比較してみなければ違いはわからない。そして、燃焼とはまったく違った原理による「白い光」は19世紀の終わりころになって登場することになるのだが、ここでは、炎の明かりはなぜ黄色い光のままで、「白い光」になることができなかったのかを考えよう。

まず、マッチなどを使ってロウソクに点火してみよう。芯にはパラフィンなどのロウソクの成分がすでに染み込んでいる。芯が加熱されると、染み込んだロウソクの成分は温められて有機物を含んだガスとなり、そのガスが燃えて炎となる。燃え出すと、炎にもっとも近いロウソクの上部が熱で融け出して液体となり、ロウソクの上部にできたポケットに溜まる。溜まったロウは毛細管現象によって芯に吸い込まれ、燃料として自動的に炎に供給されていく。じつにみごとな仕組みではないか。

ロウソクの炎をじっと見ると、炎の下部は青く、燃えている芯が透けてよく見える。炎の中心部はやや暗く、外側はそれよりもやや明るいことがわかる。炎が燃えると周囲の空気は暖められ、炎に沿って上昇気流が起こる。すると、新鮮な空気が炎の下側から供給されるので、炎の下部ではロウソク蒸気の有機物が完全燃焼することができる。ロウソクの成分中の炭素と水素が空気中の酸素

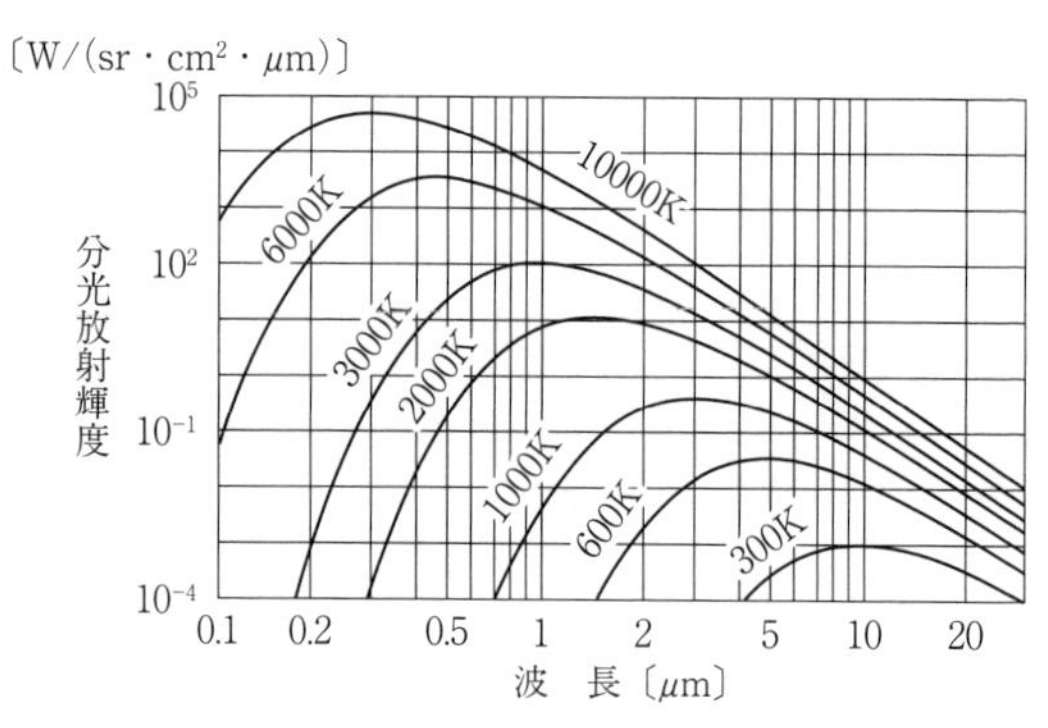

図2-13　熱放射

物質は高温に加熱されると光が放射される。温度が高くなるにつれて、光強度のピーク波長は次第に波長の短い方に移動する、つまり眼に見えない赤外光から眼に見える可視光に変わっていく。図中の温度は絶対温度（K）で表されているので、摂氏（C）で表すには273を差し引く必要がある。したがって、たとえば1000 Kは727℃であり、短波長側の端は可視光の0.7 μmとなって眼に見える。燃えた炭が赤く見える状態である。太陽の表面温度は6000 Kに近いので、太陽からの光は0.5 μm付近の光、つまり緑色の光がもっとも強いことがわかる。

と反応して、二酸化炭素ガスと水になるのだ。

燃焼によって水ができることは、頭ではわかっていても、できた水が水蒸気という透明の気体になっていて眼に見えないために実感しにくい。しかし、冷たいスプーンを炎にかざしてみると水滴がつくので、水の存在を簡単に知ることができる。この方法は、イギリスのマイケル・ファラデーの講演を記録した本『ロウソクの科学』に出てくる話だ。これは１８６０年にロンドンの王立研究所で、子どもたちのために6回にわたって行なわれたクリスマス講演の記録である。

ロウソクをよく見ると、青白く完全燃焼している部分の上側、炎の中心に近い部分はロウの蒸気が下から次々と供給されているにもかかわらず、空気の供給量が不足して酸素不足になり、不完全燃焼を起こしていることがわかる。酸素の供給量に応じて水はできるものの、炭素は炭素のまま、ごく微小な炭素の粒（煤（すす））として炎のなかに残ることになる。炭素は酸素と反応しなければ、およそ3500℃までは高温に耐える物質であるから、不完全燃焼の炎の領域の1500〜1800℃に加熱されると、その温度に相当する光、すなわち「熱放射光」（図2-13）を出す。芯が太すぎると、ロウソクから供給される燃料と周囲からの酸素の供給量とのバランスが狂い、炭素の粒は煤となって空気中に放出される。ロウソク、オイルランプ、ガス灯の明かりは、炎によって加熱された炭素の粒からの熱放射光を利用しているという点で共通している。ただし厳密に言えば、ロウソクも石炭ガスも複雑な組成を持つ多数の有機物質の混合物であり、それを高温度で反応させているのだからそれらの分子からの発光もあり、炭素粒からの熱放射光だけではない。

では、炎のなかで加熱された炭素の粒からの熱放射光を、白く明るい光にするには、どうしたらよいのであろうか。考え方は単純である。炭素をより高温の炎のなかに存在させればよい。物質を燃やして高温を得るには、酸素を充分に供給して完全燃焼を起こさせる必要がある。「ふいご」によって空気を強制的に大量に送り込んでやれば、燃料が木炭であっても、融点1535℃の鉄を溶かすほどの高温を得ることができる。木炭による鉄の精錬は、世界各国で昔からふつうに行なわれていた方法である。そのようにして完全燃焼を起こさせると、たしかに炎の温度は高くなるのだが、炭素は完全に酸素と反応して気体の無色の二酸化炭素になってしまう。つまり、空気中で完全燃焼させ、高温状態に保持すると、熱放射をする炭素の微粒子がなくなってしまうので、温度が高くなっても明るくならないということになる。燃やした炎の明かりを使っている限り、このような反応は避けられず、黄色い光の明かりになってしまう。

すばらしい技術には落とし穴がある

すでに述べたように「たいまつ」は、調理、暖房、照明という火の炎の三つの機能のうち照明の機能を独立させたもので、明かりとしての炎の独自の発展が始まったのは、そのときからであった。「たいまつ」の後継者であるロウソクやオイルランプにも、その考えは踏襲されていく。炎の数を増やしたり、炎の面積や体積を大きくして、あるいは燃料の供給量を増やしたり、空気の供給量を調整したり、じつにさまざまな工夫が行なわれ、夜を驚くほど明るくさせることができた。ただし、炎の不完全燃焼の領域を保ちつつ、燃えない炭素の粒をそのなかに多く存在させることによって、である。

充分に明るかったとはいえ、それが太陽の「白い光」とは異なる黄色い光であることには変わりがなかった。数十万年にわたる炎の明かりに対する工夫や技術は結局のところ、「白い光へ」を生み出さなかった。

なぜ、そうなってしまったのだろうか。

調理・暖房・照明という三つの機能が一つに統合されている炎の代わりとなる新たな技術は、可能なのだろうか。古代にもそうであったし、いまでもそうであるし、将来ともそれは不可能に近いのではないか。それだけに人類は、数万年、数十万年にわたって炎という技術に頼らざるをえなかった。それしかなかったし、それ以外のことを考える必要もなく、「炎に代わる何か」は、完全に意識の外にあったはずだ。

仮に太陽光に近い「白い光」をつくろうとする創造性豊かな人物がいたとしても、結局のところ答えを炎のなかに見つけざるをえなかったであろう。そうすると、炎という多くの機能が統合されたすばらしい技術の閉じられたループにはまってしまう。閉じられた技術のループに入り込むと、地道な改良を行なう漸進的なイノベーションにはなっても、閉じられた技術のループの壁を突破する破壊的なイノベーションへの道を開くことはできない。すばらしい技術の落とし穴は、そこにある。黄色い光から「白い光」の明かりに飛躍するには、閉じられたループからの脱出が必要なのだ。

閉じられたループにはまり込んだ同じようなすばらしい技術に、化学技術を用いた銀塩写真技術があった。銀塩とは、感光性の高い「ハロゲン化銀」（銀と塩素、臭素、ヨウ素などのハロゲン元素からなる化合物）を総称して呼んでいる。銀塩写真技術とはその銀塩の微結晶を紙やフィルムに塗った感光材料を用いて、カメラで風景などを撮影したあと、その感光材料を化学薬品で現像処理して画像を得る技術である。銀塩を用いたこの写真技術は、写真を「撮影する」「鑑賞する」「保存する」という三つの機能を兼ねそなえた、じつにシンプルで、すばらしい技術であった。19世紀始めの頃のフランスのジョセフ・ニエプスやルイ・ジャック・マンデ・ダゲールの発明以来、多くの人たちがこの三つの機能をすべて満たす新たな写真技術を探し求めてきたのであるが、結局、見つからなかった。２００年に近い写真技術開発の歴史が、それを物語っている。

しかし、銀塩写真技術を用いた写真の機能を分解して考えると、それぞれの機能を実現するのに適した技術が、技術の進展と共にそれぞれ独自に生まれてくるようになった。「撮影する」機能は電子的なＣＣＤなどの固体撮像素子に、「鑑賞する」機能はテレビやパソコンのディスプレイに、「保存する」機能は磁気テープ、光ディスクや固体メモリーなどに置き換えることが可能になった。

それらを組み合わせることで、従来の写真技術で得られた価値に加え、銀塩写真技術では得られなかった新たな価値が実現できるようになった。さらには、技術分野を異にするＩＴ技術を利用することによって、画像をさまざまに加工したり、編集したり、インターネットによってはるか遠方まで瞬時に送ったりできるようにもなった。デジタルカメラはその答えであった。

炎の技術のなかに白い光が見つからなかったように、従来の銀塩写真技術の閉じられた技術のループのなかには、新たなイノベーションをつくりだす答えはなかったのである。もちろん、燃やす炎による明かりが永久になくならないように、銀塩写真技術を用いた写真がなくなることはないであろう。

上述した化学技術による写真のように、技術の進化の一つの形態として複数の機能を持っていたそれまでの技術をそれぞれの機能に分解し、個別の新しい技術を発展させる、という道筋がある。炎の明かりの世界でもそれが起こった。黄色い光から技術革新によって白い光への最初のイノベーションが実現したのは、19世紀も後半になってからである。その実現には、それまでにない発想の転換が必要であった。では次に、最初に実現したその「白い光のイノベーション」について述べることにしよう。

第3話　炎の白い光——白熱ガス灯

18世紀を物理学の世紀とすると、19世紀は化学の世紀である。化学と物理の知識が一般の人々にまでに普及しはじめ、多くの発明が多くの人によって行なわれるようになった。

産業革命の成果の一つであるガス灯は、それまでのロウソクやオイルランプよりも明るい光をつくりだしたが、しかし、燃える炎の黄色い光であることに変わりはなかった。そのようななかで、人類は最初の「白い光」を手にした。19世紀の初めの「ライムライト」と「炭素アーク灯」である。しかし、この二つは手軽に扱える明かりではなく、一般家庭で使われることはなかった。

炎の黄色い光を輝くような白い光に変えたのは、「希土類元素[注11]（Rare earth element）」と総称される元素を研究する科学者で、ベンチャー企業家でもあったカール・アウア・フォン・ウェルスバッハの発明による「白熱ガス灯」である。その秘密は、炎の周囲を覆う「マントル[注12]（mantle）」にあった。そのマントルの中に希土類元素であるセリウムがわずかに含まれていて、そのセリウムの出す美しい青い光に拠るところが大きい。白熱ガス灯はエジソンによって実用化されたばかりの

「炭素フィラメント電球」の普及を遅らせるほど、家庭から産業界にまで広く普及して、最初の「白い光のイノベーション」となった。

　ウェルスバッハはまた、マッチに代わる「発火合金」を発明して、白熱ガス灯をシステム化した。その背景には、希土類元素産業の宿命である「原料のくびき」現象(注13)があった。

　希土類元素はどれも化学的な性質が似通っていて、一つの種類だけが単独で採掘されることはない。原料である鉱石には、たくさんの種類の希土類元素化合物が同時に含まれている。だから、「必要な希土類元素だけを生産する」ことが不可能なのである。いずれかの元素を取り出すと、自動的に他の何種類もの元素が産出されてしまう。したがって、需要の少ない元素は、廃棄物として残るだけでなく、必要な元素の生産コストを上げる。発火合金は、マントルの生産過程で大量に廃棄物となっていたセリウムの応用製品だ。

　じつは「白熱ガス灯」のマントルは放射能を持つトリウムの酸化物から作られていたのであるが、そのマントルが放射能を持たない材料に代わったのは、20世紀も終わりになってからのことであった。

1　最初の白い光

ファラデーの二つの「白い光」

19世紀の初めに、「白い光」をつくりだす二つの試みが行なわれた。炎を利用する白い光の明かりと、電気を利用する白い光の明かりである。いずれも、たまたま偶然に、今まで見たこともない白い光を発見したのだ。いつでも誰でも再現させることができる発見、セレンディピティの典型例である。第2話で紹介した1860年に行なわれたクリスマス講演『ロウソクの科学』の中で、ファラデーもこの二つの「白い光」について次のように語っている。引用してみよう。

『この石灰片を酸水素炎の中に入れますと、まあ何と強く輝くことでしょう。これが有名な石灰光というもので、電気の光と輝きを競うこともできるし、また太陽の光にも肩を並べることができます』

ここで述べている「電気の光」についてはあとで述べることにして、まずは「石灰光」についてお話ししようと思う。「石灰」とは、運動会の時に運動場に白い線を描くときに使うあの白い粉末であり、酸化カルシウムや水酸化カルシウム、炭酸カルシウムなどを総称するが、ここではセメントなどの原料に用いられる炭酸カルシウムを主成分とする白い石灰石のことを言っている。彫刻や建築などに使われる美しい大理石もまた石灰石だ。石灰石は英語ではライム（Lime）と言うので、ファラデーの言う石灰光は「ライムライト」と言うことになる。

ライムライトと聞くと、チャーリー・チャップリンの名作映画「ライムライト」、そして映画の中で流れていたチャップリン自身の作曲による哀愁に満ちたテーマ音楽を思い出す方も多いかと思う。若いころは人気を博したのに、いまは年老いて落ちぶれた道化師と若い美しいバレリーナとの淡い愛情を描いた名作である。いま、「ライムライト」という言葉は、名声とか注目の的といった意味で用いられるようになっているが、この映画で「ライムライト」とはいうのは明かりそのもの、つまり老いた道化師が若いころに浴びたスポットライト、そして若いバレリーナが新たに浴びるスポットライトを意味している。

第2話にも出てきたジョセフ・プリーストリーが発見した酸素やヘンリー・キャヴェンディッシュが発見した水素は、19世紀の初めころには手軽に得られるようになっていた。酸素と水素を反応させると激しく燃えて水が生成されることも知られていた。酸素と水素を燃やして得られる炎は「酸水素炎」と呼ばれていて、約2800℃、条件によっては3000℃にも達する。ロウソクやオイルランプでは得られない超高温と言ってもよい。この炎の光は青白く、ほとんど眼には見えない。ファラデーの講演は1860年に行なわれたのだから、酸水素炎はおなじみのものだったのであろう。

石灰光を最初に発見したのはオーストリアにあるウェルスバッハ博物館のローランド・アドゥンカによると、カール・フォン・フランケンシュタインという人物である。(注14) 彼は1801年に酸化カルシウムや酸化マグネシウムでつくられた板や球を酸水素炎で強熱すると、酸化カルシウムや酸化マグネシウムが驚くほど強い白い光を放つことを見出した。彼はこれを「ルナーライト（Lunar-Light）」と名づけた。「夜空に輝く満月のような白い色の明かり」を意味している。人類がはじめてつくった「白い光」と言ってよいであろう。

1825年には、炭酸カルシウム、つまり石灰石を強熱して得られる白熱光を、「放物面鏡」（大型の天体望遠鏡などに用いられる特殊な鏡）を使って一点に集めて得られる光源が、英国のトマス・ドラモンドとゴールズワージー・ガーニーによってつくられている。石灰石、つまりライムを高温に加熱することによって得られる白い光の明かりは、次第に「ライムライト」と呼ばれるようになっていく。ファラデーが子どもたちの目の前で石灰石を酸水素炎で加熱して見せ、「ライムライトは太陽の光とも肩を並べることができます」と語っているように、ライムライトはそれほど白く明るかったのである。

ライムライトは、ガラスに描いた絵やガラス乾板写真などを映し出す幻灯機の光源や劇場の舞台で用いるスポットライトとして、20世紀の初めまで使われてきた。酸水素炎は爆発する危険が高いので、安全な酸素と他の燃料（たとえばアルコールや石炭ガス）で高温の炎をつくることも試みられた。しかし、一般の家庭に普及するイノベーションにはならなかった。爆発の危険性、ガスによる中毒、酸欠の危険性、室内温度の上昇などがあったからである。

ファラデーがもう一つ述べている「電気の光」とは、講演が行なわれた１８６０年当時には2種類あった。白金や炭素材料をフィラメントにした電球と「炭素アーク灯」である。その頃の電球はまだ実用からはほど遠かったうえに、弱々しく黄色の光を放っていたであろうから、ライムライトの白い光と比べられる「電気の光」とは「炭素アーク灯」のことであろう。

この最初の電気の白い光を発見したのは英国の科学者ハンフリー・デイヴィーである。ファラデーとデイヴィーは弟子と恩師の間柄である。貧しい鍛冶屋の息子であったファラデーが輝かしい科学者としてその後の人生を歩むようになったのは、そもそも１８１３年にデイヴィーの実験助手として雇われたことがきっかけである。ともあれ、デイヴィーは１８００年代の初めに「ボルタの電

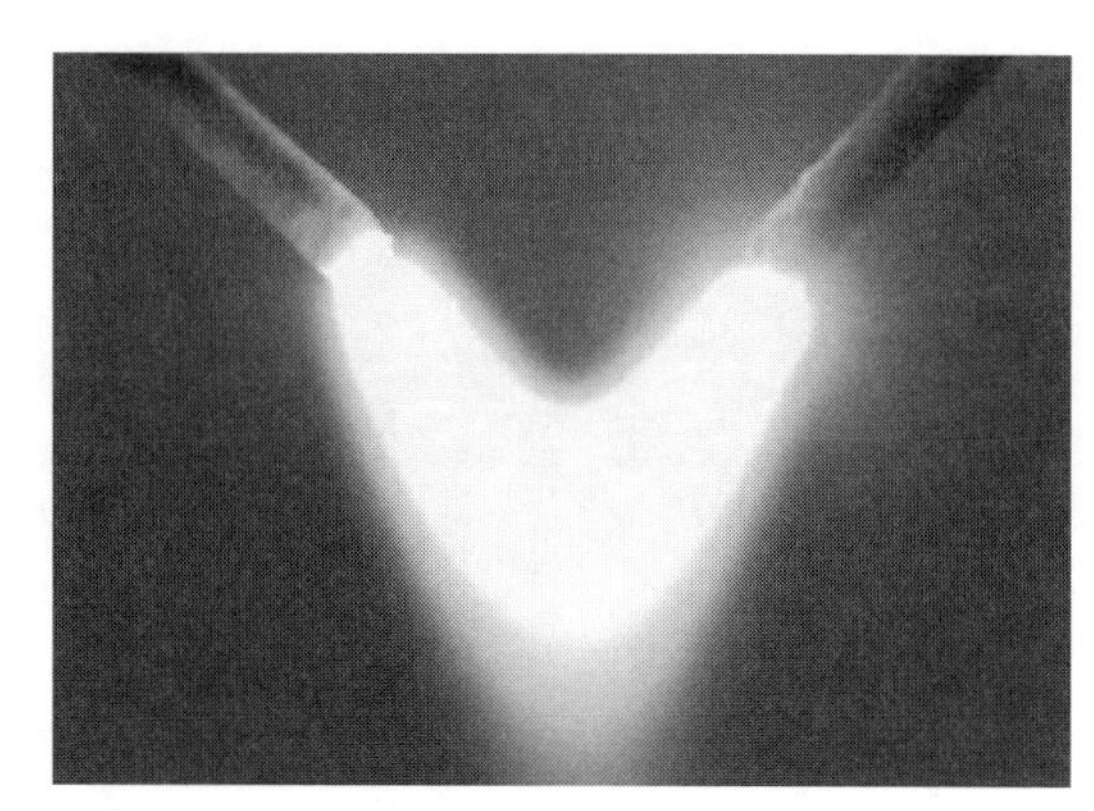

図 3-1　炭素アーク放電実験

２本の炭素棒に電圧をかけ、互いに近づけていくと、ある距離で空気の絶縁が破壊されて、白く輝くアーク放電が始まる。炭素アーク灯そのものは普及するほど広く使われることはなかったが、ガスを封入した密閉したガラス容器の中で放電を起こさせる放電灯は、蛍光灯、水銀灯、メタルハライドランプなどに進化し、電球よりも効率が高い明かりとして使われてきた。［出典：https://ja.wikipedia.org/wiki/ 電弧］

池」（希硫酸のような電気を通す液体に、導線でつながれた銅と亜鉛を浸すと、銅から亜鉛に向けて電流が流れる）を用いて電気分解の実験を行なっていた。この実験によって、化学反応を起こしやすいために、化合物ではない状態（単体）で分離するのが難しかったナトリウムやカリウムなどのアルカリ金属を、初めて単離するという輝かしい成果を挙げたのであるが、その実験の過程で電極に使った２本の炭素棒の間に生じる強い白い光を偶然に発見したのである（図３－１）。

空気はふつうは電気を通さない「絶縁体」である。しかし、二つの電極の間に徐々に高い電圧をかけていくと、間にある空気が電離（イオンになること）して突然に絶縁が破壊される。そうすると電極との間に電気が流れ、放電が始まり、光が発生する。雷雲が発生したときに、稲光が起こるのと同じ現象だ。

デイヴィーは１８０８年にボルタの電池を２０００個もつないで、この新しい明かりの公開実験を行なった。多くの科学者や技術者が、この「アーク放電現象」に興味をもち、この光を明かりとして使うためのさまざまな改良が行なわれた。すると同時に、炭素アーク灯が明かりとして普及するために解決する必要のある基本的な問題が浮かび上がってきた。

まず、アーク放電を安定に保つための、二つの電極の間隔を一定に調整する装置の開発である。なぜなら、放電が起こると、電極である炭素棒の一部は熱のために蒸発して気体になってしまう。つまり、使っているうちにすぐに炭素電極が消耗し、短くなって電極間の距離が長くなり、アークが消えてしまうからだ。また、公開実験で電池を２０００個も使ったことからもわかるように、この現象を起こすためには多量の電力が必要なので、電力を安定に供給するための発電機の開発も必要であった。そして、なるべく長く燃え尽きない炭素電極材料の開発なども必要になった。そのような技術がほぼ出そろったのは、１８７０年代になってからであった。炭素フィラメント電球の開発競争がヨーロッパで盛んに行なわれていた頃である。

炭素アーク灯のまばゆいほどの光については、１８５５年の新聞『ガゼット・ド・フランンス』に次のような記事が出ていたと、ヴォルフガング・シヴェルブシュが伝えている。

『昨夜9時ごろ、シャトー・ボージューの近くを散歩していた人々は、突然太陽のような明るい光の洪水に襲われた。実際、太陽が昇ったかとも思えるほどで、錯覚して眠りから覚めた鳥たちは、この太陽光を浴びて鳴き出す始末だった。……広大な領域にあふれた光は強烈だったので、ご婦人方は傘をさしたほどである』

現在では明かりとして炭素アーク灯はまったく使われていないが、建築現場や鉄工所などで鉄を溶接するときの電気溶接火花を見れば、炭素アーク灯の強烈な光を実感できるだろう。

炭素アーク灯の高温は、燃料を燃やしてつくるのではなく、放電によるものなので、炭素粒は炎の場合よりも高い温度に置かれることが可能になる。炭素粒子の大半は空気中の酸素と反応して二酸化炭素ガスになってしまうが、一部の炭素粒は炭素が分解する約３５００℃近くまで加熱され、その温度に応じた熱放射の青白い光を出すわけだ（図２－13参照）。じつはそれだけではなく、「ルミネセンス（luminescence）」という現象も起きている。超高温に加熱されることによって、熱エネルギーを受け取った電極では、炭素原子や炭素原子が集まった炭素分子などの不安定な状態が共存する状態が生まれる。また、炭素棒の間の空気中では酸素分子や窒素分子などが分解して不安定な状態（「励起状態」という。第5話、第6話参照）が生まれる。この不安定な状態から安定な状態に戻るときに、受け取った熱エネルギーを光として放出する現象が、ルミネセンスだ。

炭素アーク灯は、少しずつ改良されてはきたものの、光量の調節ができなかったり、光が不安定であったり、音やにおいがあったり、炭素電極の消耗が激しくメンテナンスに手間がかかったりしたために、街灯や広場の照明、灯台の光、劇場内の舞台照明、工場内の照明など、広い空間を照明する特殊な用途にのみに使われ、家庭にまで普及する「白い光のイノベーション」になることはなかった。

しかし、放電を利用した明かりである「放電灯」は、ガラス容器に閉じ込めたガスのなかで放電を行なわせる方法で、独自の発展を遂げるようになる。20世紀後半から急速に普及した「第三の白い光のイノベーション」となる蛍光灯をはじめ、屋外の照明になど使われている「水銀灯」や、現在もっとも太陽の白い光に近いといわれている「メタルハライドランプ」、もっともエネルギー効率が高い「ナトリウムランプ」などは、デイヴィーの炭素アーク灯の直系の子孫と言えよう。

図 3-2　白熱ガス灯

ガス灯の炎のまわりをウェルスバッハの発明になるセラミクスのマントルで囲むことにより、炎の黄色い光は輝くような白い光に変わる。白熱ガス灯は街灯から一般の家庭までに普及する最初の白い光のイノベーションとなった。フランスのパリで街路灯として使われていたガス燈(左)。ウェルスバッハ卓上ガスランプ（右)。［提供：東京ガス　Gas Museum がす資料館］

最初の白い光のイノベーション

白熱ガス灯とは、ガスの炎をセラミクスでできた「マントル」で取り囲み、それによってガスの炎の暗い黄色い光を明るい白い光に変えた明かりである（図3-2）。古代から使われてきたロウソク、オイルランプ、19世紀の初め頃に登場したガス灯の明かりはどれも黄色く弱々しいものであった。そして19世紀の終わり頃になって新しく登場してきた電気の明かり、つまり炭素フィラメントを用いたエジソン電球の光もまた黄色く弱々しいものであった。このような明かりしか知らなかった当時の人々にとって、白熱ガス灯は、真昼の太陽のような奇跡の光に見えたことだろう。この奇跡は、今でもキャンプの夜のテーブルの照明をロウソクや石油ランプからブタンやプロパンガスを燃料とする白熱ガス灯に代えてみれば実感できる。

白熱ガス灯は、科学者として、またベンチャー企業家として活躍したオーストリアのカール・フォン・ウェルスバッハによって発明された。１８９１年のことである。魔法のような働きをする彼のマントルの組成は、99％の「酸化トリウム」と１％の「酸化セリウム」からなっている一種の蛍光体(注15)であって、この組成が彼の発明の根幹をなしている。ウェルスバッハの人生と彼の仕事については、のちほど詳しく紹介する。

一般家庭以外に白熱ガス灯を大量に使用した最大のユーザーは鉄道会社であり、客室内の照明、前照灯、尾灯などに用いられた。また、インドのボンベイ（ムンバイ）を皮切りとして、白熱ガス灯は世界の各都市の街灯としても広く用いられた。日本には１８９６（明治29）年に英国から輸入され、町を明るく照らした。当時使われていたガス灯を白熱ガス灯に替えたのである。当時の情報事情や交通事情を考えると、ウェルスバッハの発明が１８９１年であったことを考えれば、ユーラシア大陸の東の端、極東に位置する日本にまで驚くほど早く普及したと言っていい。もっとも、ガス灯の事業はすでに１８７２（明治５）年に横浜で開始されていたのであるから、ガス配管のインフラは整っていたのである。しかし１９１５（大正５）年をピークに、結局は手軽で便利な電球との競争に負け、１９３７（昭和12）年には姿を消してしまった。米国のボルチモアでは、１９５０年代の初めまで街灯として長く使われていたという。

白熱ガス灯が使われなくなった理由は、ガスを用いるシステムの本質的な欠陥にあった。ガスタンクや配管からガスが漏れれば、爆発事故が起こるかもしれない。ガス中毒も恐ろしいし、室内で使った場合、熱が発生して暑くなりすぎることもある。換気が悪ければ酸素欠乏に陥ることもある。

しかし、最終的に電球に取って代わられたとはいえ、白熱ガス灯は絶滅したのではなく、今日まででしぶとく使われてきた。ガスの炎による淡い光は日常生活から離れた「非日常」の魅惑の世界を演出してくれる。また、小型のガスボンベと直結した白熱ガス灯は持ち運びがしやすいうえに扱いが簡単で、電池を使う電球の明かりに比べれば5〜10倍も明るいという特徴があった。キャンプなどのアウトドア用の照明としては代替する他の方法がなかったからである。そのように生き延びてきた白熱ガス灯ではあったが、徐々に第四の「白い光のイノベーション」の白色ＬＥＤに置き換えられていくであろう。軽い・便利・明るい・安全・安価・長寿命・壊れにくいといった特性は、アウトドアの白熱ガス灯を置き換えてしまうイノベーションの要件を持っている。

とはいえ、白熱ガス灯が室内の常用の照明として新たに使われる例も出てきている。たとえば最近では、地球環境問題が大きく取り上げられるようになり、「バイオガス」（バイオマス、つまり生物起源のエネルギー資源を利用したガス）が新たなエネルギーとして注目されている。電気がまだ通わない中国の山間部で、簡便な仕組みで糞尿をメタンガスに変え、そのガスを白熱ガス灯に使っている映像がニュース番組で流れたのは、つい最近のことである。

なぜ白い光になるのか

ガスの炎の黄色い光が、「ウェルスバッハ・マントル」によって、なぜ明るい白い光に変換されるのか。この疑問は古くから多くの研究者の関心を引き、多くの研究が行なわれてきた。すでに何度か言及したように、すべての物質は温度を上げていくとその温度に対応した色の光（熱放射光）を出すようになる。もちろん白熱ガス灯からもこの熱放射光が出ているのだが、それに加えてメカニズムの違う発光現象も起こっているのだ。熱放射光以外に現れる熱による発光現象には、「サーモルミネセンス（熱蛍光：Theremoluminescens）」と「カンドルミネセンス（強熱発光：Cando-luminescence）」と呼ばれる二つの現象がある。

「サーモルミネセンス」とは、物質を加熱することによって発光が生じる現象であり、再び加熱しても発光は生じない。宇宙線や周囲の環境放射線から受けてきた刺激によって励起状態がその物質内に保たれていることが原因である。加熱によって励起状態のエネルギーを解放すれば、再び発光することはない。この現象は放射線の被曝量を測定する熱蛍光線量計として日常的に用いられているのであるが、古代の遺跡から発見される土器などの年代測定もまたサーモルミネセンス現象を利用してしばしば行なわれる。その土器を作ったとき、あるいはその土器を加熱して煮炊きに使ったときに、土器に含まれる結晶粒子内の過去の励起状態が加熱によって消去され、その後の長い年月の中であらためて励起状態が結晶粒子内に蓄積されていることになる。つまりサーモルミネセンスの強度を測ることによって、過去の年代が測定できるのだ。

ウェルスバッハ・マントルの場合は「サーモルミネセンス」が起こっているのではなく、典型的な「カンドルミネセンス」が起こっているとルミネセンスを研究する分野では理解されている。紫外線や放射線で刺激された場合と同じように、高温という熱的刺激によって物質内の原子が励起状態になり、ルミネセンスが生じるのだ。サーモルミネセンスの場合と違って、高温状態が続いている間は発光が続くし、繰り返し発光させることもできる。

ウェルスバッハ・マントルは、酸化トリウムの結晶の中に1％のセリウムが含まれた組成（ThO_2:Ce）である。まず、酸化トリウムが加熱されて温度に応じた熱放射光を出す。ほとんど赤外線の黄色い光なのであるが、同時にその熱エネルギーを受けた希土類元素であるセリウムが励起されて青い色の蛍光が生じる。炎の黄色い光とセリウムからの青い光が混ざって、「白い光」に見えるのである。第1話で述べた補色の関係である。他の白い光の明かりと比較するとわかるのだが、太陽の白い光にもっとも類似した連続的な発光スペクトルになっている（図1－5参照）。だから、明るくて白い光と感じる。

しかしほんとうは、これだけでは正確な説明になっていない。マントルの周辺では、炎による高温状態だけではなく、ガスの燃焼によってじつにさまざまな現象が起こっているからだ。ヘンリー・アイヴィーは1974年に「カンドルミネセンス」に関する初期からの膨大な文献を網羅的に集め、発光メカニズムに関する詳細な調査報告を行なった。彼によると、ウェルスバッハ・マントルの発光に関してはマントルが1891年に発売された直後から研究報告が行なわれていて、科学者の関心が高かったことがうかがえる。その中には1905年に報告されたというウェルスバッハ・マントルに関連する発光スペクトルデータもある（図3－3）。

調査報告によると、白熱ガス灯では熱放射やマントルによる蛍光に加えて、炎の中のガスの励起分子やフリーラジカルによる発光やその他の多くの複雑な発光現象が同時に起こっていることは確かである。発光メカニズムに関しては、１９３０年代以降、多くの研究者が報告し、１９７０年代から80年代にかけても議論が復活したのであるが、「カンドルミネセンス」という発光現象は、本当のことはわかっていないといった方が正しいのであろう。

それで終わるのかと思っていたら、２０００年直前になって、また議論が復活した。米国では特

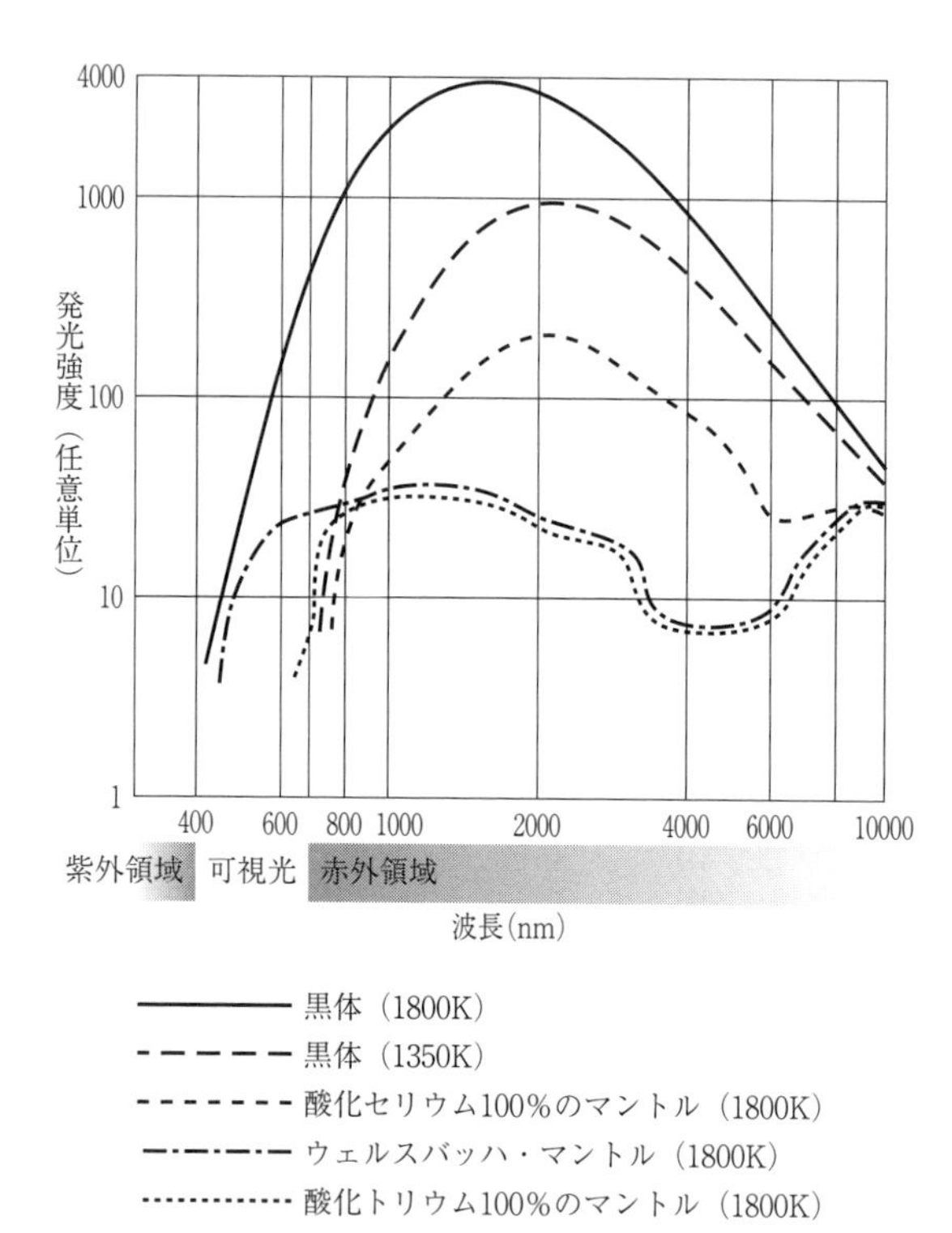

図 3-3　白熱ガス灯の発光スペクトル
ガスの炎で高温度に加熱されることにより、ウェルスバッハ・マントルに含まれている蛍光体（酸化トリウムに1%のセリウムが含まれた結晶）が発光し、炎の黄色い光は白い光に変換される。実線は1800 Kの黒体からの熱放射スペクトル、1点鎖線は同じ温度に加熱されたマントルからの発光スペクトル。1905年に報告されたデータ。[Hery F. Ivey, "Candoluminescence and Radical-Excited Luminescence", *Journal of Luminescence*, February 1974, vol. 8, Issue 4, pp. 271-307]

定の関心事項や特定の趣味に凝ったオタクたちが集まって作るサークルがよくあるのだが、「国際ランプ研究者ギルド」(International Guild for Lamp Researchers) という「電気を使わない明かり」に興味を持った人たちの団体もその一つある。この団体のホームページには、メンバーから種々の質問が寄せられ、明かりに関心を持つ一般人や大学の研究者などがそれに回答するシステムになっている。1998年にある人物から「ウェルスバッハ・マントルの物理現象は何か?」("Welsbach Mantle Physics ?") という質問が寄せられた。ウェルスバッハ・マントルの発光メカニズムをあらためて知りたいというのである。これに対してたくさんのメンバーからさまざまな回答が寄せられ、議論になった。それを見る限り、この発光メカニズムに関する議論は、いまだに決着がついていないようである。

物理現象や化学現象から「明るい光」や「白い光」を説明したとしても、色の話は人の眼の認識特性や感性に大きく関連しているので、それでよしというわけにはいかない。加えてウェルスバッハ・マントルはもはや商品としての価値を失っているし、科学的あるいは技術的な興味もすでに失われてしまった。そのため、誰もこの問題を学術的に追究しなくなったことが、発光メカニズムの結論がいまだにお出ていないことの、もっとも大きな理由であろう。

図3-4　トライバッハ化学会社
大学発のベンチャー企業としてウェルスバッハが創立したこの会社は、現在もなお希土類元素を扱っていて、110年以上もオーストリアに存している長寿命の老舗企業である。[ウェルスバッハ博物館所蔵]

2　ウェルスバッハ物語

知られざる発明家、ウェルスバッハ

ウェルスバッハ（Carl Auer von Welsbach）の名前を知っている人は、今ではほとんどいないであろう。しかし、科学の歴史に名を残すほどの学者であり、現在にも残る数々の発明を行なった発明家であり、しかもその製品を世界に販売して事業家として成功した人物は、現在でも滅多にいない。1898年に彼が創立したトライバッハ化学会社（Treibacher Chemische Werk AG.）は、1994年にトライバッハ工業会社（Treibacher Industrie AG.）と名前を変えたが、創業以来の希土類元素材料をも扱いながら、カナダ、スロヴェニア、中国、日本に支店を持ち、今なお本社はオーストリアのアルトホーフェン市ウェルスバッハ通り1番地にある（図3－4）。すでに110年以上の歴史を持つ老舗の製造会社もまた、珍しい。いわば大学発のベンチャー企業の成功者として

も、歴史に残るパイオニアである。

科学者としてのウェルスバッハは、四つの「希土類元素」、すなわちネオジム（Nd）、プラセオジム（Pr）、イッテリビウム（Yb）、ルテチウム（Lu）を発見し、科学史に彼の名前は残されている。彼は基礎的な研究だけでなく、希土類元素の産業への応用にも人生を捧げた。白熱ガス灯はその一つであり、現在でもライターなどに使われている「フリント」（発火合金）も彼の発明である。

エジソンが実現できなかった金属フィラメント電球を、ウェルスバッハが世界に先駆けて開発し事業化していたことはもっと強調されてよいことである（第4話「電気の熱い白い光」参照）。その金属フィラメントにはオスミウムが使われたのであるが、電球を開発する過程で考案した、融点が高く、硬度が高い金属を加工するための「粉末冶金法」（金属を粉末にして加工する方法）は今日ではなくてはならない重要な加工法となっている。この粉末冶金法はのちに米国のゼネラル・エレクトリック（General Electric：GE）社のウィリアム・クーリッジにも踏襲（とうしゅう）され、第二の「白い光のイノベーション」となったタングステンフィラメント電球の開発に結びついた。

ウェルスバッハは科学と技術と産業への貢献により、オーストリア・ハンガリー帝国皇帝からバロン（男爵）に叙せられている。また、彼の肖像はオーストリアの切手や紙幣にも登場し（図3-5）、彼の名前をとったウェルスバッハ博物館や彼の名前を冠した学会賞も創設されている。エジソンと並ぶ、まれに見る発明家であり企業家であったのだが、しかしエジソンとは違って、いま、ウェルスバッハの名前と業績を知っている人はほとんどいない。学者として、発明家として、企業家として、彼はどのような人物であったのか。

図 3-5　ウェルスバッハ

ウェルスバッハは四つの希土類元素の発見者として科学史にその名が残る科学者であり、また数々の製品や技術を創り出した大学発のベンチャー企業家でもあった。彼の肖像は切手や旧20シリング紙幣にも登場し、オーストリアの科学と産業に貢献して国民的尊敬を得ている人物である。切手には彼の発明になるマントルとオスミウム・フィラメント電球も描かれている。［ウェルスバッハ博物館所蔵］

ウェルスバッハは、落日寸前のオーストリア・ハンガリー帝国の首都ウィーンにあった帝国印刷所の所長の息子として、1858年に生まれた。ウィーン大学を卒業してすぐに、ドイツ最古のハイデルベルグ大学のローベルト・ブンゼンのもとで「希土類元素化学」の研究を始める。当時の化学界は希土類元素発見のラッシュにあり、ブンゼンの研究室は、その最先端の研究の渦中にあった。

ウェルスバッハのモットーは「もっと光を（Plus lucis）」であった。彼が「光」、そして「色」に人生を捧げるようになったのは、ブンゼンの研究室での体験が大きい。希土類元素を扱ったことのある研究者や技術者の方には同意してもらえると思うが、希土類元素を扱う実験をやっている多くの研究者や技術者は希土類元素特有のみごとな発色や発光の魅力のとりこになる。

蛍光体に微量に含まれる希土類元素は紫外線などで励起され発光する。たとえばユーロピウムは赤や青に、またテルビウムは緑色に発光する。セリウムも、ツリウムも、ネオジムも、プラセオジムも、希土類元素族の多くの元素はそれぞれの元素特有の美しい光を放つ。ガラスや結晶に含まれれば、それぞれの元素特有の素敵な色を示す。宝石としての蛍石は実にさまざまな色を持っているが、それはフッ化カルシウムの結晶に微量な希土類元素が数多く含まれているからだ。ウェルスバッハがつねに光に関心を持ち、光に関連する製品をつくろうとしたのも、希土類元素の示す光の魅力がそうさせたのであろう。希土類元素化学の研究は「光」と「色」がキーワードであったのである。

原子や分子が高温状態に置かれたときに出す光のスペクトル（波長の分布）は、それぞれの原子や分子に固有のものである。だから、加熱されて光っている物質のスペクトルを分析すれば、その物質が何であるのかを特定することができる。そのためには物質を高温に加熱する手段が必要なのだが、ウェルスバッハの師であるブンゼンは1855年、彼の名を冠した「ブンゼンバーナー」を発明して問題を解決していた（図3-6）。この「発光スペクトル分析法」は、恩師であるブンゼンとグスタフ・キルヒホフの共同研究によって確立され、未知の物質が何であるかを決めるときの、基本的な手法の一つとなった。この方法でブンゼンとキルヒホフは1860年にアルカリ金属希元素のセシウム（Cs）を、1861年にはルビジウム（Rb）を発見している。

発光スペクトル分析法のもう一つの輝かしい成果は、太陽の白い光のスペクトル写真の中で見つけられた多数の黒い線（暗線）の意味を明らかにしたことだ。ニュートンが見つけることができなかった太陽スペクトルにある多数の暗線は、1814年にヨーゼフ・フォン・フラウンホーファーによって発見されていたが、それが何の意味を持っているのかはわからなかった。その暗線の位置

図3-6　発光スペクトル分析法
発光スペクトル分析をしているブンゼン（左）。発光スペクトル分析法試料を高温に加熱することによって生ずる発光をプリズムで分光し、試料に含まれる元素とその量を分析する方法である。ブンゼンは1855年に試料を超高温に加熱する「ブンゼンバーナー」を発明して、発光スペクトル分析を可能にした。ブンゼンバーナーを手にしたブンゼンのカリカチュア（右）。［ウィリアム・ジェンセンによる］

が種々の元素の発光スペクトル（輝線）と一致したのだ。

太陽の中心を出発した光は、そのまままっすぐ進んで地球に到達するわけではない。太陽を構成している物質に吸収され、そこからまた放出され、この過程を繰り返しながら、1000万年をかけて太陽の表面にたどりつくのだが、そのときに、特定の波長の光が太陽の大気に含まれる元素に吸収される。したがって、暗線はその吸収された波長を表しているわけだ。どの波長の光を吸収するかは元素によって決まっているので、暗線の分析から太陽がどんな物質からできているのかがわかる。これによって、太陽には水素・ヘリウム・酸素・ナトリウム・鉄・マグネシウムなどの元素があることがわかった。この成果をもとに、他の恒星のスペクトルも調べられ、恒星についての理解が大きく進んだ。

ウェルスバッハはブンゼンの指導のもとで、鉱石から希土類化合物を分離する実験方法とその結果を解析する発光スペクトル分析法のエキスパートになっていく。希土類元素はどれも化学的な性質が似ているので、もとの鉱石から抽出されたときには、多くの希土類元素化合物が混じり合った複雑な状態であることが多い。したがって、そのたびごとに発光スペクトル分析によって元素を確認する必要があった。その際ウェルスバッハは、ブンゼンバーナーで高温に熱せられた希土類元素が出す、固有の美しい発光色を観察していたに違いない。

最初の事業の失敗

ドイツのハイデルベルグ大学からウィーン大学に戻ったウェルスバッハは、希土類元素の研究を続けるかたわら、その応用研究に人生を捧げるようになる。

当時の発光スペクトル分析の方法は、まず分析しようとする希土類元素化合物の少量を白金線の上に乗せ、ブンゼンバーナーで高温に加熱して、空気中の酸素によって希土類元素の酸化物に変える。ウェルスバッハはブンゼンから、酸化させることでガスの色が明るく変化することを教えられていたであろう。

発光スペクトル分析法の感度と精度を上げるには、試料の量を多くし、より発光輝度を高くする必要がある。しかし加熱によって試料は白金線上で融けて小さな塊になってしまう。多くの量の試料を加熱できる新たなサンプル調整法が必要であった。

ウェルスバッハが試みたのは、次のような方法だ。まず、未知の希土類化合物を硝酸に溶かして硝酸塩の水溶液とし、そのなかに木綿の布を浸して乾燥させる。そうすると乾燥した硝酸塩の化合物が編み目の中に組み込まれる。それから、加熱して繊維を灰化させて硝酸塩を酸化物に変える。このようにすると、分析しようとする希土類酸化物は小さい玉にならず、もとの布と同じような網目状の構造を保ったままの無機の酸化物になる。これで、多量のサンプルをバーナーで加熱することができるようになった。この、「布のような網目状の構造」が、のちのガスマントル発明のヒントとなった。ウェルスバッハ博物館のローランド・アドゥンカによると、ウェルスバッハはこの方法を開発するにあたって、すでに知られていた「ルナーライト」、つまり石灰石を強熱する明かりである「ライムライト」にヒントを得たという。

希土類元素酸化物の新しいサンプル調整の方法によって、発光スペクトル分析の精度は上がったが、それだけではなかった。ウェルスバッハはおそらく、加熱された試料が、「ルナーライト」で用いていた酸化カルシウムよりも、また当時実用になりつつあった炭素フィラメント電球に比べても、強い光を発することに気がついたであろう。

ウェルスバッハは彼の周囲にある希土類元素化合物のなかから、ガスの炎を明るい光に変換する最適の組成を見出して、1885年にガスマントルに関する最初の特許を得る。この特許は、酸化マグネシウム60％、酸化ランタン20％、酸化イットリウム20％の組成のマントルを用いたガス灯に関するものであった。さらに同じ年に、酸化マグネシウムを酸化ジルコニウムに置き換えた第二の特許も得る。この特許は、アルコールランプ用であった。これらの組成のなかで、酸化ランタンと酸化イットリウムは発光に寄与しているが、他の酸化物はマントルの機械的強度を向上させる機能を持っていた。ウェルスバッハはこの発光物を「アクチノファー（Actinophor）」と名づけた。

彼のガスマントルは、次のようにしてつくる。まず、希土類酸化物を含む混合物の硝酸化合物溶液に木綿でできた袋を浸す（じつは、この硝酸化合物の組成がこの発明の核心だった）。乾燥したのちに「コロジオン溶液」（ニトロセルロースをエーテルに溶かしたもの）を塗って希土類元素の硝酸化合物を袋の編み目の中に含浸させ乾燥する。このまだ柔らかいマントルをバーナーの口に取り付け、弱い炎で繊維成分を焼き、次いで高温で硝酸化合物を酸化物に変化させ、マントルを袋状に固く灰化させる。こうして、高温に耐える酸化物でできた、つまり編み目構造のセラミクスができあがるのだ。

1887年にウェルスバッハはウィーン近郊にあった薬品工場を買収し、マントル製造に用いる硝酸ランタンの生産を始めた。彼は各国の会社にマントル製造のライセンスを与えたものの、鍵となる硝酸溶液は自らが調整し、その硝酸液をマントルメーカーに供給する体制をつくった。実際の組成はノウハウとして秘密にしていた。このことは、彼がビジネスマンとして優れた戦略家であることを示す証拠であろう。

だが、特許を取り、ビジネスモデルに工夫をしたものの、市場に出回った彼のマントルはこわれやすく、寿命が短く、緑がかった冷たい光を発していて好まれなかった。しかも価格が高かったために、市場クレームが多発して、わずか2年でこの工場を閉鎖せざるをえなかった。最初の事業はいわば技術におごり、消費者の求めている価値を満たしていなかった製品戦略の失敗だった。

白熱ガス灯は電球に勝った

最初のマントルの事業化に失敗したものの、ウェルスバッハはあきらめずに、マントルの研究をさらに進める。より明るい白い光を作り出し、かつ低コスト、そして長寿命のマントルである。低コストにするためには、低コストの希土類元素の鉱石原料を新たに探す必要があった。探索の結果、米国とブラジルで大量に産出されていた「モナザイト鉱石」を知った。モナザイトは希土類元素の原料鉱物で、セリウム・ランタン・ネオジム・トリウムのリン酸塩の鉱石である。ある技術がイノベーションとして花開くには、多くの偶然が重なる必要があるのだが、ウェルスバッハにとって、この鉱石が偶然にもトリウムと希土類元素の両方を含んでいたことが幸いした。

ウェルスバッハは「分別結晶法」という方法（物質の溶解度の差を利用して、２種類以上の物質を分離する方法。化学的な性質の似ている希土類元素ではしばしば用いられる）でそれぞれの希土類化合物を分離し、発光スペクトル分析によりその純度を確認していく。分別結晶法による分離は一回だけでは完全ではなく、他の希土類元素が微量に残ってしまう。そこで分別結晶を繰り返し、それぞれの希土類元素の純度を上げていく。

トリウム酸化物を用いた最初の実験は、共同実験者のアイディアによって１８８７年に行なわれた。ブンゼンバーナーで加熱された光を観察するうちに、トリウムの純度が悪いほど発光は強くなっていくことが見出された。純度を上げるほど強く発光すると予測したのに、その逆だったのである。その主たる不純物がセリウムであることを見つけるには、時間はかからなかった。２人は、トリウム酸化物の純度とその発光強度とスペクトルとの関係を解析し、膨大な実験によってマントルの最適組成を決めていった。そして酸化トリウム99％と酸化セリウム1％からなる組成の特許を1891年に得る。つまり、酸化トリウムにわずか1％の酸化セリウムを添加した組成である。

失敗した最初のマントルは明るかったが緑がかった冷たい光を放った。ガスランプの当時の競合相手はエジソンの炭素フィラメント電球であり、薄明るい黄色い光であった。しかし市場はさらに明るい白い光が欲しかった。この新しい組成によって、マントルの発光色は好ましい白色に変わり、明るさは約5倍になり、コストも安くなった。失敗した最初のマントルの欠点のすべてが改良されていた。のちに彼の名前をとって「アウアー・ライト（Auer Light）」と呼ばれたこの新しい明かりは、1891年、ウイーンの町のオープンカフェの外側に設置され、周囲を明るく白い光に包んだ。

彼は世界各地の事業者に彼の特許をライセンスし、工場を再開して新しいマントルの製造を始めた。しかし、マントルの重要な組成物であるトリウムとセリウムの硝酸化合物の溶液は以前と同じように秘密とされ、彼の工場だけが製造し、各国の事業者に供給された。特許を独占することなく多数のメーカーに供与することによってビジネスは成功し、製造を開始した最初の9カ月で9万個のランプが販売された。1913年には全世界で3億個の生産量であった。こうして「ウェルスバッハ・マントル」は急速に世界各地で使用されるようになり、炭素フィラメント電球との競争に勝った。

これまで述べてきたように、ウェルスバッハは技術を作り製品を作るに際して特許を重要視していた。19世紀当時の学者としてはめずらしいといってもよいであろう。特許制度は、古くはルネサンス時代のヴェネツィアで「発明者条例」（1474年）が作られたことに始まったと言われる。英国では早くから産業保護のために「専売条例」（1624年）が作られ、この制度が産業革命の誕生とその発展に貢献した。1883年には「工業所有権保護に関するパリ条約」がヨーロッパ各国を中心に結ばれ、近代的な特許法誕生の契機となった。

特許権とは、ある技術が発明されたときに、最初に発明し、出願した人物に与えられる公的な権利である。あとから同じ内容の技術が他の人物に模倣されたり、使われたりしたときに、発明者はその人物に対して独占権を主張し、差し止め請求、損害賠償の請求、不当利得の返還、信用回復などを要求することができる。特許権は永久に保護されるのではなく、たとえば現在の日本では特許を特許庁に出願してから原則として20年（医薬品などは例外的に25年）と決められている。もちろん、特許を出願する費用や権利として維持するための年金などの特許費用を必要とする。

したがって、革新的な技術や製品を生み出したときは、特許を取得しておくのが原則ではあるのだが、その製品をつくるための情報のすべてが特許に明記されているわけではない。とくに材料の発明に関連する特許の場合では、最終製品に至る過程で組成が変化したり消失したりする数々の重要な添加剤や、プロセスの途中の温度・時間・雰囲気の組み合わせなどの一連の操作手順などが製品の性能を左右することはよくある。文章にも表せない勘のような工夫だってある。うまく書けたとしても、その書かれた技術を相手が使った場合、それを立証して訴えることは難しい。そのような技術情報はその企業のノウハウであり、文章では表現しきれない明文化しにくい重要な知的財産なのである。あえて書かないことはよくあることだ。ウェルスバッハの場合は、相手に特許ライセンスを与えるけれども、秘密のノウハウはマントルを製造する際に使われる原液の中に隠すという戦略をとったのである。

3　素材産業の宿命「原料のくびき」

希土類元素の応用商品をつくる

ウェルスバッハは白熱ガス灯のガスに火を点けるための「発火合金」（フリント）を発明し、大ヒットさせた人でもある。彼がマッチに代わって火をつける道具であるフリントを発明するに至った背景には、希土類元素産業特有の、いわば宿命があった。

白熱ガス灯のマントル製造で、ウェルスバッハは「モナザイト鉱石」を使った。このような希土類元素の鉱石からは、たくさんの希土類元素が同時に産出される。ランタン（La）・セリウム（Ce）・プラセオジム（Pr）・ネオジム（Nd）・プロメチウム（Pr）・サマリウム（Sm）・ユーロピウム（Eu）・ガドリウム（Gd）・テルビウム（Tb）・ディプシロシウム（Dy）・ホロミウム（Ho）・エルビウム（Er）・ツリウム（Tm）・イッテルビウム（Yb）、そしてイットリウム（Y）などである。ほとんどのすべての希土類元素が次から次へと生み出されるのであるが、しかしある希土類元素には応用製品があって有効に使われるが、他の元素はこれといった用途がないことが、しばしば起こる。実際の事業では使われない元素の方が多い。

このように元素の種類によって消費量がアンバランスであると、需要の低い希土類元素は在庫として残り、あるいは廃棄物として処分されて、商品となる希土類元素のコストを引き上げることになってしまう。現在でも、需要の低い希土類元素の新たな用途開拓は、希土類元素産業の宿命となっていて、経営者を悩ませている。

希土類元素産業ばかりでなく、同じ原料からじつに多様な化学製品がつくられる石炭化学産業、石油化学産業、そしてソーダ産業(注16)などの素材産業は、しばしば同じような状況に置かれる。このことは、産業が発達する初期の段階では、産業全体の発達を促し、企業の多角化を進めることができる源泉であり、市場を広げ、企業の経営に大きな恩恵をもたらすものであった。ガス灯に使う石炭ガスを作っていたガス会社もそうであった。副産物としてコールタールが大量に生産され、そのコールタールを利用してさまざまな石炭化学製品を作ることができて新事業が生まれ、企業経営の拡大に大いに役立った。

しかし、製品がゆきわたり、市場ニーズが飽和しはじめると、原料のメリットであったはずの製品の多様性は逆に、その産業の発展を妨げるデメリットとなっていく。原料からは自動的に同じような割合で多様な製品がつくられてしまうのであるが、それぞれの製品のすべてを市場の需要に合わせることができない。ある製品には大きな需要があっても、他のある製品は需要が少ない。

原料からの中間製品を用いて新製品を開発し、需給バランスを解決しようとしても、また最終製品を仕上げるためのコストの安い中間製品を全世界から購入しようとしても、もともとの出発原料の本質的な問題を解決しない限り、矛盾は避けられない。経営の自由度を束縛する「原料のくびき」である。

素材産業の経営者としてこの「原料のくびき」の悩みをもったのは、希土類産業にたまたま関わり合ったウェルスバッハが最初であったかもしれない。この廃棄物の利用をウェルスバッハは経営者として常に考えていたはずだ。

マッチから発火合金に

炎に点火する当時の簡便な方法はマッチ(注17)であった。1831年にフランスのシャルル・ソーリアによって黄(おう)リンマッチが発明されると、火つきがよいために瞬く間にヨーロッパ中に広まっていった。しかし、黄リンマッチには毒性があり、また、自然発火の危険性があった。その危険性から1906年には国際会議で黄リンマッチの使用が世界的に禁止となっているほどである。

ウェルスバッハはかつてブンゼンとの共同研究をしていたころ、希土類金属を融かすために使った鉄製のるつぼの縁にくっついた鉱滓をヤスリで削(けず)り落とすとき、火花が出る現象を経験していた。彼の頭のなかには、ヤスリによるこの希土類金属の発火現象を利用した安全でかつ安い点火手段ができれば、マッチに代わる巨大な市場が生まれるという目算があったのであろう。ウェルスバッハはそのような製品の開発に着手したのである。

実験を進めると、純粋な鉄だけでは火花は発生しないことがわかった。また、純粋なセリウムでも火花は発生しなかった。火花が出る最適な組成を探索した結果、その組成は金属セリウム70%、鉄30%の合金であった。この発火合金の組成は、マントルの製造で大量に発生する廃棄物としてのセリウムの利用方法として、まことにふさわしい発明であった。廃棄物の再利用によって、セリウムを多量に使う発火合金ばかりでなく、トリウムを多量に使うマントルの製造コストも同時に安くなる見通しができたのである。種々の希土類元素を含む金属合金はミッシュメタルと呼ばれている[注18]が、希土類元素の応用製品を事業とする経営者にとって、ミッシュメタルの用途の拡大はすばらしい発見であった。

ウェルスバッハは1903年に、発火合金「アウアー・メタル（Auer Metal）」の特許を取得する。特許を得たものの、あくまで原理を示したにすぎないから、実際の製品化に至るまでには、長い道のりが必要であった。それは、この材料は非常にもろく、また多孔質（眼に見えない小さな細い孔（あな）がたくさんあいている固体物質をいう）であったためである。孔ができる原因は、原料であるモナザイトに含まれるリンと、乾燥工程で生じる「オキシクロライド」（酸塩化物）にあったことがわかり、問題の解決にあたった。

1908年には「溶融塩電解法」という方法でセリウムを製造することに成功する。この方法は、高温で溶媒となる化合物を溶融させ、金属の化合物を溶かし込み、目的の金属を電気分解により直接抽出する方法である。アルミニウムの精錬方法として、米国のチャールズ・ホールとフランスのポール・エルーによって1886年に考案されていたのであるが、その方法を希土類金属の精錬に応用したのだ。彼のこの希土類金属の「溶融塩電解法」は工業的な製造方法として今日まで踏襲されている、画期的な発明、プロセス・イノベーションである。

発火合金と白熱ガス灯との組み合わせは、今日で言うシステム商品である。発火合金は石油やガスへの点火手段のみならず、自動車のスターターモーターを置き換えようとする動きにまでなった。

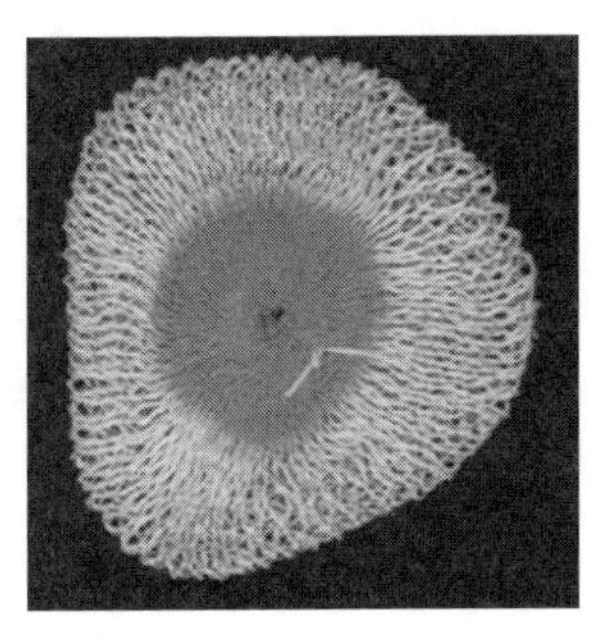

図 3-7　ウェルスバッハ・マントルの放射線像

ウェルスバッハ・マントルには放射性同位元素トリウムが含まれ、微量な放射能が放出されていた。布状の柔らかいマントルをたたんで平らにした通常の写真（左）と編み目に含まれるトリウムからの放射線による放射線像（右）を示す。放射線画像は放射線画像センサー「イメージング・プレート」によって検出された。白熱ガス灯に用いられるマントルは、1990 年代終わり頃から徐々に新開発の非放射性マントルに置き換えられている。

1908年には4000万本のライターフリントが生産され、彼が亡くなる1929年には、ライターフリントの全世界生産量は100トンにも達した。圧電点火方式が開発された現在でも、この発火合金は広く使われている長寿命商品の代表である。

マントルの放射能問題

専門領域の人たちにはよく知られているのに、一般の人たちには公開されていない情報は、たくさんある。日本ではとくに、放射線や放射能に関する情報がそのような状況に置かれていることが多い。実は、ウェルスバッハ・マントルにからも微量な放射線が出ていたのである（図3－7）。

2000年6月、封筒に入れられた放射性物質が、首相官邸はじめ政府機関に送りつけられた。財団法人「日本母性文化協会」がウラン物質を北朝鮮に密輸していると告発された事件である。これをきっかけに、半年も前から事実を知りながら「事なかれ主義」を決め込んでいた科学技術庁（当時）や、あやしげな休眠中の多くの公益法人を放置していた文部省（当時）を糾弾する騒動があったことを覚えておられる方もいるかと思う。このときの放射性物質とは、じつはウェルスバッハのマントル製造における重要な原料鉱石と同じモナザイト鉱石であった。

ウェルスバッハが99％の酸化トリウムと１％の酸化セリウムからなる「ウェルスバッハ・マントル」を発明した当時、彼はこのトリウムが放射性同位元素であることを知らなかったはずである。なぜなら、ドイツのゲルハルト・カール・シュミットとフランスのマリー・キュリーによって、それぞれ独立に、トリウムが放射性同位元素であることが発見されたのは、彼の発明よりもあとの１８９８年だったからである。

また、たとえ彼がトリウムを放射性物質であると認識していたとしても、人体に放射線障害を起こす可能性があることは知らなかったであろう。放射線によって人体が傷害を受けること認識されたのは、Ｘ線が最初である。Ｘ線はドイツのコンラート・レントゲンによって１８９６年１月の初めに公表され、ただちに全世界でレントゲンの実験の追試が行なわれた。Ｘ線の発見は「セレンディピティ」(注19)の典型的な事例である。セレンディピティは幸運を偶然に手に入れる能力と理解されているが、さらに重要なことは、その事例が知られると誰でも簡単にただちに同じ実験を試みることができるという特性を持っていることである。新情報にさといエジソンは、Ｘ線を用いた透視法の特許を早くも翌月に出願し、さらにはＸ線を用いたＸ線蛍光ランプまで発明している。すぐにＸ線は医療診断に有用であることが知られ、その年の初めから、医療現場で用いられるようになった。

しかし、大量のX線をまったく無防備に扱ったために、早くもその年、X線による急性放射線皮膚炎が発生したのである。マリー・キュリーは1934年に亡くなっているが、その原因は長年扱ってきたラジウムによる放射線障害ではなく、第一次世界大戦中にX線発生装置を自動車「プチ・キュリー号」に積んで、ボランティアとして行なったX線撮影による放射線障害であった。

それでも、X線は電源を切れば発生しない。しかし常に放射線を発生させている放射性同位元素を含む放射性物質はそうではない。放射性物質からの放射線障害で問題になった例は、ラジウムを含む夜光塗料であった。夜光塗料はラジウムからのα線（ヘリウム原子核の粒子線）によって「硫化亜鉛」蛍光体を発光させるもので、20世紀初頭にドイツで発明された。時計の文字盤に夜光塗料が大量に使用されるようになっていた米国では、1908年にその夜光塗料を用いた時計文字盤製造工場で、あごの骨髄炎患者が大量に発生したのである。これがラジウムからのα線による放射線障害であると判明したのは15年後の1923年である。女性の労働者たちが、ラジウム入り夜光塗料を含んだ筆を唇の先でなめてそろえていたことが原因であった。

とにかく、ウェルスバッハ自身も、彼のマントルを取り扱った人たちも、マントルを製造していた人たちも、マントルが放射線障害を起こす恐れがあることを知らなかったのである。第二次世界大戦後、原子力利用が急速に行なわれるようになり、放射線による被爆や放射能汚染が社会的な話題となった風潮を受けて、ウェルスバッハのマントルに関しても詳細な調査が行なわれた。

ウェルスバッハのマントルは放射性物質のトリウムを含んでいるとはいえ、1個のガスマントルから放射される放射線量は人体に無害なレベルである。トリウムの量は微量であるうえに、マントルはガラス製のホヤの中にあり、さらにランプは人体と距離を置いて使用されるものであり、多くは戸外で使用されるために、個人がキャンプなどで使用しても放射線障害の問題はない。

しかし、過去に大量のガスマントルの製造を行なっていた工場とその周辺では、問題となる。もちろん、作業に従事していた人たちが何らかの放射線障害にかかっていた可能性は否定できない。1890年代の終わりから1941年まで製造を行なっていた米国のウェルスバッハ・カンパニーやゼネラル・ガスマントル・カンパニーなどでは、工場やその周辺の土地で環境放射能問題が発生し、詳細な調査や土壌処理などが行なわれた。しかし、そのことが一般の人たちに広く知らされることはなかった。

微量ながらも放射線を出していたウェルスバッハのマントルであったが、1990年代の後半になって、市場で売られているマントルからの放射線が突然に消え失せた。100年ぶりにトリウムを用いない非放射性のマントルが、新たに開発されたのである。

放射線に関連する他の話と同じように、非放射性のマントルが開発されたという話もまた、一般には知らされていない。そのような話が公開されると、市中在庫として残っているマントルが売れなくなるのは眼に見えている。しかし現在では、アウトドアに使われるガスランタン用のマントルのほとんどは、非放射性のマントルに代わっている。

それにしても、白熱ガス灯という現在では市場性がほとんどなかった製品の、しかもそのガスマントルの研究開発を、100年ぶりに誰がこっそりと行なったのか。マントルの主要供給メーカーであるベリタス（VERITAS）社によると、トリウムを用いない非放射性マントルの特許はベリタス社とフランス原子力局との共同で、1988年に取得され、製品は1992年から市販されたという。

ガスマントルの市場は小さく、市中在庫を抱えていたために、日本の一般の消費者が非放射性マントルを入手できるようになったのは、1990年代も半ば過ぎてからであっただろう。世界各国から入手した放射性および非放射性マントルをテストしたお茶の水大学の古田悦子らの結果では、非放射性マントルは放射性物質であるトリウム酸化物の代わりにセリウムを微量含むイットリウム酸化物を用いていて、明るさはほとんど差がないと報告されている。

一方、じつは日本でも、非放射性マントルの開発が行なわれていた。この開発は、さまざまな色で光る新時代のレトロな街灯として、ガス灯を復活する目的で、名古屋の東邦ガスの村瀬数司らによって行なわれた。もちろんさまざまな色は希土類元素からの発光である。非放射性マントルを用いた新しいガス灯は、1997年から東邦ガスが販売を開始し、全国各地の公園や街角などに設置されるようになった。最近になって、公園や街角に昔ながらのレトロ調のガス灯を目にすることが多くなったのは、このような事情がある。

第4話　電気の熱い白い光――白熱電球

19世紀は電気と磁気、電気と光との密接な関係が理解されはじめた世紀でもある。電気をエネルギーとして使った最初の明かりは、「炭素アーク灯」であった。「炭素アーク灯」は白い強烈な光を放ったが、音やにおいがあったり、光が不安定だったり、メンテナンスに手間がかかったり、といった欠点があった。そこで、電気エネルギーを利用した明かりの開発競争は、便利・安全・清潔な「電球」に移っていった。

米国のトーマス・エジソンは、ヨーロッパ各国で行なわれていた電球開発競争の最後に満を持して加わった。他の発明家と違って彼は、「電球」を発電機からソケットに至る「システム」のなかの重要な構成要素ではあるが、しかし単なる一つと考えた。電球の向こうに巨大な利益を生む電気事業の姿が見えていたのである。人生のエネルギーの大半を特許闘争に費やしたものの、彼は電球の「発明者」としての栄誉と事業利益の両方を勝ち取った。

とはいえ、エジソンが完成させた新しい電気の明かり「炭素フィラメント電球」はなお、19世紀の暗く黄色い光だった。そのエジソン電球よりも遅く誕生したウェルスバッハの発明になる「白熱ガス灯」は、しかし、はるかに明るく白い光を放ち、エジソン電球の普及を妨げた。これは、輝かしい未来を約束された新しい技術が明らかになると、旧来技術の中からしばしば革新的な技術が生まれるとのイノベーションの歴史における「帆船効果」（149ページ）の典型的な出来事といわれる。

電球がランプや白熱ガス灯を追いやって急速に普及していったのは、20世紀になって「白熱電球」が完成したあとのことである。「白熱電球」は各国の金属フィラメントの技術開発競争の末にゼネラル・エレクトリック（GE）社のウィリアム・クーリッジとアーヴィング・ラングミュアが勝利を勝ち取った。彼らの「不活性ガス入りタングステン・フィラメント電球」は電球のドミナント・デザイン[注20]（dominant design）として確定し、「白熱電球」は第二の「白い光のイノベーション」となった。

1　エジソン電球がつくられた

発明家たちの開発レース

電気という新しいエネルギーを用いた新しい明かりの試みは、ガス灯が広く使われるようになった19世紀の初めの頃には早くも行なわれていた。

そもそも、電気エネルギーを利用した科学や技術の研究が行なわれるためには、電気を手軽に利用できる実験環境が不可欠である。いまのように発電機はなかったし、もちろん、家庭に発電所からの電気配線がなされているわけでもない。唯一の電源はボルタの電池（図4－1）であった。ボルタの電池以外に継続して電流を流しつづけられる手段はなかったのである。

ボルタの電池は今日では用いられていないが、ボルタの電池がなかったら、その後の電磁気学や電気化学の発展もなかったであろう。その意味では、電気エネルギーで成り立っている現代文明、いや将来の文明も、ボルタの電池の発明がすべての発端になっていると言っても過言ではあるまい。

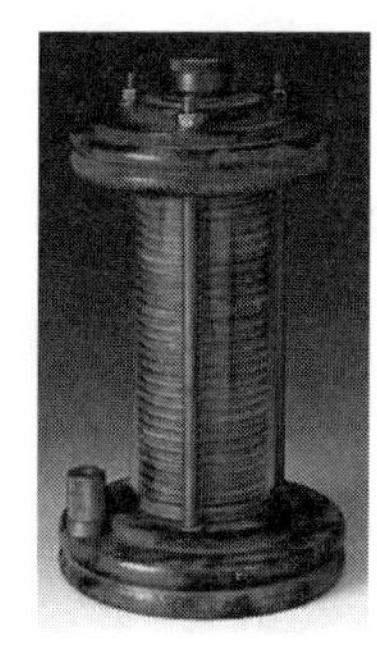

図4-1　ボルタの電池

ボルタは1799年に銅板と亜鉛板の間に湿った布を挟んだものを何十組も重ねて「ボルタの電堆」をつくり、電気エネルギーを継続して供給する電池を発明した。電池がなかったならば、電気を使うあらゆる研究はずっと遅れたであろう。［Science Museum London 所蔵］

ボルタの電池はその名のとおり、イタリアの物理学者アレッサンドロ・ボルタの発明になるものである。彼は友人であった解剖学者ルイジ・ガルヴァーニの有名な「カエルの実験」（カエルの神経に2種の異なる金属を当てると、電気刺激を与えたときと同じように痙攣が起こることを示した）に示唆を受け、異種の金属を接触させると電気が発生するメカニズムを研究していた。1799年に、銅板と亜鉛板の間に湿った布を挟んだものを何十組も重ねて、有名な「ボルタの電堆」をつくり、さらに銅と亜鉛を希硫酸溶液に浸した電池を発明して、1800年にそれを英国の王立協会に報告した。

当時は、それまで小国が乱立していたイタリアを、ナポレオンが統一したばかりであった。そのようなこともあって1801年、ボルタはフランスのアカデミー・フランセーズで、ナポレオンを前にして電気実験を行なっている。ナポレオンは彼に金メダルと勲章を贈り、のちに伯爵の称号も与えられている。現在、ボルタの名前は電圧の単位、ボルト（V）として残されている。

電球を最初に発明した人物というと、誰でもエジソンを思い出すだろう。しかし、実際にはそうではない。電球開発が盛んに試みられていた当時のヨーロッパ各国には、現在でもそれぞれの国に「世界で最初に電球をつくった」とその国の人たちから尊敬されている人物がいるほど、多数の人たちが電球の発明に関わり合っている。

電気抵抗によって加熱された白金線から放射される光を見つけたのは、第3話で説明した「アーク灯」と同じ、英国のハンフリー・デイヴィーであった。1801年のことである。白金線を真空のガラス容器のなかに入れて加熱する試みも、すぐに多数の人たちによって行なわれた。しかし、白金の融点は1772℃と低く、高温に加熱できないこと、また、当然ながら白金ではコストがかかるため、「白金フィラメント電球」は実用にはならなかった。

結局、高温に加熱できるフィラメントの材料は、白金ではなく炭素に絞られていった。炭素は真空中ならばきわめて高温に耐え（約3500℃、これ以上の高温では昇華してしまう）、しかも身近にある材料である。炭素を利用した電球に関する最初の特許は、1841年に英国のフレデリック・ド・モレインが得ている。しかし真空技術が充分でなかったため、ガラス容器には少量の空気が入り込んでしまい、炭素の酸化を防ぐことは困難であった。

ドイツ生まれのハインリヒ・ゲーベルは、1849年に家族とともに米国に移住した。彼は18

54年に竹を炭化したフィラメントを用いて電球をつくり、その後、5年間にわたって改良を加え、寿命を400時間に延ばすことに成功する。実用レベルに達した世界で最初の電球であったと言われるが、しかし、彼は特許を出願しなかった。ゲーベルが生涯で得た特許は「ミシンの縁縫い器の改良」「真空ポンプ」、そしてずっとあとになって出した1882年の「白熱電球」のたった三つである。その「白熱電球」特許にしても、エジソン特許の小改良であった。

1893年にエジソンはライバルの三つの電球製造会社を相手取り、エジソンの特許権を侵害しているとの理由で損害賠償請求の訴訟を起こした。逆に相手は、エジソン特許（1879年出願）よりも25年も前にゲーベルが「炭素フィラメント電球」を発明していたのだから、エジソン特許自体が無効である、と訴訟を起こす。ゲーベルが亡くなる、まさに同じ年に訴訟が始まったことになる。結局、この「ゲーベル抗弁」（Goebel Defense）と言われる法廷闘争はエジソン側が勝利するのであるが、ゲーベルが電球開発の歴史のなかで有名になるのは、この訴訟のおかげである。訴訟がなければ歴史の闇に埋もれていたであろう。ゲーベルこそが現在まで続く電球の最初の発明者である、と見なされることもあれば、ほかの発明者たちと比べて取るに足らない発明者である、と見なされることもある。実際には、電球の技術開発に関して彼の寄与は大きくなかったと考えてよいのであろう。

英国のジョセフ・スワンは1850年に、真空のガラス容器と紙をコイル状にして炭化したフィラメントで、電球をつくった。改良を加えて1860年には、木綿糸を乾留（空気にふれない状態で加熱すること）して炭化した炭素フィラメント電球をつくるのであるが、さきほどもふれたよう

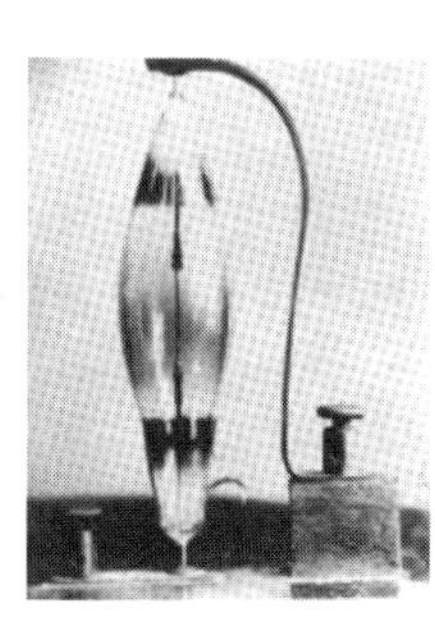

図 4-2　スワンの炭素フィラメント電球

スワンは 1850 年に炭素フィラメント電球を作るが、当時の真空技術が不充分であったためすぐ切れて、開発をあきらめる。しかし 27 年という長い中断の後、再挑戦して 1878 年にエジソンよりも早く実用レベルの炭素フィラメント電球を開発する。スワンはエジソンとの間で特許係争の長い戦いをすることになる。[Science Museum Londong 所蔵]

に当時の技術で実現できる真空度が低かったために、ごく短時間光っただけであった。スワンはそこで、電球の開発をあきらめてしまう。

それから27年というじつに長い中断の期間を経て、彼は電球の開発に再挑戦する。真空技術が向上したからである。今度は、木綿糸を硫酸処理して炭化したフィラメントを使った。彼はその「炭素フィラメント電球」を完成させて、1878年に700人の前で公開している。エジソンの特許出願よりも9カ月以上も早かった。しかし、スワンの炭素フィラメント電球の寿命は短かった。原因はやはり、真空度が充分ではなかったこと、そして炭素フィラメントの材質そのものの問題であったが、改良を加えた彼の炭素フィラメント電球は、1880年代の初めまで英国で販売されていた（図4-2）。

スワンは炭素フィラメント電球を発明したばかりでない。エジソンと違って化学の分野に強かったスワンは、写真用臭化銀ゼラチン乾板を改良し、いまでもなお使われている白黒の「ブロマイド印画紙」を発明している。さらに、のちにもふれるが、フィラメントをつくるために木綿糸を酸で処理しているうちに、「ニトロセルロース人絹製造法」の原理も見出した。化学繊維の研究開発のパイオニアでもあった。

２００５年は、アインシュタインの没後50年、そしてまた彼が「光量子の理論」「ブラウン運動の理論」「特殊相対性理論」の三つの理論を発表した「奇跡の年」（１９０５年）から１００周年の記念の年だった。この記念の年に、スワンは「英国とアイルランドにおける世界に貢献した物理学者10人」、つまりアイザック・ニュートンやロバート・フック、マイケル・ファラデー、アーネスト・ラザフォード、ジェイムズ・クラーク・マクスウェルといった科学史に残る錚々（そうそう）たる人物とともに選ばれている。すごいことである。

最後の勝利者、エジソン

電球の開発には実に多くの人々が関わり合っている。トーマス・エジソンの話を始める前に、ハンフリー・デイヴィーによる電球の原理の発見から、エジソンによる炭素フィラメント電球の特許権利が終了するまでの簡単な歴史をまとめておこう（表４－１）。

エジソンは「機を見るに敏」な発明家である。彼の前にいた無数の発明家や科学者の成果を巧みに利用して、最終的にはエジソンが電球の実用化の栄誉を握った。ヨーロッパで開発競争が繰り広げられている「電気を使った明かり」は、将来大きな「事業」になると確信してから、彼は電球の開発に取りかかる。最後の登場者としてレースに参加したのである。

この明かりを「事業」にするにはどうしたらよいのか。電球を取り巻くシステム全体を考えるという視点をもっていたかどうかが、彼と他のレース参加者との大きな違いであった。また、エジソ

表4-1　エジソン電球の開発史

1801年	電流による白金線からの光の発生を発見〔英国、ハンフリー・デイヴィー〕
	以降、各国で電球の試みが行なわれ、炭素フィラメントに絞られていく
1841年	炭素を利用した最初の特許〔英国、フレデリック・ド・モレイン〕
1850年	炭化した紙フィラメントによる電球を試作〔英国、ジョセフ・スワン〕
1854年	炭化した竹フィラメントによる電球を試作〔独／米国、ハインリッヒ・ゲーベル〕
1859年	400時間の点灯を達成〔ハインリッヒ・ゲーベル〕
1860年	炭化した木綿糸フィラメントによる電球を試作〔英国、ジョセフ・スワン〕
1874年	「炭素フィラメント電球に関するカナダ特許」〔ヘンリー・ウッドワード、マシュー・エヴァンス〕（1875年エジソン購入）
1878年2月	硫酸処理した木綿糸フィラメントによる電球の点灯公開実験　〔ジョセフ・スワン〕
1879年10月	炭化した木綿糸フィラメントによる電球の点灯公開実験〔米国、トーマス・エジソン〕
1879年11月4日	エジソン特許出願〔米国、エジソン、1880年1月27日登録〕
1883年	審査官によりエジソン特許無効判決（1889年勝訴成立）
1893年	エジソンは電球製造会社3社に対して損害賠償請求訴訟を起こす。相手はエジソン特許は無効との訴訟（「ゲーベル抗弁」）を起こす。
1894年	エジソン特許権利期間終了し、「ゲーベル抗弁」は最終的に決着。

ンがスワンやゲーベルなどの発明家と違うところは、彼の考えを実現するための支援スタッフを雇い、多数の所員から構成される、今日でいう研究開発会社を自らつくったことである。

エジソンがそれまでの会社勤めを辞めて、発明に専念するようになったのは、1871年にニュージャージー州のニューアークに実験所をつくってからである。ここで電信技術に関する発明を行なったが、さらに1876年にメンロ・パークに移って、いわゆる「発明工場」をつくり、炭素マイクロフォンや蓄音機の発明を続ける。

華々しい成果を挙げたエジソンは、その次の目標を電球開発に絞る。彼は電球開発を組織的に始める前の1875年に、炭素フィラメント電球に関するヘンリー・ウッドワードとマシュー・エヴァンスのカナダ特許（1874年）を購入している。この特許は、窒素ガスを封入したガラス球のなかに、細い棒状の炭素を電極で支えた電球に関する特許であったが、ウッドワードとエヴァンスには事業化する資金がなく、エジソンに特許を売り渡したのである。

それまでの電球の寿命の短い理由が、真空度の問題と炭素フィラメントの材質の問題であることは明確であった。彼は所員を総動員して水銀排気ポンプの改良、炭素フィラメント材料の探索と改良を徹底的に行なう。そのようななかで、『サイエンティフィック・アメリカン』誌の1979年7月号に載ったスワンの発明になる炭素フィラメント電球の記事を知ることになる。所員のチャールズ・バチェラーは記事の情報を参考にして、木綿糸を炭化した炭素フィラメント電球の実験を行なう。その電球は、1879年10月19日から21日にかけて、40時間以上も発光しつづけた。およそ2日間である。

エジソンは、この結果をもとにおよそ2週間後の1879年11月4日に特許を出願し、早くも3カ月後の1880年1月27日に特許となる。その特許のクレーム（特許請求の範囲）には、「金属線で支持された高抵抗の炭素フィラメントからなる白熱光を発する電気ランプ」と書かれている。「高抵抗の炭素フィラメント」との技術内容は新規であると主張しているのだが、先人たちの技術とほとんど同じ技術内容の特許であった（図4-3）。特許を受けることの基準は時代とともに変

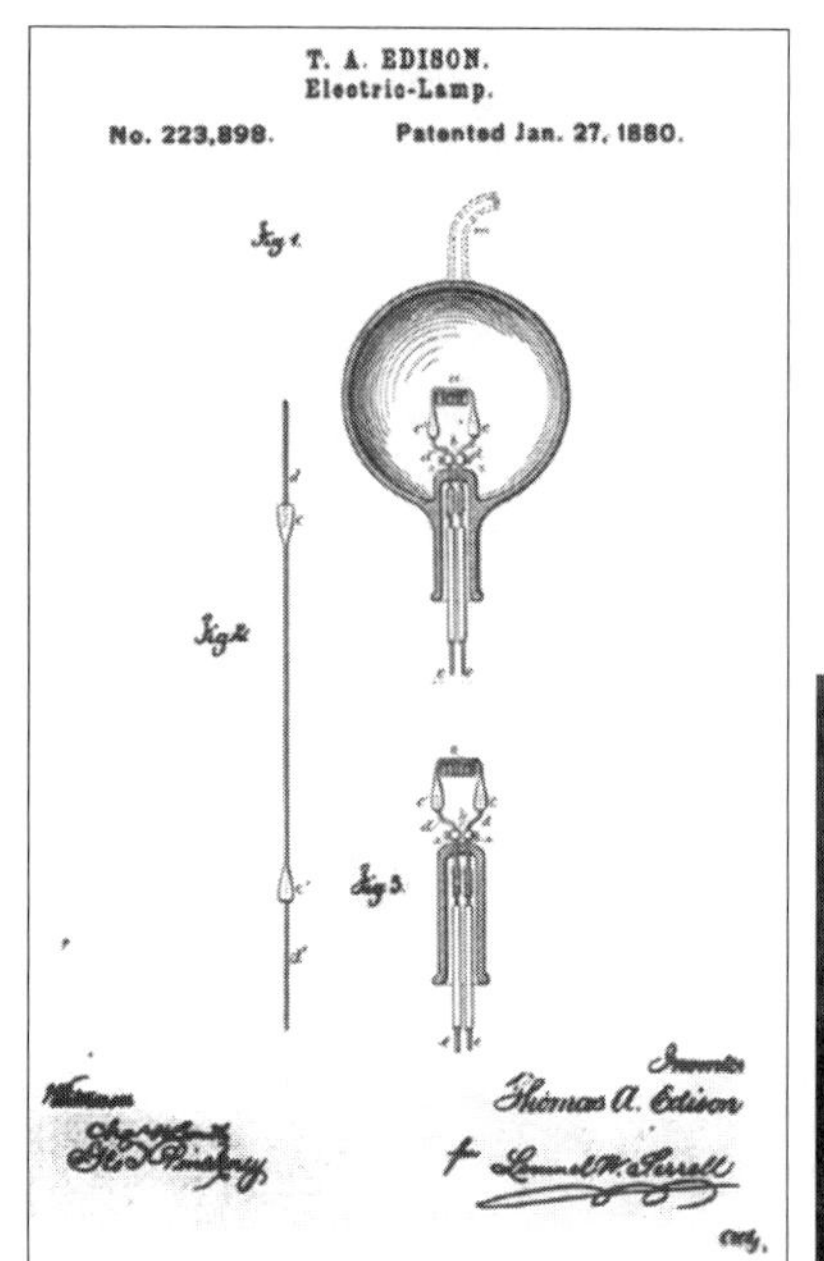

図4-3　エジソン特許（USP 223, 898）

この特許の第一クレームは「金属線で支持された高抵抗の炭素フィラメントからなる白熱光を発する電気ランプ」である。1879年11月4日に出願され、1880年1月27日に特許となった。先人達の知識を最大限に利用したきわどい特許であった。この特許を武器にエジソンは他社との間で特許戦争を仕掛けていき、勝利する。炭素フィラメントには日本の京都の竹が用いられ、十数年の間使われていく。

化する。現在ではどの国においても認められないような内容の特許が、過去には与えられていた。電球に関するエジソンの発明も、今日では無効にされたであろうと言われている。

そのようなきわどい特許であったために、エジソンの特許そのものはそれ以前に出願されていた英国特許、カナダ特許、ベルギー特許、イタリア特許、フランス特許によって、１８８３年に米国特許局審査官から無効との判決を受ける。エジソンは直ちに訴訟を起こして、「高抵抗の炭素フィラメント」とのクレームは有効であるという決定を1889年に勝ち取ることができた。きわどい判定である。結局、エジソン電球の基本特許は特許期間が切れる1894年までの5年間との短い期間だけ有効であったと言うことになる。

一方、すでにスワンの特許が成立していたに英国では、エジソンは法廷闘争よりも和解を選び、英国のスワン電灯会社と米国のエジソン電灯会社とを合併させたエジソン&スワン電灯会社（エジスワン）を1883年に設立することになる。これによってエジソンはスワンのすべての特許の権利を使うことができるようになった。敵を味方につける実に巧みな戦略である。この会社にスワンの名前は付いているものの、1892年に今日のゼネラル・エレクトリック（General Electric：GE）社が発足する際には消されてしまう。さすが、したたかなエジソンである。

結局のところ、最終的にエジソンはすべての特許戦争に勝利するのではあるが、ゲーベルの電球を巡って行なわれた最後の法廷闘争はエジソン特許が切れる1894年まで続いた。

さて、1879年の公開実験でエジソンは世間の評判を勝ち得たとはいえ、2日間で切れてしまう電球では実用にならない。研究開発の歴史上初めてと言われる組織的な材料探しが始まった。全世界に20人の所員が派遣され、6000種以上の物質が試されたと言われる。そして、1880年に日本の京都八幡村の竹がもっとも適した材料であることを見つける。一方向に繊維が密に並んだ京都の竹は、それから10年にわたって使われた。東京大学には、1918（大正7）年のフィラメントの素材である京都八幡産の竹ひごが保管されているが、その太さは0・26ミリ、太さのばらつきは0・01ミリ以内という非常に精度が高いものである（図4－4）。

エジソンは、マードックが考えたガス灯とガス中央供給システムを徹底的に調べ、利用できると

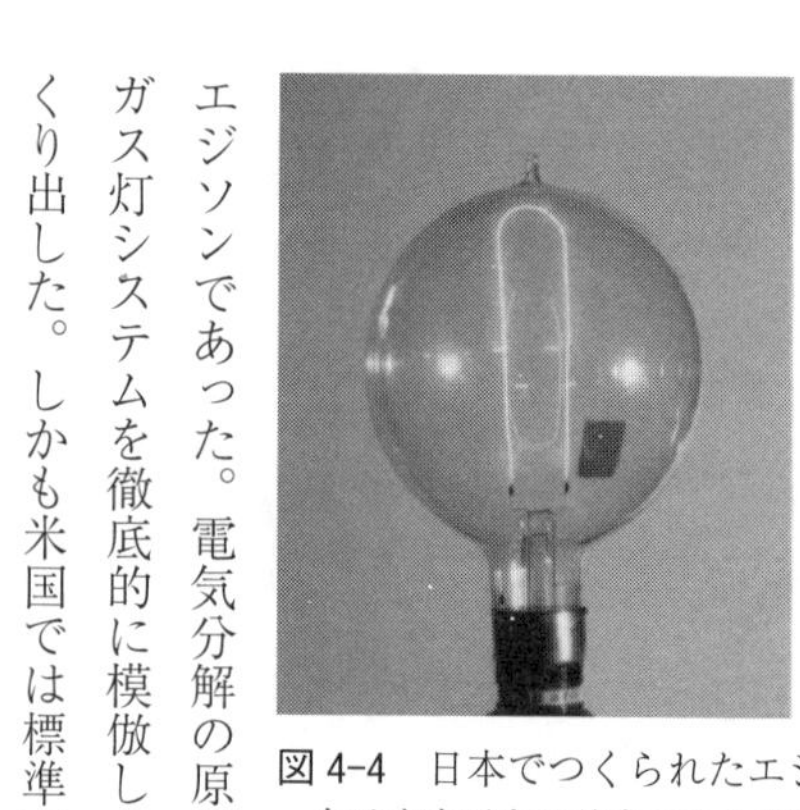

図4-4　日本でつくられたエジソンランプ

左は東京電力の前身である東京電灯会社で1890（明治23）年に製造された炭素フィラメント電球（100 V、100燭光）。右は1918（大正7）年に帝国電球で製造された京都八幡産の16燭光用太さ0.26ミリメートルの炭素フィラメント用竹ひご。［東京大学電気系工学専攻所蔵］

ころは徹底的に模倣した。アーク灯のように大きく明るすぎるのではなく、ガス灯のように小さくまぶしくない明るさで、寿命が長いこと。ガス灯のように明かりが簡単に調節でき、しかも、明かりがどこにでも簡単に設置できること。そのためにはガスのように電気が中央でつくられ、そこから各家庭に配線されていることが必要であった。

そのために、彼は炭素フィラメント電球の開発と並行して発電機の研究を行ない、さらには発電機から電球へ電力を供給する配電方式の研究も行なった。発電所をつくり、配電所をつくり、電力事業と配電事業をも開始する。

１００ボルトの一定電圧を保つようにしたのもエジソンであった。電気分解の原理によって電気をどのくらい使ったかを測る積算電力計をつくり、ガス灯システムを徹底的に模倣した電灯用のランプ・ソケットからスイッチなどの付属品までもつくり出した。しかも米国では標準であったインチ規格ではなく国際規格としてのメートル法を採用したのであるから、彼の国際性、先見性はすごいものだ。

エジソンが試作した電球は１８８１年のパリ国際電気博覧会に出展された。当時の電気を使った明かりは炭素アーク灯であったのだが、新たに登場した電球は評判を呼んだ。ヴォルフガング・シヴェルブシュは次のような新聞記事が報道されたと伝えている。

『電灯と言えば、ふつうわれわれはまぶしいほど明るく、ぎらぎらして目が痛くなるような明かりを想像する。……ところがここにあるのは、いわば洗練されていてわれわれの習慣に順応した明かりなのである。その光は、ガス灯に似ている。……それでいて、ガスとはまるで違う。この電灯は、住居に余塵を残さない。空気を汚染する炭酸ガスも一酸化炭素も、絵や布地を巻き添えにする硫酸もアンモニアも残さない。空気の温度も上がらないので、ガス灯のように、暑さで気分が悪くなったり疲れやすくなったりすることもない。爆発や火事の危険性にも終止符が打てる。屋外の気温や導管の圧力にも左右されることはない。……季節に関わりなく、常に安定した光を放ち……水中でも空中と同じように輝く』

最初に出てくる「電灯」とはこの時代の電気の光「アーク灯」を意味し、次の「電灯」とはエジソン電球のことを意味している。電球への賛辞に満ちたこの記事は、アーク灯やガス灯が結局は電球に置き換わられたほんとうの理由と、エジソンが徹底的にガス灯をモデルにして、その欠点を電気のエネルギーで解決しようとした最初のコンセプトが正しかったことを証明している。

産業の初期の発展段階には、多数の企業が同時に参入するという現象がよく起こる。エジソンが炭素フィラメント電球を実用化したとはいえ、エジソンの会社だけが電球を製造していたのではない。エジソン自身も語っているように、電球の特許訴訟に明け暮れざるをえないほど、彼の基本特

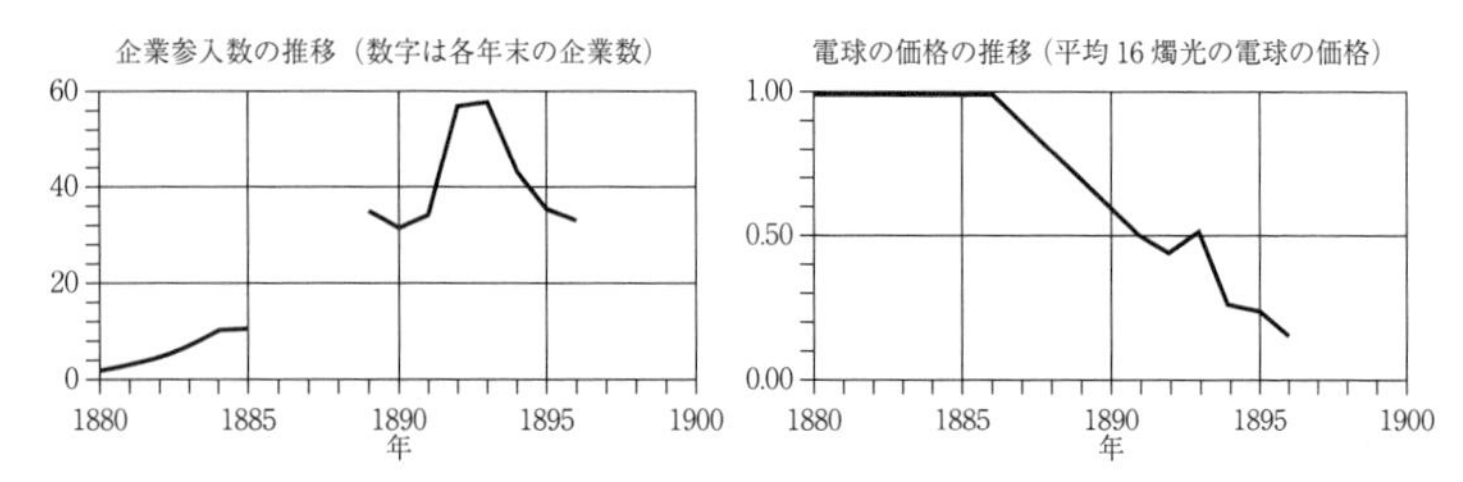

図4-5　米国における初期の電球産業の推移（1880-1896年）

うまみのある電球産業には多数の企業が参入した。電球製造のプロセス・イノベーションとエジソンの特許訴訟の勝利によって、1893年を境に企業の数は急速に減少し、かつ電球の価格も急速に低下した。初期の電球の製造工程は200を超えるステップでほぼ1時間かかったが、最終的には20ステップで20秒に短縮された。ほぼ200対1の軽減である。［出典：Utterback, J. M., *Mastering the dynamics of innovation*, Harvard Business School Press, 1994（邦訳：『イノベーション・ダイナミクス』大津正和・小川進監訳、有斐閣、1998年）］

許はきわどいものであって、多数の企業がこの旨みのある産業に参入したのである。1893年には、米国だけで60社近くにもなっていた（図4-5）。

多くの企業によって電球という同じ目的の商品に対して数々の創意工夫が提案され、それに応じた種々の製品（プロダクト）が生まれてくる。それらのなかから次第に基本的な構成と機能が決まっていき、市場の大多数のユーザーが満足するドミナント・デザインの製品に淘汰されていく。ドミナント・デザインが決まると、この過当競争のなかで勝ち残るのは、よい品質のものを安いコストで効率的に製造する革新的な生産（プロセス）技術をつくりあげた企業、プロセス・イノベーションを行なった企業である。ドミナント・デザインが出現して以後は、技術の進歩の方向と速度が変わり、競争の構造が変わるのだ。さらに、ある商品にドミナント・デザインが成立して短期間の間に商品価値の飛躍的革新が起こって「破壊的イノベーション」になったあとは、多機能化や高機能化などの改良による「漸進的イノベーション」が次々と生じ、その商品価値は徐々に高まっていくことになる（図4－6）。

初期の電球製造は、1個の電球をつくるのに200を超える工程からなっていて、1時間もかかっていた。熟練工の手づくりだったのだ。問題は「真空引き」の工程、手作業のガラス吹きの工程、導線を口金に封じる工程などであった。これらが人手をかけない全自動の工程に改良されていくと、炭素フィラメント電球の価格は急速に下がっていった。1880年の価格を1とすると、1896年には5分の1以下になった。エジソンのプロセス・イノベーションに追いついてこられない企業は淘汰され、数は減少する。エジソンの場合はこれに加えて、相手の企業を特許訴訟で徹底的に叩き、勝利したことが、電球産業への参入企業の数を減少させる大きな要因となった。

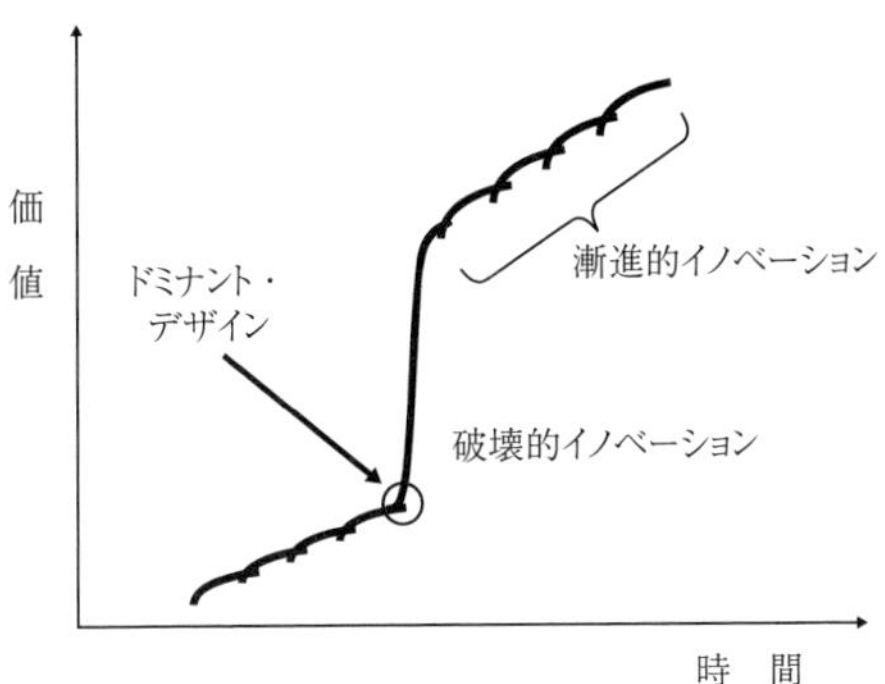

図4-6　ドミナント・デザイン

ある市場においてドミナント・デザインとなる革新的な商品が登場して「破壊的イノベーション」が起こったあとは、技術開発の方向や企業の競争の構造が変わる。すなわち、商品の多機能化や高機能化などの改良による「漸進的イノベーション」の段階に移行し、またその商品を生産するための「プロセス・イノベーション」に成功した企業が市場の支配を握る。

エジソンという人

エジソンはその生涯に1093件を超える米国特許、そして1910年までに海外34カ国で1293件の特許を取得している。そのなかでも炭素フィラメント電球とそれに関連する器具や機器の特許が非常に多い。それは、彼が電球事業を重視した結果であると同時に、また一方でエジソンと他の発明家との間で特許問題の紛争が絶えなかったことを意味している。エジソンが特許戦略に重点をおいていた背景には、南北戦争（1861―1865年）のあとになって、発明者の権利を法的に保護して産業を活性化させようとする大統領エイブラハム・リンカーンの「プロパテント政策」があった。

「プロ」が何を意味するかは、プロに対する言葉が「アンチ」であることを知っていれば理解することができるであろう。「支持する」とか「賛成する」との意味であって、創造的な技術開発を促して新しい産業を創出しようとする目的で、特許権の保護と強化を国家の重要政策とする施策である。リンカーンは実用にはならなかったとはいえ、特許[注21]を取得していた米国の唯一人の大統領である。「特許制度は天才の炎に利益という燃料を加えた」という彼の演説にあるように、特許には並々ならない高い関心があった。

1930年まで続くこの第一次プロパテント時代に、米国は英国をしのいで世界第一の工業国になっていく。エジソンは敏腕の弁理士を雇い、そのプロパテント政策を最大限利用して特許網を築き、それによって富と名誉とを築き上げた最初の人物と言えよう。しかし、エジソンは亡くなる1年前の1930年9月27日に『サタデー・イブニング・ポスト』紙にこうも言っている。

『私は、私の発明からはほとんど利益を得なかった。私の生涯で私は今日まで1180の特許を取った。実験の費用と法廷での権利のための戦いの費用を計算すると、これらの特許は特許使用料として私に戻ってきた以上に費用がかかった。私は一発明家としてではなく、製造業者として、私の製品の導入と販売によって金をつくった』

彼は「1%のひらめき」を守るために「99%の汗」を特許闘争に費やしたと言えよう。

エジソンの個人経営の研究所には、多くの優秀な所員が雇われていた。彼らも技術の発明に重要な役割を演じていたであろうことは容易に想像できる。発明に至った行為の実態に応じて発明者が決まってくるとすれば、彼らの名前も特許明細書の中に記載されるべきだと思うのであるが、そうではない。エジソン電球の最初の特許発明は先にも述べたように、所員のチャールズ・バチュラーのアイディアによってよって実際に行なわれたのであるが、特許明細書には彼の雇用者であるエジソンの名前は出ていても、バチュラーの名前は出てこない。エジソンの特許に対する考え方、時代の違いが現れているのであろうが、実際の発明者を恣意的にあるいは計画的に特許明細書の中に記載しないという事例は、実は、現在においてもしばしば見かけられることである。

優秀な所員のなかには、エジソンと対立して辞めていく者もいた。ニコラ・テスラもその1人であった。彼はバルカン半島のオーストリア帝国、現在のクロアチアの片田舎スミリアン村で1856年に生まれた。独学のエジソンと違ってグラーツ工科大学、プラハ大学という最高学府で学んだ。1884年米国に渡り、エジソンの下で働くようになる。テスラが辞めていった直接の理由は、成果を挙げたら5万ドルのボーナスを与えるとの約束を果たさなかったエジソンに愛想を尽かしたのであるが、真の理由はエジソンの人柄に加え、直流と交流という技術上の譲れない意見の対立があった。

当時、電気の供給システムを社会のインフラとして実用化するにあたっては、「直流」（常に一定の電圧で一定の向きに流れる電流）がよいのか、それとも「交流」（一定時間ごとに交互に逆の方向に流れる電流）がよいのか、という議論が続いていた。エジソンは直流派の筆頭であった。テスラは交流のほうが送電の損失が少なく、また交流発電機や交流モーターの方が直流発電機や直流モーターよりも効率がよいと主張していた。エジソンの強敵であったジョージ・ウェスティングハウス（ウェスティングハウス・エレクトリック社の創始者）はテスラの意見に賛同し、テスラと共同して交流システムの開発と事業化を進めていく。それに対してエジソンは、交流派を「汚い手」[注22]で叩きつづける。電気椅子による史上最初の死刑に交流を使うように当局に提言したこともその表れである。

1893年のシカゴ万国博覧会に用いる25万個の電球は、エジソンではなく入札価格が安かった交流派のウェスティングハウス社が受注することになる。このウェスティングハウスの電球（Stopper Lamp）はエジソン特許に抵触しないものであった。エジソンは徹底的に妨害するが、結局は交流システムのほうが効率は高く、コストメリットが大きいという実績が積み重ねられていった。ナイヤガラの滝にできた発電所からの2万2000ボルト交流送電が1895年に開始され、それが事態を決定的にした。その発電所には、テスラの設計した交流発電機が設置されていた。ともあれ、家庭に電球が普及し始めたのは交流派が勝利し、大都市に高電圧交流送電設備が整備された1890年代半ば以降のことである。

客観的に見れば、交流のほうがよいことがわかってきたのに、エジソンはすでに設置した発電機や電動機や送電システムなどをすべて直流に最適化させていたために、これから交流に変えることは、彼の事業に多大な損失を与えることが目に見えていた。これまで築き上げてきた富と名誉のためにも、悲しいかな、彼は自分の主張を変えることができなかったのである。

テスラは数々の発明を行ない、いまでは「交流モーターの父」と知られている。単位の名称にエジソンの名前はないが、テスラの名前は磁場の強さを表す「磁束密度」の単位Tとして残されている。

イノベーションにおける3種の人

社会の中で大きなインパクトを与えたある技術イノベーションの流れの中には、3種類の人物が登場する。「最初に原理を発見した人」、「最初の発明者であるとあとから言われる人」、「発明者として広く知られている人」である。

「最初に原理を発見した人」とは、最初に理論的に予言したり、最初にその現象を見つけたのであるが、今ではほとんど知られていない人である。もちろん努力をして記録が残るようにしておかなければ、「最初に原理を発見した人」になることはできない。あとになってから「実は私も考えていた」とか「その現象を知っていた」などと言いだしても遅いのだ。電球の発明で言えば、19世紀の初めに白金線を用いた抵抗加熱により電気の光を作り出した英国の科学者ハンフリー・デイヴィーの場合は記録が残っている。だが彼は現象を発見しただけであって、その原理を明かりとして実用化しようとは考えもしなかった。しかしこの発見が知られるようになって、さらにさまざまな実験や発見が多くの人たちによって行なわれていくようになる。彼はきっかけをつくるという重要な働きをしているのだ。

次に登場する「最初の発明者であるとあとから言われる人」とは、先人たちの発見や創意工夫の知識を組み合わせて技術的にまとめ、自慢の試作品に全精力を注いだ人である。19世紀の半ば、電球の開発競争ではヨーロッパの各国のそれぞれに「最初の発明者と言われる人」がいたことは先にも述べた。英国ではジョセフ・スワン、ドイツではハインリヒ・ゲーベル、ロシアではアレキサンダー・ロディキン、ベルギーでは……、フランスでは……と各国に最初の発明者がいるのである。しかしそれぞれの試作品を発展させて、社会にイノベーションを起こさせるまでには至らなかった。

最後の「発明者として広く知られている人」とは、先人たちのさまざまの創意工夫や社会の評価を知った上で、先人たちが行なっていた開発レースの最後に登場し、ドミナント・デザインとなるような製品にまとめ上げた人である。彼自身の発明そのものは先人たちの技術とほとんど同じできわどい特許であることが多いが、しかし編集者・監督・プロデューサーとして社会システムをも戦略的に考え、まとめあげるところが違う。彼の製品がイノベーションを起こし社会に広く行き渡る結果、彼の名前だけが広く知られるようになる。たとえば、「電球の発明者はエジソンだ」と世間の多くの人たちの常識となっているような人物である。

2　白熱電球が生まれた

炭素フィラメントから金属フィラメントへ

10年ほど使われた天然繊維の竹に代わって、炭素フィラメントの素材として使われるようになったのは「ニトロセルロース」（植物繊維の主な成分であるセルロースを硝酸と硫酸の混合液で処理して得られる物質）からつくられた人造絹糸である。その人造絹糸の開発には、エジソンのライバルであったスワンが大いに貢献している。

スワンは1883年、電球用炭素フィラメントの改良を重ねるなかで偶然にも、ニトロセルロースから彼が「人造絹糸」と名づけた細い繊維をつくりだした。先にもふれたように、1883年にエジソンとスワンの共同電灯会社（エジスワン）が設立されたのであるが、英国でスワンの作る電球はこの人造絹糸を用いた炭化フィラメントを使い、米国でエジソンの作る電球は相変わらず竹の炭化フィラメントを使っていた。エジソンがスワンの発明になる人造絹糸の炭化フィラメントを使うようになるのは、スワンの影が消えたゼネラル・エレクトリック会社が発足したのちである。スワンの人造絹糸を用いた炭素フィラメントの方がエジソンの竹フィラメントよりも高性能であったことをエジソンは認めたくなかったのであろう。

スワンが「人造絹糸」を作った1年後の1884年、フランスのイレール・ド・シャルドネは、ニトロセルロースから人造絹糸を製造する特許を取り、1891年に工業生産を開始する。しかし

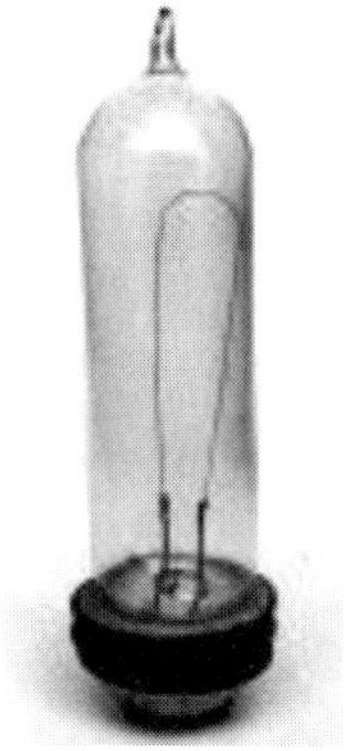

図4-7　最初の金属フィラメント電球

白熱ガス灯の発明者ウェルスバッハは世界で最初の金属フィラメント電球を開発し、発売（1902年）した。この「オスミウム・フィラメント電球」は、GE社のクーリッジによるタングステン・フィラメント電球（1913年）に置き換えられるが、ウェルスバッハの開発した粉末冶金法は高融点金属の加工法として今日ではなくてはならない技術となっている。

この最初の化学繊維であるニトロセルロースは爆発的に燃えやすいとの本質的な欠陥があった。そのため、この人造絹糸の最初の応用は衣服ではなく、当時の成長産業の花形の一つであった電球に活路を見出したのである。

人造絹糸は、竹と違って精度の高い極細の繊維を無限の長さでつくりだすことができる。必要な長さに切断して、炭化して炭素フィラメントに加工することが容易になり、電球のコストの低減に大いに効果を発揮したのである。

この当時の電球は、現在の25ワット以下の明るさであり、なお、19世紀の黄色い光のままであった。電球が白熱ガス灯のような明るい白い光になるには、炭素フィラメントに代わる高温でも融けない金属フィラメントが必要であることは、エジソンも知っていて、開発を進めていた。しかし、金属フィラメント電球を最初に製造して売り出したのはエジソンではなく、白熱ガス灯を発明したあのウェルスバッハであった。

ウェルスバッハは、明かりの将来はガス灯ではなく電球であり、そのためには高融点の金属フィラメントでなければならないことを確信していた。白熱ガス灯用のマントルの研究と並行して電球用の金属フィラメントの研究を行なっていたのである。彼の採用した高融点金属はオスミウムであった。フィラメント化に成功して、1893年に「オスミウム・フィラメント電球」の特許を得た。彼の電球は1900年のパリ国際博覧会に出展され、1902年には彼の工場で製造が開始され、販売されている（図4-7）。

競合相手である従来の炭素フィラメント電球は1燭光（燭光とは当時の明るさの単位で1燭光は現在のほぼ1カンデラに相当）当たり3・5ワットを必要としたのに対し、オスミウム・フィラメント電球は効率がはるかによく、1・5ワットであった。興味深いのは、マーケティングの方法である。ウェルスバッハの電球は白熱ガスランプのマントルと同じように、彼の会社からユーザーにリースされた。これによって、フィラメントの寿命が短いという問題から解放されたのである。

高融点金属をフィラメントとして実用化するための問題点は二つあった。その一つは、その金属を融かすことができないことである。融かすためには高温に耐える坩堝が必要であるが、坩堝に用いる材料がないのである。もう一つの問題点は、高融点金属が非常に硬く、かつ脆いことである。高融点金属は通常の金属のように融かして、塊にして、そして圧延や押し出し、あるいは機械加工によって成形するといった従来の加工方法が使えなかったのである。では、最初に金属フィラメント電球を実用化したウェルスバッハは、どのようにこの難題を解決していったのであろうか。

オスミウムは「白金族元素」（ルテニウム、ロジウム、パラジウム、オスミウム、イリジウム、白金の6元素の総称。いずれも貴金属）のなかでは融点がもっとも高く、2700℃もある。比重は鉛のおよそ2倍の22・57もあって物質中で最大、しかも、金属の切削工具に使われるタングステンよりも高い硬度をもっていた。試行錯誤の結果、最終的に到達した方法は次のようなプロセスである。

最初に、金属オスミウムと塩素の化合物である塩化オスミウムをアモルファス状態[注23]のオスミウムに還元し、オスミウム金属の粉末とする。このアモルファス・オスミウムを「コロジオン溶液」(ニトロセルロースをエーテルに溶かしたもの)、あるいは砂糖と混合してペーストにし、そのペーストをダイヤモンドの細い管を通して押し出し、切断、成形する。そのあとで真空中で赤くなるまで熱して、オスミウムを焼結(粉末成形して融点以下で熱すると、粉体どうしが結合して、成形した形で固まる現象)させると同時に、残存する酸素によって炭素を炭酸ガスにして除去するという方法であった。つまりウェルスバッハは現在でも利用されている「粉末冶金法」という方法を発明し、高融点金属のフィラメント化に成功したのである。

しかし、なぜ事実を冷静に見る科学者であったウェルスバッハがオスミウムにこだわり、さらに融点の高いタンタルやタングステンを見逃したのだろうか。希土類元素研究の過程で、彼は白金が高温の空気中でも化学的に安定であることを熟知していたために、同じ白金族のなかでもっとも融点の高いオスミウムを選択したのかもしれない。あるいは、単に元素の正確な融点のデータがなかっただけなのかもしれない。19世紀末の段階では、数千℃の温度を正確に測る手段がなく、高融点金属の融点データを相互に比較することが不可能だった。だから彼は、オスミウムがもっとも融点の高い金属であると信じていたのかもしれない。

しかし、このオスミウム・フィラメント電球は寿命の短さに加え、オスミウムは白金よりも希少金属であり高価であったために、結局のところ成功しなかった。

白熱電球を目指して

ウェルスバッハは高融点金属フィラメント材料としてオスミウムを選択したが、他の発明家たちは、オスミウムよりもさらに融点の高い金属、つまりタンタル（融点２９９６℃）やタングステン（融点３３８７℃）を選択した。彼らはこれらの高融点金属の加工にウェルスバッハの発明になる粉末冶金法を応用する。

ドイツのジーメンス社は１９０３年に「タンタル・フィラメント電球」を実用化した。電球の寿命は炭素フィラメントよりも延びたものの、しかし高融点金属フィラメントの脆さの問題は解決されないままになっていた。フィラメント材料としては、次第に物質の中で最も融点の高いタングステンに絞られていく。

当時、ＧＥ社はエジソンの発明による電球事業で大いに発展したが、そのエジソンの肝心な基本特許が切れようとしていた。エジソン特許は１８８０年1月27日に成立している。特許の有効期間は17年間であるから、１８９７年まで有効なはずであるが、もしも同じ内容の外国の特許があった場合、その特許の有効期限まで、というルールが存在していた。この場合、「同じ内容の外国の特許」とは、１８７９年11月19日に成立したカナダ特許であった。したがって、エジソン特許も１８９４年11月19日に失効することになっていた。つまり、予定より3年ほど早く切れてしまうことになる。旨みのある電球事業に参入しようとしていた企業は数多くあり、競争は激化することは必須であった。

GE社は大きな危機感をもち、社運をかけて金属フィラメント電球の新たな技術の開発を始める。ヨーロッパでの金属フィラメント開発競争を傍観しているわけにはいかなくなったのである。当時GE研究所の所長であったウィリス・ホイットニーは、その開発担当者としてマサチューセッツ工科大学（MIT）にいたウィリアム・クーリッジに目をつけ、クーリッジは1905年にGE研究所の研究員となる。

クーリッジは最初、タンタルを試みるが、すぐにそれよりも融点の高いタングステンに切り替えた。彼は1908年にタングステン・フィラメントの製造に成功する。その方法は、タングステン粉末の粒子サイズや不純物濃度を精密にコントロールしたうえで、圧力をかけて棒状に整形し、水素ガスによる「還元雰囲気炉」で電流を通じて加熱しながら「焼結金属棒」にする。この金属棒を真空炉で加熱しながらハンマーで叩いて針金状にし、これをダイヤモンドのダイス（型）に通して引き延ばし、フィラメントにする方法であった。

GE社は直ちに、それまでの炭素フィラメント電球の製造設備を全面的に廃止して、「タングステン・フィラメント電球」の製造設備に切り替え、1911年に市場に出すことになる。この電球はゾロアスター教の最高神である光の神「アフラ・マズダ」にちなんで、「マズダ電球」と命名された（図4－8）。特許をライセンスされた日本の東芝からは「マツダランプ」との名前で発売されていたことを覚えている方もおられよう。エジソン電球の暗い黄色い光が明るい白い光に代わったのは、このときからである。白金から始まった電球用のフィラメントの100年にわたる開発競争は、金属タングステン・フィラメントの開発で終わりを遂げた。

エジソンの炭素フィラメント電球が明るい白い光にならなかった理由は、単純にフィラメントの温度を上げることができなかったからである。炭素は多くの物質のなかでももっとも高温に耐える物質の一つであるが、真空中では、約１８００℃から蒸発しはじめてしまう。蒸発が起こると、気体になった炭素原子が相対的に温度の低い電球のガラスの内面に付着するために、ガラスが黒化し、光をさえぎり、電球の寿命を決めてしまう。そのためフィラメントの温度を低くせざるをえなく、したがって、暗い黄色い光となった。

タングステン・フィラメントになって、フィラメントの温度を上げることができたものの、炭素フィラメント電球と同じような問題、すなわち使用中にタングステンが蒸発して電球の内面が黒化すること、それによって寿命が制限される問題点がすぐに明らかになってきた。タングステンの融点は３３８７℃であ

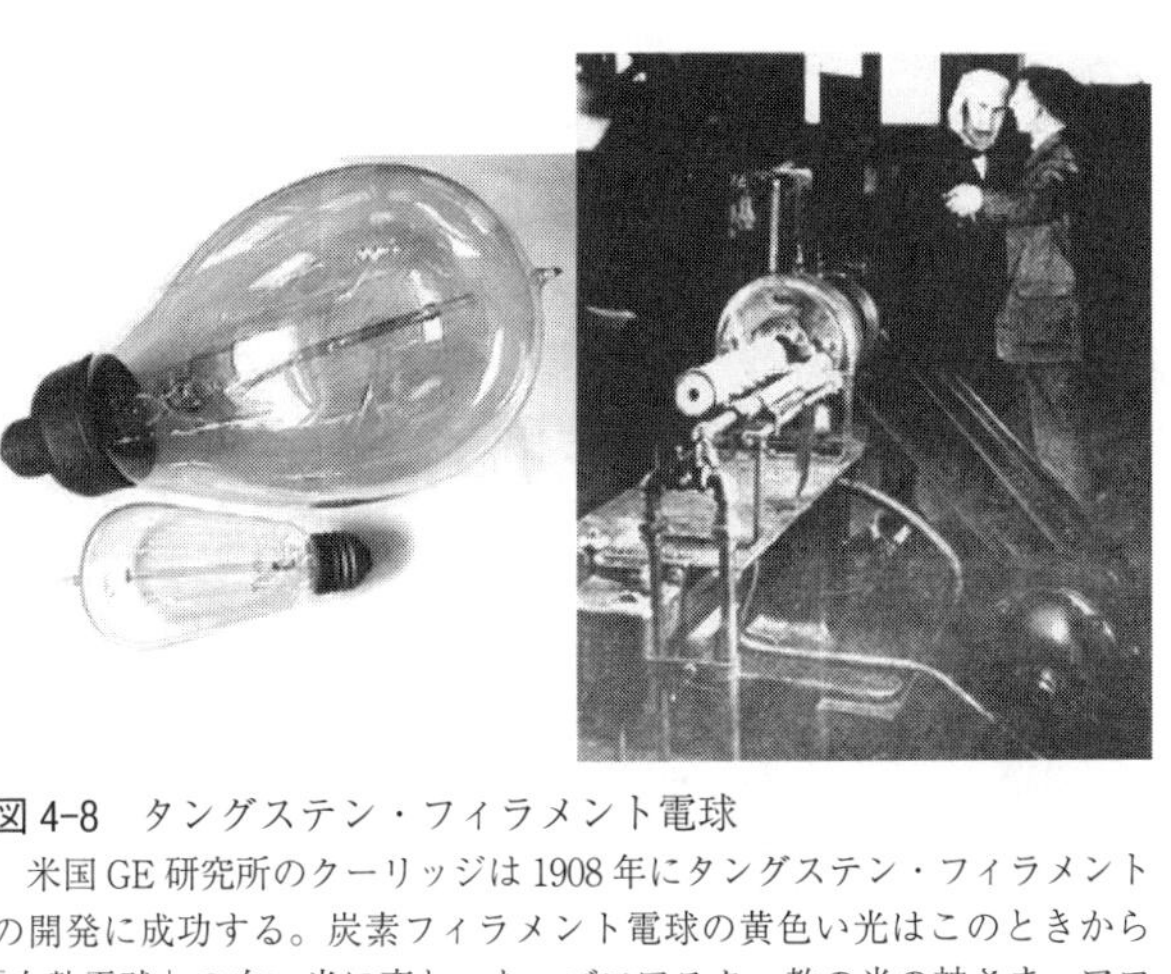

図 4-8　タングステン・フィラメント電球

米国 GE 研究所のクーリッジは 1908 年にタングステン・フィラメントの開発に成功する。炭素フィラメント電球の黄色い光はこのときから「白熱電球」の白い光に変わった。ゾロアスター教の光の神さま、アフラ・マズダにちなんで名付けられた「マズダ電球」（110V・500W 球）（左）。耳の遠いエジソンにタングステン・フィラメントの製法を説明するクーリッジ（1908 年）（右）。

るが、それでも２５００℃以上になると蒸発が始まる。この問題の解決にあたった人物が１９０９年にＧＥ研究所に入社したアーヴィング・ラングミュアであった。

彼はコロンビア大学の冶金工学科で学んだのち、ドイツのゲッティンゲン大学に留学して戻ってきたばかりであった。彼の学位論文は「高温におけるガスの挙動」をテーマにしていた。彼はタングステン・フィラメント電球の黒化現象のメカニズムを科学的に解明し、真空の代わりに窒素ガスを封入することで、タングステンの蒸発が３０００℃まで抑えられることを発見する。さらにタングステン線をらせんのように巻いたコイル状のフィラメントにすることで、ガス封入によるフィラメント温度の低下を防ぐことができるようになり[注24]、タングステン・フィラメント電球は、より明るい白い光で輝くようになった。１９１３年のことである。

ＧＥ社はこの結果をすぐさま電球製造に適用し、市販を始める。１９１４年には、窒素よりも熱伝導度が低い不活性ガスのアルゴンガスに代えた。これによってフィラメントの温度をさらに高く保つことが可能になった。不活性ガス入りタングステン・フィラメント電球の研究開発は、企業における基礎研究部門が経営の危機を救った典型例の一つとして、ＧＥ社研究部門の輝かしい成果となった。

不活性ガス入り電球は、エジソンの炭素フィラメント電球より3倍も効率がよく、小型でより明るく白い光を出すうえに、電球の寿命も2倍に延びた。それまで明かりとして共存してきたオイルランプや白熱ガス灯を完全に駆逐したのは、まさにこの不活性ガス入りタングステン・フィラメント電球だった。クーリッジとラングミュアの2人が、長い電球開発レースの最後の仕上げをしたのである。

クーリッジはタングステン・フィラメント技術を発展させ、X線を発生させる「クーリッジ管」を発明し、医療や科学、工業の分野でX線のさまざまな応用を発展させる基礎を築いたばかりでなく、若くしてGE研究所の所長となり、たぐいまれな指導力を発揮してGE研究所を世界一流の企業内研究組織に育てた。一方、ラングミュアは、蒸発、凝縮、吸着などの「界面現象」(たとえば液体と固体、気体と液体といった、物質の異なる「相」の境界面の現象)を研究し、「界面化学」という新しい学問分野の開拓者となっていく。1932年には、GE研究所の所員として初めてノーベル賞を受賞している。

電球のさまざまな改良

不活性ガスを封入することでフィラメントの劣化を防ぐことができるようになったというものの、完全ではなかった。いかに熱の伝わりにくい不活性ガスとはいえ、電球内部での対流はやはり避けられないため、フィラメント周辺にはどうしても、相対的に温度の低いガスが巡ってくることになる。フィラメントの温度低下がやはり問題になってきた。温度が低下すると明るさが減少し、電球の効率が低下する。この問題を解決する方法の一つとして、1912年に日本の三浦順一(東芝)が二重コイル電球を発明する。らせん状にしたフィラメントをさらに巻いて、二重のらせん構造にしたのである。対流によるフィラメントの温度低下が少なくなり、電球の効率はさらに向上した。

1935年にはフランスのアンドレ・クロードが、窒素ガスに代わって、窒素よりも分子量が大きく、比熱が高くて熱伝導度の低いキセノンやクリプトンなどの不活性ガスを封入した。電球内のガスの対流をさらに起こりにくくさせることによって、タングステン・フィラメントの温度を高くすることができ、効率も上がり、輝度も上げることができた。断熱性が上がったために小型になり、クリプトン電球はより点光源に近いものになった。

電球の技術開発の歴史は、明るさと寿命をいかに同時に上げるかとの課題を解決する戦いでもあったが、不活性ガス入りタングステン・フィラメント電球の完成によって、その戦いも終わった。明るさと寿命の関係は、明るさを取るのか寿命を取るのかとの設計上の問題になったのである。

どのようなことかというと、白熱電球の特性である明るさ、消費電力、寿命、そして光の色温度は、すべて電圧に依存している。光の明るさは電圧の3・4乗に比例し、消費電力も電圧の1・6乗に比例し、寿命は逆に電圧の16乗に反比例し、光の色温度はおよそ電圧の0・42乗に比例することが、経験的に知られている。寿命に対しては電圧が著しく効くのだ。

たとえば電圧を5％下げると、光の出力は20％低下するが、寿命は約2倍になる。100ワット、1700ルーメン（ルーメンは、光の量を表す単位）、寿命が1000時間の電球の場合、電圧を半分にするとおよそ15ワットの電球と同じ160ルーメンになるが、寿命は7000年を超えると計算される。

ほんとうにそうなのかとも思うのであるが、簡単に切れてしまいそうな炭素フィラメント電球でも驚くべき長寿命の実例がある。米国カルフォルニア州リバモア市の消防署に1901年に設置された4ワットの電球は、途中で庁舎の引っ越しのための1週間と停電のための9時間半の中断はあったものの、２０１５年６月には１１４年間、１００万時間を超えて光り続けているそうであるし、１９０８年９月21日にテキサス州フォートワース市のオペラハウスに設置された40ワットの電球は、近年になって博物館に移されたが、１０６年間にわたって点灯され続けているという。

しかしタングステンが融点に近づけば近づくほど、高温のために蒸発していくのは避けられない。この究極的な改良は１９５９年にＧＥ社のエドワード・ツブラーとフレデリック・モズビーによって行なわれた。

彼らは、不活性ガスとして電球に入れておいたアルゴンに、微量の酸素とヨウ素を加えることにより、電球の内側で「ハロゲンサイクル」現象が起こり、劇的に問題が解決されることを発見したのである。ハロゲンとはフッ素・塩素・臭素・ヨウ素などの化学活性の強い元素の一族を意味している。「ハロゲンサイクル」とは次のような実に巧妙なからくりである。

タングステンは高温のフィラメントから蒸発して、低温の電球のガラス内壁へ拡散していくのであるが、一方、封入されたハロゲンガスは逆に、フィラメント付近の高温領域で熱分解し、タングステンと反応して「ハロゲン化タングステン化合物」をつくる。ガラス壁が一定の温度以上であると、このハロゲン化タングステンは蒸気となり、対流、拡散によってフィラメント近くへ戻っていく。ハロゲン化タングステン蒸気は高温のフィラメント付近でハロゲンとタングステンに分解し、タングステンは再びフィラメントに戻り、このプロセスが繰り返される。神業とも思えるじつに巧みな仕掛けをモズビーらはどのようにして発見したのだろうか。知りたいところだ。

ハロゲンランプはこれを繰り返しているので、フィラメントの劣化や、それに伴う電球の黒化が

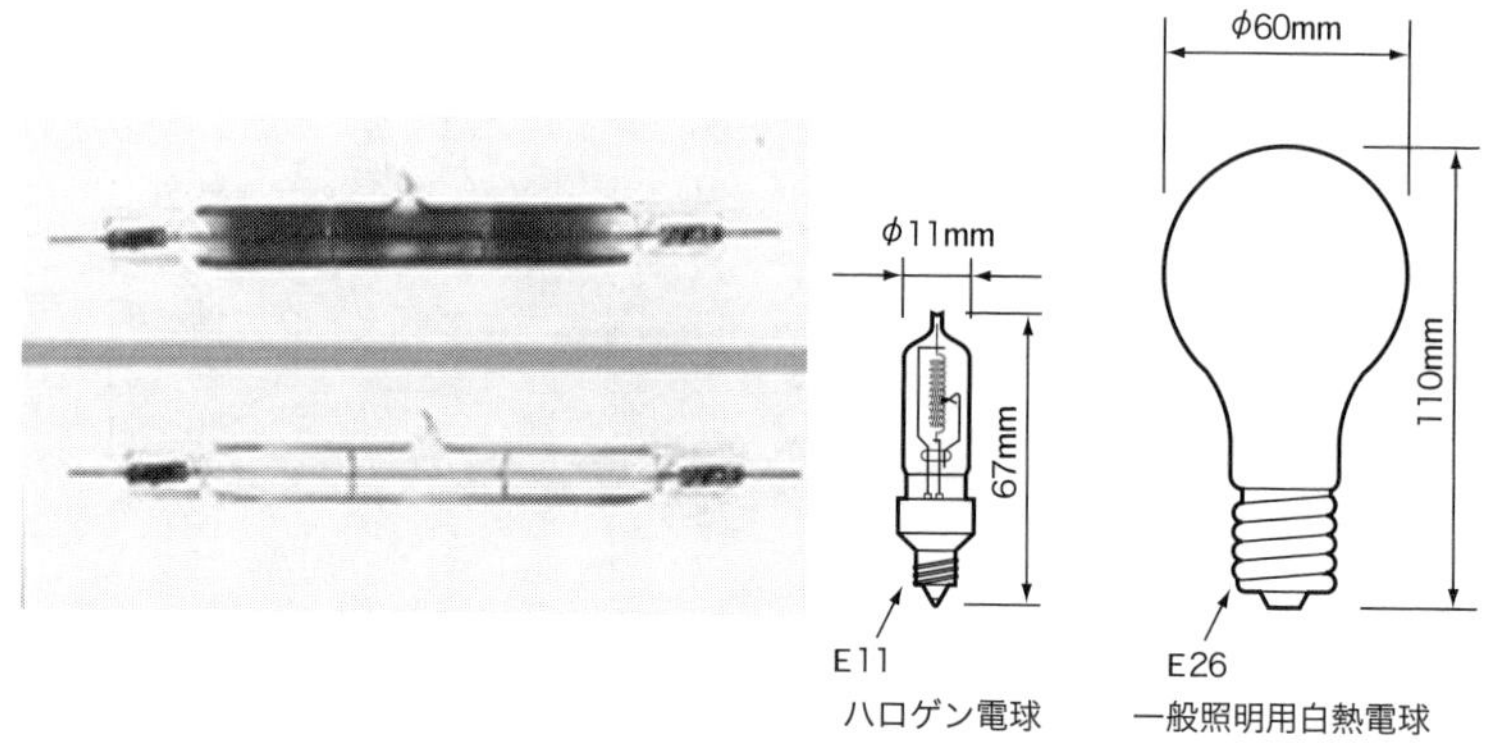

図4-9　ハロゲンランプ

（左）GE社のモズビーらの実験を示す。真空雰囲気ではタングステン・フィラメントは高温で蒸発してランプの内面は黒化し、電球の寿命を短くしてしまう。しかし真空からアルゴン－酸素－ヨウ素のガス雰囲気に替えると、ハロゲンサイクルが起こって1分以内に黒化は消失する。ハロゲンランプの発明により、融点（3387℃）近くまで加熱することができ、より明るく、より寿命が長くなった。（右）ハロゲンランプは高温に耐えるように石英ガラスが用いられるようになり、またハロゲンサイクルが起こりやすいように、電球の形も見慣れた大きな球形から、小さく細長い形に変わった。［右図出典：『ハロゲン電球ガイドブック』（日本照明工業会）］

防止され、光量が低下せず、しかも寿命も長くなる。通常のタングステン・フィラメント電球はおよそ２５００℃に加熱されているが、ハロゲンサイクルを利用したハロゲンランプでは、融点（３３８７℃）よりも50度ほど低い温度まで加熱することができるようになり、光はより白く、より明るくなった。電球のふつうのガラスでは融けてしまうので、高熱に耐えられるように石英ガラスに変わり、またハロゲンサイクルが起こりやすくなるように電球のデザインも変わり、見慣れたあの丸っこい電球形ではなくなった。ワット数が同じならば容積は２００分の１近くまで小さくなった（図４－９）。

デイヴィーが白金線からの電気の光を見つけてから、２００年以上にわたる電球の歴史のなかで、ハロゲンランプはもっとも太陽の温度に近づいた白い光の明かりとなった。残された問題は、エネルギーの90％以上が熱として消費される明かりとしての効率の低さである。その答えもやはり、デイヴィーが見つけた炭素棒からのアーク灯の子孫である放電灯のなかにあった。それが第三の「白い光のイノベーション」となる白色蛍光灯である。

3　産業末期の輝き――「帆船効果」

革新技術の登場とその影響

ある技術はいつか陳腐化し、代わって新しい技術が登場する。新しい画期的な技術が登場するから、既存の技術が陳腐化すると言ったほうがよいのかもしれない。「炭素フィラメント電球」の発明が知らされるとガス会社の株価は急落し、逆にエジソンの会社の株価は28倍ほどまで急騰した。近い将来にガス灯から電球へのイノベーションが起こると株主達は予想したのである。新しい技術の登場に対して、市場経済はそれほどまでに過敏に反応した。このことはまた、ガス産業がいかにガス灯という照明分野に依存していたのかを証明している。

歴史として、あとになってから振り返って眺めると、それまで隆盛を極めたある産業の末期に、新しい産業の登場を遅らせるような画期的な技術が、旧来の産業のなかで発生するという現象がしばしば見られる。焼けぼっくいに火がついて、再び明るく燃え出すのである。そのような状況に置かれた産業領域では、それまで蓄積されてきた技術が総動員され、その分野では最高に進歩した技術成果が出現する。産業という大きなくくりでなくてもよい。特定の製品や技術分野のなかでも、同じことが起こる。

ガス産業における「白熱ガス灯」が、まさにそのような典型例であった。新たに登場した電球という明かりを支える電気産業には、輝かしい未来が約束されていた。白熱ガス灯は将来を見放されたガス産業の最後の象徴的な抵抗であり、長い歴史をもつ炎を利用した明かりの最後の輝きというわけである。結果として、電球はガス灯を追いやり、また石油ランプを追いやった。ガス産業は明かりという市場を失うが、暖房と炊事という炎の他の二つの機能に活路を見出していく。ガス産業と同じように、生まれたばかりの石油産業もまた、オイルランプという明かりの市場を失うが、すぐに自動車という巨大な市場を見出し、生き延びていくことになる。

白熱ガス灯は衰退していくガス産業の最後の象徴として発明された、という見方は、マクロ的に見れば、確かにそのとおりなのであるが、ミクロな見方、つまり白熱ガス灯を発明し、事業を行なって成功させたウェルスバッハにとっては、そのような意識はまったくなかったはずだ。彼はガス産業のために仕事をしたのではなく、白熱ガス灯は、彼が人生を捧げてきた希土類元素化学の基礎研究とその応用研究の必然の結果にすぎなかった。白熱ガス灯にはこだわっていなかったのだ。先にも述べたことであるが、実際に金属フィラメント電球を最初に製造販売したのはエジソンよりも早かった。

自らが行なっている研究が、将来の衰退が見えてきた分野の最後の炎の輝きなのか、それとも新しい未知の分野の最初の小さい炎なのか。いつの時代でも、どのような分野でも創造的なイノベーターを悩ませる問題である。

新たに登場した電気産業の希望の星である電球と、旧来のガス産業から生まれた白熱ガス灯との間で見られた現象は、19世紀に帆船と蒸気船との間でより典型的に起こったので、「帆船効果」と呼ばれる。旧来の帆船の技術が新たに登場した蒸気船によって著しく改良され、かえって帆船が活躍する時代を長引かせたのである。船の世界で見られた「帆船効果」とはどのようなものであったのだろうか。

蒸気船が登場した

実用的な蒸気機関は、ジェームズ・ワットによって18世紀の終わりころまでにほぼ完成された。蒸気機関は鉱山や工業のあらゆる領域の動力として実用化され、また鉄道、自動車などへの応用実験が行なわれた。

蒸気機関の船舶への応用、つまり蒸気船の最初の実験は、１７８３年にフランスのリヨン近くのソーン川に浮かんだ「ピロスカーフィ」号によって行なわれた。それ以来、多くの人によってさまざまな蒸気船の試みが行なわれていたが、実用を目的とした最初の蒸気船は、１８０２年2月に英国の運河で試走した「シャーロット・ダンダス」号である。しかし、あまりにも非力だったため、運河に浮かべた艀（はしけ）を引っ張るには蒸気船よりも馬のほうがましだとの評価までされ、そのまま放置されてしまった。

翌１８０３年には、パリに滞在していた米国のロバート・フルトンがセーヌ川で蒸気船を走らせ

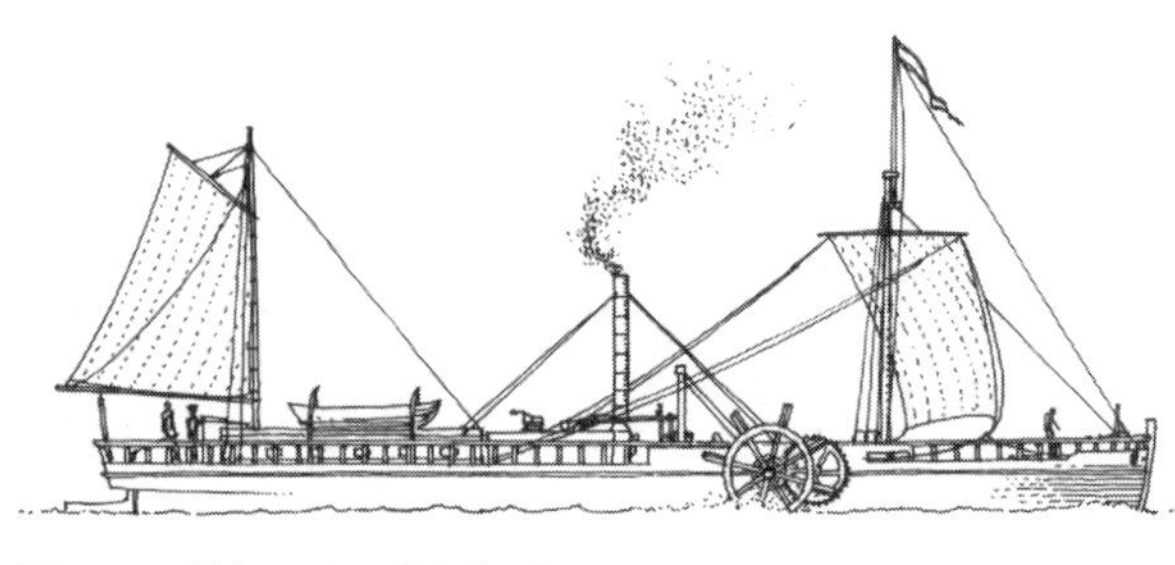

図 4-10　最初の実用蒸気船「クラーモント」号

フルトンは蒸気船の発明者ではない。しかし 1807 年に彼が作ったこの外輪船はハドソン川のニューヨークとオールバニー間のおよそ 240 km をさかのぼって航行し、風ではなく動力を用いた船が将来実用になることを決定づけた。[出典：Landström, B., *Skeppet*, Forum, 1961.]

た。このときは単なるデモンストレーションに終わったが、フルトンはその後、米国に戻り、先人たちの失敗を充分に生かして、二つの外輪をもつ「クラーモント」号を１８０７年に完成させる。この外輪船はハドソン川のニューヨークと上流のオールバニー間およそ２４０キロメートルを、向かい風にもかかわらず32時間で航行した。速度は４・７ノットと遅いものの、風ではなく動力を用いた船が将来実用になることを決定づけた。１ノットは１海里（１８５２メートル）を１時間で進む速さであるから、「クラーモント」号は自転車よりもずっと遅い時速８・７キロで走行したということになる（図４-10）。

蒸気船の技術は次第に改良され、１８３８年には英国の外輪船「シリウス」号が太西洋横断（平均６・７ノット）に成功する。１８４３年には現在と同じようなプロペラ推進の「グレート・ブリテン」号（最高９ノット）が大西洋を横断して、次々と大西洋横断スピード記録が塗り替えられていった。

フルトンは蒸気船を最初に発明したのではないが、今日につながる動力船を商業的に成功させた最初の人物と言える。同じようにエジソンも、電球を最初に発明した人物ではなく、電灯事業として最初に商業的に成功させた人物である。電話を発明したとされるグラハム・ベルもそうだった。彼らは時代の要求を素早く察知すると、それまでの数々のアイディアを巧みに編集して、戦略のシナリオをつくる才能があったと言えるだろう。

大西洋を「最初」に無着陸横断飛行に成功したとされるチャールズ・リンドバーグも、同じである。最初ではないのだ。実際には大西洋の無着陸横断飛行はリンドバーグよりも8年も前に英国のジョン・アルコックとアーサー・ブラウンの2人が成功させている。彼らは双発の複葉機であるヴィッカース・ヴィミー機に乗ってニューファウンドランドからアイルランドへ飛行し、着陸時に大破したものの、無事に大西洋を無着陸横断したのである。リンドバーグは危険と思われていた大西洋横断を、双発ではない「単発」のエンジンの、複葉機ではない「単葉機」の「スピリット・オブ・セントルイス号」に乗って、航空士や機関士も搭乗していない「単独」の飛行を成功させ、商業飛行が近い将来に安全な事業として成り立つことを社会的に認知させたことが重要なのだ。彼が33時間という一睡もしない長い海上飛行のあとで見つけた最初の陸地である「スケリッグ・マイケル島」（アイルランドの西南端近くの大西洋に浮かぶ修道院のある小島）の近くに行って空を見上げるとわかることなのであるが、上空には大西洋を行き来するジェット旅客機が頻繁に飛んでいる。まさに彼は商業飛行の開拓者であったことがよくわかる。

だが、従来の流れから新しい流れに舵を切った最初の創造的なパイオニアは、悲しいかな、歴史のなかに埋もれてしまう。数多くの先人たちの成果を巧みに利用し、経済的成果を上げるきっかけをつくった最後の登場人物が、はじめて社会的に認知される。イノベーションとは、じつに社会的

図4-11　高速帆船クリッパー

1851年に建造されたこのホーン・クリッパー「フライング・クラウド」号はヤンキー・クリッパーの中では最も高速であったと言われる。ニューヨーク・サンフランシスコ間を南米先端のホーン岬経由で89日間で帆走した。蒸気船という将来を約束された動力船の出現によって帆船の技術は最高に高まり、世界の海を疾走した。帆船の最後の輝きであった。［出典：杉浦昭典『帆船史話』舵社、1978年］

な現象である。「インベンション（発明）は必ずしもイノベーションにはならない」とはそういうことだ。

帆船の活躍

長い歴史を持つ帆船の形が大きく変わったのは19世紀の初めである。フルトンの「クラーモント」号がきっかけになって、蒸気船の改良が加えられていた頃、米国や英国では「クリッパー（Clipper）」と呼ばれる高速帆船が数多く建造されるようになっていく。船体のアスペクト比（船の横幅と長さの比）がおよそ4ほどのずんぐりむっくりの形をしていたこれまでの帆船から、クリッパーはアスペクト比を6と大きくし、つまり細長いスマートな船型に変え、マストを高くしてセイル面積を約2倍に広げていった。鋭く高い船首で波を切り裂き、セイルをはためかしながら疾走するこの高速帆船は「ウィンド・ジャマー（Wind Jammer）」とも呼ばれた。何とふさわしいニックネームであろうか（図4-11）。

ヨーロッパからの移民船として大西洋航路に活躍していたヤンキー・クリッパー「ライトニン

グ」号の1854年の記録によると、米国のボストンと英国のリヴァプールの航海で24時間の帆走距離は436海里（約800キロメートル）、つまり平均18・2ノット（時速34キロメートル）で走っている。旧タイプの帆船は平均速力が5ないし6ノット程度であり、速い船でも10ノット程度である。自動車で言えばクリッパーはF1マシンのような帆船であった。まして当時の速度の遅い蒸気船は、クリッパーの競争相手にもならなかった。

クリッパーの最盛期には、アフリカ南端の喜望峰経由でヨーロッパと中国の間を茶貿易のために従事した「ティー・クリッパー」、オーストラリアとの羊毛貿易のために従事した「ウール・クリッパー」、アメリカ大陸南端の難所ホーン岬を経由する「ホーン・クリッパー」などが知られていて、世界の海でスピードを競っていた。なかでもティー・クリッパーの場合は、その年の新茶がロンドンに到着する時期が早ければ早いほど高い値段で売れたので、船主も高速帆船を次々と建造し、スピード競争も激化していった。

歴史に残る大記録は1869年の英国の「テルモピレー」号が持っている。中国の福州からアフリカの喜望峰周りの航路で、ロンドンまでを91日間で走り抜いたのだ。実はこの「テルモピレー」号と、あの「カティ・サーク」号が、1872年6月17日に新茶を満載して上海を同時に出帆する出来事があった。航海中、2隻のクリッパーは抜きつ抜かれつのデッドヒートを演じ、アフリカ沿岸に近づいた頃には「カティ・サーク」号が400海里（740キロ）も先行していた。だが、飛ばしすぎて舵を流出し、応急処置をしたものの、ロンドン到着は「テルモピレー」号よりも1週間も遅れてしまった。しかし、災難を知ったロンドン市民はこぞって「カティ・サーク」号を出迎えて賞賛した。多くの方がご存知のように、引き裂かれた下着姿の乙女像を船首像とする「カティ・サーク」号はスコッチウィスキーの名前にもなった。2007年に修理中に火事でほとんど全焼したものの、2012年のロンドンオリンピックの年にあわせて復元され、今なお残る唯一のクリッパーとして「カティ・サーク」号はロンドンのグリニッジで大切に保存されている。

ところが、古代エジプト以来の懸案であったスエズ運河が1869年に開通すると、従来の喜望峰周りのルートに比べて、アジアへの航路が著しく短縮された。英国のリヴァプールとインドのボンベイ（ムンバイ）間で42％、リヴァプールと横浜間で24％も短縮されたのである。しかし、喫水（船体の水中に入っている部分の深さ）が6メートルを超す多くのクリッパーは、当時のスエズ運河の深さが5メートル程度であったために通過することができず、従来と同じように遠回りしてアフリカ南端の喜望峰を経由せざるをえなかった。スエズ運河は蒸気船にとってきわめて有利、帆船にとっては絶対的に不利だったというわけである。

蒸気船にとっては不可欠の燃料補給の問題も、石炭補給地を各地で整備することによって解決されていった。その結果、蒸気船でも上海からロンドンまで60日以内で茶を運ぶことができるようになった。クリッパーに比べて1カ月も短縮され、輸送コストも減少した。それにもかかわらず、クリッパーの建造は以前よりも活発になり、クリッパーの全盛時代は続いたのである。なぜなら鉄でできた蒸気船で茶を運ぶと茶の品質が悪くなるとロンドンの茶商人達は固く信じていたからである。

19世紀の終わりころには、高出力の蒸気エンジンが開発されて動力船の速度も上がり、安全性も高まり、帆船は動力船に置き換わっていった。クリッパーは長い帆船の歴史のなかの最後の輝きであった。これが「帆船効果」である。新しい時代が始まっていたのである。

現在にみる帆船効果

すでに述べたように「帆船効果」とは、産業という大きなくくりでなくてもよい。近い将来にイノベーションを実現するかもしれない革新技術の芽が知られることによって、あるいはその革新技術の芽が無視できなくなることによって、既存技術が急速に進歩する現象である。

一つの例を示そう。１９７０年代における医療画像診断の90％以上は、１８９５年のレントゲンの発明以来基本的には改良されないままにレントゲン写真で行なわれていた。(注25) 一方、この時代は超音波診断装置、Ｘ線ＣＴ、ＭＲＩなどの革新的なデジタル医療画像診断システムが次々と登場したイノベーションの時代でもあった。このような状況の中で、将来は写真フィルムではなくすべてデジタル画像で診断されることは容易に予想された。富士写真フイルムは危機感をつのらせ、１９７５年に社内プロジェクトを立ち上げた。そして１９８３年に「イメージング・プレート」と呼ばれる二次元放射線画像センサーを用いた世界で初めてのデジタルＸ線画像診断システムの開発に成功し、従来のレントゲン写真のすべてを置き換えることができた。

イメージング・プレートとは、蛍光体の「輝尽発光現象」（注28参照）を原理として採用し、その蛍光体をフィルム上に塗布したフィルム状の放射線画像センサーである。Ｘ線情報のデジタル電気信号化は次のように行なう。Ｘ線撮影すると「イメージング・プレート」にＸ線像がＸ線エネルギーの2次元分布となって蓄積され、撮影のあとで赤色レーザーの励起により発生する青色のルミネセンスをX線画像情報として検出し、デジタル電気信号に変換するという、これまで前例のない新規な方式であった。なぜこのような方式にしたのか。

当時、レントゲン写真並みの高い画素密度を持ち、人の胸を撮影するほどの大面積の固体撮像素子技術が現在のようにありさえすれば、このようなアナログ方式とデジタル方式を折衷させた特殊な方式を採用しなかったであろう。実現する技術がどこにもなくても、何としてでもデジタルX線画像診断システムを早急に実現しなければならないとの技術上の、また経営上の強いニーズがあったからこそ、実に化学会社らしい2次元放射線画像センサーを実現させたのである。この方式はその後世界のデジタルX線画像診断システム市場で主流であり続けた。現在ではエレクトロニクス技術とその周辺技術の進歩により大面積の固体撮像素子が容易に得られるようになって、新しい世代と交代していく過程にある。まさに「帆船効果」が起こった事例といってよいであろう。

その他に進行中の「帆船効果」と思われる現象は、現在でもしばしば見られる。たとえば燃料電池は、省エネルギーや環境問題から見て、ガソリンに代わり将来の自動車の動力源になると予想されている。世界各国で精力的に研究が進み、一部では実用化の段階に至っている。そのような中で、燃料消費率の向上や排出ガス対策に技術の粋(すい)をつぎ込み、ガソリンエンジンの性能は究極にまでに高まってきている。従来の技術を集大成してハイブリッド車をも生み出した。「帆船効果」により燃料電池を搭載する自動車の普及は予想よりも大幅に遅れることもありうるのだ。さらには、ガソリンエンジン車よりも歴史の古い電気自動車が本命として躍り出てくる可能性もないことではない。

台所でも「帆船効果」は起こっている。ガスコンロである。太古の時代から使われてきた炎の三つの機能、すなわち明かり・煮炊き・暖房のうち、煮炊きの機能だけは現在まで台所のガスコンロでその地位を保ってきた。しかし、電磁調理器という革新技術の普及はガスコンロの地位を脅かした。最近になって、ガスコンロの性能やデザイン、使い勝手などが急速に高まっていることにお気づきになろう。

歴史的にガス産業はエジソンの時代から電力産業に侵食され続けてきた。ガスコンロの話にしても、その事例の一つにすぎない。だが太陽光発電や燃料電池による分散型電源の普及は電力会社にとってはその地位を脅かす大問題である。なぜなら電線を通じて電力会社から電力を買う必要もなくなるからだ。燃料電池はガス産業にとってまたとない起死回生のチャンスになるかもしれない。ガス産業は燃料電池に供給する燃料用ガス、各家庭までの燃料ガス供給システム、ガス使用に関する情報ネットワークをすでに持っていて、競争上優位な立場にある。ガス灯と電球の間で19世紀に見られた「帆船効果」が、ガス産業と電力産業という大きなくくりのなかで、立場を変えて再び起こる可能性がある。見守っていきたいものだ。

第5話　ルミネセンスの白い光——白色蛍光灯

明かりの開発競争は、いかに明るく白い光をつくるかの開発競争であると同時に、また、いかに効率を上げるかの競争でもあった。

オイルランプや白熱ガス灯を駆逐した白熱電球の最大の問題は、90％以上が熱になってしまうエネルギー効率の低さにある。そこで19世紀末ころから、ガスの「放電」を応用した明かりの開発競争が、ヨーロッパを中心に激しく行なわれた。結局のところ、新しい明かりは、放電によって生じる水銀蒸気からの紫外線とその紫外線によって励起される蛍光体からの「ルミネセンス」という熱を伴わない発光を巧みに組み合わせた「蛍光灯」に絞られていった。

蛍光灯の開発競争では、最後に、企業の総合力をかけて臨んだ米国ＧＥ社のジョージ・インマンのプロジェクトチームが勝利した。１９３８年のことである。しかし、蛍光灯が真に白い光の明かりとして広く普及したのは、英国のアルフレッド・マッキーグ（ＧＥＣ社）の開発による画期的な「ハロ燐酸カルシウム蛍光体」を用いた白色蛍光灯の発売（１９４６年）以降であった。

第三の「白い光のイノベーション」となった蛍光灯という放電灯の本質は、それまでにない高いエネルギー効率と、あらゆる光の色を再現できる自由度を実現したことにある。そのため、産業界や一般家庭などに急速に普及し、地球上の90%の光は蛍光灯を主体とする放電灯によって生み出されるにようになった。

歴史的に見ると、主として19世紀に行なわれた電球の開発は、エジソンなどの個人の発明家の大活躍によるところが大きい。しかし、20世紀に入ってから行なわれた蛍光灯の開発では、企業内部に取り込んだ研究組織が重要な役割を担うようになった。基礎研究が革新的な技術を生み、独占的な商品を育て、それによって企業の繁栄を支えるという図式、すなわち研究開発プロセスの「リニアモデル」が企業の常識として生まれたのはこの時代であった。企業内の中央研究所はこのシステムの象徴となった。「リニアモデル」はフォードが作り出した大量生産方式「フォーディズム」と組み合わされて、今日の大量生産・大量消費・大量廃棄の社会を作り出した。

1　蛍光体は昔から知られていた

闇に光る絵の具の話

話を始める前に、現在使われている蛍光灯の原理を簡単に説明しておこう。蛍光灯とは、真空のガラス管の中にごく微量の水銀を封入し、その中で放電させることにより生じる紫外線で管壁に塗布された蛍光灯を励起し、明るいルミネセンスを発生させる明かりである（図5-1）。

つきつめると、明かりの発生メカニズムは、熱放射現象と物質からの発光現象、つまりルミネセンスの二つである。熱放射を原理とする明かりは、たいまつ、ロウソク、オイルランプ、ガスランプ、そして白熱電球と変遷しながら、100万年もの歴史を経てきた。一方、ルミネセンスを利用した明かりである蛍光灯の歴史はまだ100年にも満たない。しかし、ルミネセンスという現象は、火と同じように太古の昔から知られていたはずである。なぜなら海のなかで光る夜光虫とか、あるいは夜に飛び交う蛍とか、森の中で光るキノコとか、夜の山道でぼーっと光る石など、光る自然現象は無数にある。真っ暗な闇の中で青白く、あるいは赤く光る何かを見て、祖先たちは恐れ敬う対象として、それをとらえたに違いない。火が誰によって発見されたのか、発明されたのかなどと問うことが無意味なように、ルミネセンスの発見が誰によって行なわれたのか、という問いもまた、無意味である。文字で記録され、それがたまたま後世のわれわれの目にふれる「幸運」に恵まれた場合、たまたまそこに現れる個人が、「最初の」発見者、発明者とされるものだ。

もっとも古いルミネセンスの記録は、蛍を集めて明かりにしたという、紀元前1500年から紀元前1000年頃の、殷・周時代の中国の記録と

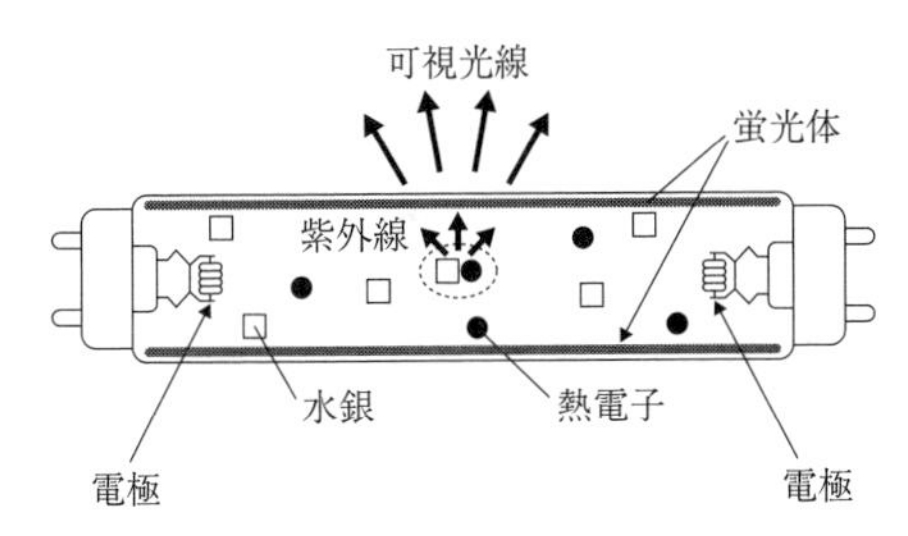

図 5-1　蛍光灯の原理

電極を加熱すると熱電子が放出される。放出された電子は反対側の電極（陽極）に引かれて移動し、放電が始まる。放電により流れる電子はガラス管内に封入された水銀原子を励起し、紫外線を発生する。その紫外線がガラス管内壁に塗布された蛍光体を励起し、蛍光体の種類を選ぶことにより、紫外線から可視光、赤外線領域までのルミネセンスを発生させることができる。

いうことになっている。もちろん誰が蛍の明かりを最初に作ったのかはわからない。

それから2000年もの年を経て、いまから1000年ほど前、日本の歴史でいえば平安時代の藤原氏全盛の頃、中国の宋の太宗皇帝が「昼は見えず夜のみ現れる不思議な牛の絵」を眼にして、不思議に思って家臣に問うたところ、「この絵は日本人が海の貝からつくった特殊な絵の具で描かれたもの」と答えたという文献が残っている(注26)。

この絵の具には、貝殻の主成分である炭酸カルシウムに硫黄などを加えて焼いてつくった硫化カルシウム系の蛍光体、今日でいう「超残光性蛍光体」が使われていたと想像される。昼間の明るい光から得たエネルギーが蓄積され、夜になり暗くなってからもルミネセンスとしてゆっくりと放出されるのだ。外からのエネルギーが供給されなくなってからも光っている状態を「残光」と呼ぶが、残光の時間が極端に長いのが「超残光性蛍光体」である。今日、日本は世界の蛍光体の技術と製造においては世界のトップレベルになっているが、そのルーツはこの1000年前の「闇に光る牛」にまではさかのぼることができると言ってよいであろう。

この「超残光性蛍光体」は、現在では時計の文字盤、非常口の表示、日常の機器や器具の文字表示などに夜光塗料として広く用いられている。夜光塗料として広く使われているのであるが、しかし、むかしの古い腕時計や壁時計の文字盤に使われていた夜光塗料と今日の夜光塗料とでは、決定的に違う点がある。放射能を持っていないことである。

初代の夜光塗料は20世紀の初めに、放射性同位元素である「ラジウム226（Ra226）」と「硫化亜鉛（ZnS）」系蛍光体とを混ぜた塗料として発明された。ラジウムから常に放射されるα線（へリウム原子核の粒子線）が硫化亜鉛蛍光体にエネルギーを与え、暗闇でも（もちろん日中でも）常にルミネセンスを発するように工夫したものである。半減期は1600年もあるから、永久に放射線を出し続け、永久に光り続けていると言ってもよいであろう。

1960年になって、取り扱いが難しいラジウムに代わり、放射性同位元素「プロメチウム147（Pm147）」が使用されるようになった。ラジウムは自然に存在する物質だが、プロメチウムは自然には存在しない人工物である。プロメチウム147が出す放射線はα線ではなくβ線（高速の電子線）であり、半減期は2・6年と短い。プロメチウムは、人間に火を使うことを教えたギリシャ神話に出てくる神プロメテウスの名にちなんだ元素であり、夜光塗料に使われるようになったのも何かの因縁であろう。

放射性同位元素がラジウムからプロメチウムに変わったとはいえ、それでも夜光塗料は放射能を持っていた。1990年代になって、放射能の環境への影響がよりいっそう懸念されるようになったため、今日では放射性物質を含まない、さきほども述べた、超残光性の蛍光体が日本の根本特殊化学によって開発され、放射性同位元素を用いた夜光塗料は一掃された。この蛍光体は「アルミン酸ストロンチウム」という結晶物質に、第3話で紹介した「希土類元素」のユーロピウムとディスプロシウムを微量に添加した、高性能の新しい蛍光体である。1000年前の宋の太宗の「闇に光る牛」の絵の具の復活と言えようか。

図5-2　16世紀のボローニアの町
イタリア中部の都市ボローニアは11世紀創立のヨーロッパ最古のボローニア大学があり、ヨーロッパにおける学問と芸術の中心であった。「ボローニア石」として知られていた「光る石」の原石である重い石はこの町の郊外パデルノの丘で採取された。［出典：Licetus, F., *The book Litheosphorus Sive de Lapide Bonoriensi*, 1640］

ボローニア石の話

光る物質、つまり蛍光体に関する科学的な知識が記録に残るようになったのは、17世紀以降のことである。

イタリアの北部の町ボローニアは、11世紀創立のヨーロッパでもっとも古いボローニア大学があり、法学におけるボローニア学派、絵画におけるボローニア派など、ヨーロッパの学問と芸術の中心ともなった由緒ある古い都市である（図5－2）。そのボローニアの町にほど近いパデルノの丘から産出される「ボローニア石」は、「闇に光る石」として知られていた。

このボローニア石は、ボローニア生まれの靴屋にして錬金術師[注27]であったヴィンチェンツォ・カッシャローロが偶然にも1603年に見つけたと言われている。しかし、ヨハン・ベックマンに言わせると、ボローニア石を発見した最初の人物は彼ではなく、1550年ころにはすでに知られていたそうだ。彼がほんとうに最初の人物かどうかは、いまとなってはわからない。ともあれ、彼はパデルノの丘から採れる重い石、ふつうの石とは格段に違う特別な重い石を、何とかして黄金に変えようと錬金術を駆使した。その石は黄金にはならなかったが、しかし、天上の火を人間に与えたギリシャ神話のプロメテウスのように、あたかも太陽の黄金の光を吸い取った暗闇でも光る石に変身したのである。

カッシャローロが仲間の錬金術師やそれ以前の錬金術師と違って、歴史の闇のなかに消え去ってしまわなかったのは、できあがった「闇に光る石」を多くの人、とくに当時のインテリたちに見せ、そのネットワークに乗って「闇に光る石」の評判が国中、そして外国にまで広まるように積極的に仕組んだことにある。そして結果として「闇に光る石」がなぜ光るのかという科学的な興味を学者たちの間に巻き起こした。ガリレオ・ガリレイもその1人で、「おなかのなかにいた子どもが生まれるように、光はもともと石のなかにあって光り出す」とボローニア石を観察した記録が残されている。

パデルノの丘で採取される石の主成分は、バリウムのもっとも重要な原料である「重晶石」（硫酸バリウムを主成分とする鉱石）である。ふつうの石の2倍ほどの比重（比重4・5）をもつ重い結晶で、それゆえに重晶石と呼ばれている。

重晶石は、胃のレントゲン検査のときに飲まされるあの「バリウム」（主成分は硫酸バリウムの微粒子）の原料である。意外に日常生活に身近な鉱石なのである。また、地下の油田に向けて石油採掘の井戸を掘るときに、ドリルの先端に重晶石の微粉末の泥水を流し込み、岩盤切削の際の潤滑剤として使われている。石油採掘産業は、重晶石がもっとも多量に使われている市場であるくらいだ。石油漬けの現代文明を支えているキーマテリアルでもあることは、意外に知られていない。大きな比重と結晶の緻密さ、化学的な安定性が高くて無害であり、加えて価格の安さなどが多量に使われる理由である。

ともあれ、そのパデルノの丘のその重い石を光る「ボローニア石」に変えるには、秘密の処方があった。もちろん、錬金術師であったカッシャローロ自身はその処方を書き残してはいない。その処方はボローニア大学の哲学の教授フォルチューニオ・リチェティによって1640年に書かれた論文「燐光石、あるいはボローニア石について（"Litheosphorus Sive De Lapide Bononiensi"）」で明らかにされている。その処方をご紹介しよう。

よく光る「ボローニア石」にするには、当然であるが、まずよい鉱石を選ばねばならない。ぴかぴかしていて、透き通ったような純度の高い鉱石を選ぶことが肝要である。「ボローニア石」に変える方法は二つある。その一つは、鉱石を細かな粉にしてから坩堝に入れて強熱する方法。

二つ目は最初に鉱石を細かな粉にしてから、坩堝に入れて強熱する。ここまでは第一の方法と同じであるが、さらに焼き上がって固まったものを粉砕し、その粉に水と卵の白身を混ぜて平たいケーキ状にする。乾かしたあとで、高炉の中で石炭とそのケーキを交互に置き、ふいごで空気を送り込んで4〜5時間高温で加熱し、焼き固める。石炭とケーキを交互に置くというノウハウが重要である。このようにすると、炉内の温度とガス雰囲気が均等になり、反応が効率よく行なわれる。炉が冷えてからケーキを取り出す。もしも仮焼が不充分で焼き固まっていなかったら、この操作を繰り返す。しばしば3回行なうとよい。仮焼とは加熱することにより揮発性成分をとばして焼き上げ、酸化物や灰にする化学的操作である。このように処理したボローニア石は、明るいところに置いておいたあとに、暗いところに置くと「燃える石炭のように光る」ようになる（図5－3）。

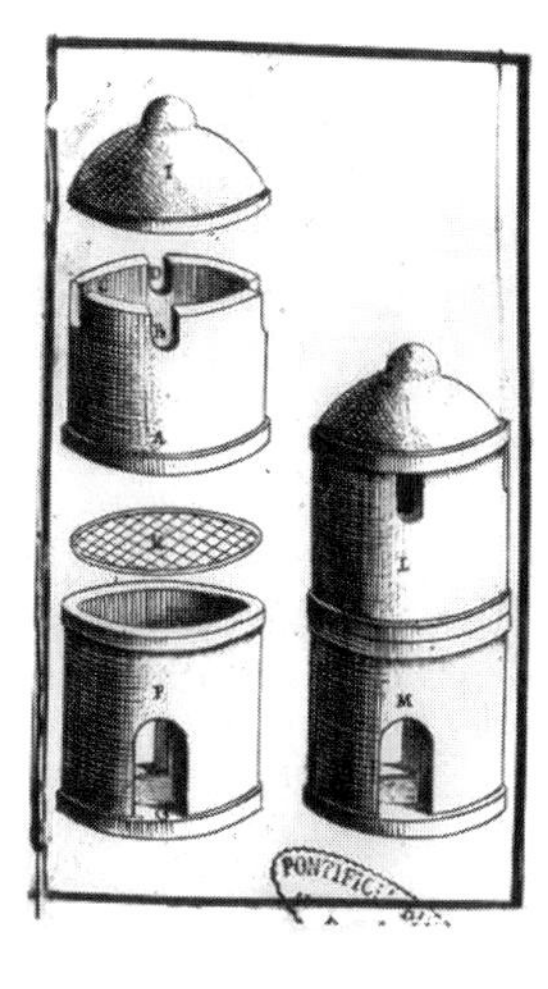

図5-3　ボローニア石の焼成に使われた高炉
ボローニア石の発見者と言われるヴィンチェンツォ・カッシャローロが用いた高炉。彼はこの炉を用いて、パデルノの丘から産出された重い石を光る「ボローニア石」に変えた。[出典：Licetus, F., *The book Litheosphorus Sive de Lapide Bonoriensi*, 1640]

ボローニア石については、科学的で系統的な実験が多数行なわれた。カキ殻（炭酸カルシウム）や硫黄、あるいは他の化合物を加えて焼成し、化学的安定性や発光特性の改良なども行なわれた。よく光るためには、鉄や重金属元素が混入しないように焼かなければならない、という記録も残っている。現在でも、鉄などの遷移金属元素は、発光を阻害する元素として、原料成分中から徹底的に少なくする化学操作が行なわれているが、それは蛍光体製造の基本中の基本とされている。

今日では、ボローニア石は、石炭や木炭が燃焼するために酸素が少なくなった炉のなかで、重晶石に含まれる「硫酸バリウム」が還元（酸化をもつ物質から酸素を奪うこと）されて「硫化バリウム」になり、不純物として含まれる金属元素が発光中心となった、一種の超残光性の蛍光体であると見なされている。

ゲーテの実験

カッシャローロが「闇に光る石」の話をヨーロッパ中に広めてからおよそ180年後、ボローニア石に興味をもった1人に、ヨハン・ヴォルフガング・フォン・ゲーテがいた。ゲーテはいうまでもなく詩人であり、小説家であり、劇作家であるが、後世に大きな影響を与えた自然科学者でもあったのだ。

1786年9月4日、ゲーテは誰にも言わずに突然にイタリアへの旅を決行した。シャルロッテ・フォン・シュタイン夫人との恋愛問題やワイマール公国の枢密顧問官としての政務の雑務から逃れるための、現状からの逃避であったと言われる。その後の人生を一変するほどの旅となったこのイタリア旅行の様子は、彼の書いた『イタリア紀行』に詳しい。

ゲーテは子どものころから自然に対して強い関心を抱いていたが、永住することになる1775年以降のワイマール時代、つまり26歳になってからは研究の対象として、自然の風物に傾倒するようになる。岩石・鉱石にも多大な興味をもち、コレクション・マニアのようになっていた。にもかかわらず、イタリアへの旅の初日には「今度の旅行では石は一切集めないことに決心をした」のである。

しかし翌月の10月20日には、早くもその決心を変える羽目になった。学問と芸術の町ボローニアを訪れたとき、「ボローニア石」のことを知るとさっそく郊外のパデルノの丘まで馬で出向き、「ボローニア石」の原石を持ち帰ったのである。記念のおみやげならば小さな塊1個程度でよさそうなものであるが、彼は8分の1ツェントナー（ドイツの地方によって異なるが、1ツェントナーは約

50キログラム）、つまり、およそ7キログラムもの大量の石を採取した。帰国したのち、1792年ころからその大量の原石を用いて、その石を「闇に光る石」に変えるために、さまざまな条件で実験を行なっている。

この実験の結果は、彼の多くの偉大な著作の中でも特に「人生の中でもっとも重要な著作」とゲーテ自身が位置づけた自然科学分野の大著『色彩論』（1810年）のなかで、詳細に述べられている。20年もの年月をかけて書き上げた『色彩論』は色と光に関する古典中の古典と言ってもよい名著である。彼は、色は人間の感性を離れては説明できないとして、機械論的に説明できるとしたニュートンを徹底的に批判している。自然科学は万能と思われるようになった当時の風潮に警告を発したのである。

ともあれ、実験はうまくいったようで、ボローニア石は橙色に光ると彼は言い、「青いガラスや紫色のガラスによってボローニア石に光が伝えられると、ボローニア石は発光するが、黄色いガラスや橙色のガラスによっては伝えられない。それどころか、紫色のガラスや青いガラスによって発光させられたボローニア石を、そのあとで黄色いガラスや橙色のガラスの下に置くと、暗室の中に放置しておいた場合よりも早く光が消えてしまう」と観察結果を述べている。

この記述にはルミネセンスの重要な二つの現象が観察されている。のちに科学の言葉で語られるようになるジョージ・ストークスの「ストークスの法則」（励起光の波長はルミネセンス光よりも短い波長でなければならないとする法則）と、フィリップ・ルナールによるルミネセンスの「輝尽（きじん）現象[注28]」や「消尽（しょうじん）現象」である。

2　白色蛍光灯が生まれた

蛍光灯とその開発競争

「放電」という現象は人工的な電気がない時代であっても、太古の昔から雷の稲光、オーロラ、セント・エルモの火などの自然現象として知られてはいた。人間の手で放電を確認したのは、定常的に電気を供給する工夫、つまりボルタの電池が1800年に発明されてから以降のことである。そのボルタの電池を2000個もつないで、最初の放電灯であるアーク灯の実験を公開したハンフリー・デイヴィー（第3話参照）はまた、水銀蒸気による放電現象によって紫外線が発生することを見出した人でもある。

水銀蒸気中での放電によって放出される光のスペクトル（波長の分布）は、水銀蒸気の圧力によって変わる。たとえば、1000分の数気圧のような低い圧力では、紫外線領域で鋭い三つのピークをもつスペクトルを示す。ピークの波長はそれぞれ、185ナノメートル、254ナノメートル、365ナノメートルであるが、エネルギーの90％は254ナノメートルの紫外線が占めている。人間の眼に見える青と緑にも弱い発光があるが、このままでは暗すぎて明かりとして利用できない。しかし、発生する紫外線（主として254ナノメートル）によって種々の蛍光体にエネルギーを与え、望む色の光を得ることができる。

一方、さらに水銀の圧力を高めていくと、250ナノメートルの紫外線から可視領域の550ナノメートルの緑色にわたる幅広いスペクトルを示すようになる。可視光領域まで利用するためには、1気圧以上の圧力が必要になるが、紫外線によって赤色に発光する蛍光体を併用すれば、より「白い光」にすることができる。現在では金属ナトリウムの蒸気を利用したナトリウムランプや金属ハロゲン化合物の蒸気を利用したメタルハライドランプが実用になった。これらを総称してＨＩＤランプ（高出力放電灯：High Intensity Discharge Lamp）と呼んでいる。それぞれのＨＩＤランプについては、あとでもう一度説明する。

物質のルミネセンスと紫外線とを結びつけたのは、英国のジョージ・ストークスが最初と言われている。「ルミネセンス」という言葉もストークスによってつくられたのであるが、一連の実験を行なって、彼は「ストークスの法則」（１８５２年）を発見した。「物質に当てる光の波長はルミネセンスとして発生する光の波長よりも短くなければならない」というものである。たとえば赤い光が蛍光として出てくるためには、当てる光は赤い光よりも波長の短い青とか、さらには紫外線でなければならないし、赤い光で青い光は発生しないのである。この話は、すでにゲーテが観察している現象ではあるが、ストークスはゲーテのように観察にとどまらず、自然科学の言葉で、この現象を法則化した。「ストークスの法則」は、エネルギー保存則（エネルギーが物体から物体に移動したり、反応などによって形態が変わっても、エネルギーの総体は変わらないとする法則。あらゆる自然現象を支配する基礎法則の一つ）を考えてみれば至極当たり前なことを言っている。光のエネルギーは波長によって決まり、波長の逆数に比例する。青い光（波長４６０ナノメートル）は赤い光（波長７７０ナノメートル）の１・６７倍もエネルギーが大きい。エネルギーの小さい赤い光によって、エネルギーの大きい青い光をつくりだすことはできない、というのだが、これはルミネセンスの基本法則である。

さらに、電気を用いる放電現象とルミネセンスとを最初に結びつけたのは、フランスのアレクサンドル・ベクレルが行なった１８５９年の実験である。ベクレル一家は著名な学者を輩出した家系であるが、このベクレルは、自然放射能の発見によって１９０３年にマリー・キュリーとともにノーベル賞を受賞したアンリ・ベクレルの父親である。当時、父ベクレルは蛍光現象を研究していて、ガラス管の両端に金属電極を設けた「ガイスラー管」に蛍光体を入れ、その蛍光体を発光させる実験を行なっていた。ガイスラー管は現在でも、真空度をチェックする簡便な装置としてしばしば使用されている。ベクレルは、そのガイスラー管に電圧をかけて真空度を上げていき、放電による蛍光体からの発光状態が変化する状態を観察した。ベクレルの実験で発生したルミネセンスは、電子線による励起であって、水銀による紫外線の励起ではなかったが、しかしベクレルは、蛍光体を用いた最初の電気の明かり、つまり蛍光灯を最初に考案した人物との栄誉を担うことになった。

１８９０年代に入ると、放電による明かりの発明が相次いだ。１８９３年、コロンブスが新大陸を「発見」してから４００年を記念して行なわれたシカゴ万国博覧会で、エジソンと喧嘩別れしたニコラ・テスラが新しい明かりを展示した。高周波電流を外部から与えてガラス管の中のガスを発光させるものであった。

さらに、エジソンの下で働いていたことがあるダニエル・ムーアも、エジソン電球に対抗するエネルギー効率のよい新しい明かりの開発にエネルギーを注いだ。１８９４年に彼が発明した明かりは「ムーア・ランプ」と呼ばれる。窒素と二酸化炭素ガスを封入した放電灯で、ピンク色の光を放った。

放電管にとって重要な不活性ガスも、1894年に英国のウィリアム・ラムジーによってアルゴンガスが発見され、1898年までには空気の中からヘリウム、ネオン、クリプトン、キセノンガスが相次いで発見された。これらの希ガスは20世紀に入って工業的に生産されるようになり、電球に封入されて「明るく寿命の長い白熱電球」を実現したことは、すでに第4話で述べた。不活性ガスは放電管が飛躍的に発展するためにも重要な役割を果たしたのである。

電球よりも効率の高い新しい明かりの開発競争を、エジソンも見逃してはいない。1895年の12月末にドイツのウィルヘルム・レントゲンがX線を発見したという情報を手に入れると、翌年すぐにエジソンはX線ランプをつくった。ガラス管の内面に塗った「タングステン酸カルシウム」蛍光体にX線を当ててエネルギーを与え、青白い光を得るランプである。このランプは電球よりも効率が3倍もよかった。エジソンは長らく蛍光灯の研究を行なっていたが、しかし1910年の手紙には、「蛍光灯の開発プロジェクトは望みがない」と書くほどになった。

1901年に米国のピーター・ヒューイットは、現在の蛍光灯と同じ「低圧水銀ランプ」の特許を取った。この4フィートもの長さの明かりは青緑色で、有機染料の黄色がかった赤色に光る「ローダミンB」を蛍光灯の外側に塗って、より白い光に近づけたものであった。第1話で述べた補色の関係を利用したのだ。ローダミンBは紫外線によってすぐに褪色するため、実用にはならなかったものの、彼は現在の実用的な蛍光灯の創始者と呼ばれている。

1910年にフランスのジョルジュ・クロードによって赤い光を発する「ネオン管」が発明され、1920年にはアルゴンと水銀を用いて、紫外線の放電効率は60%にもなった。さらに1930年代になるとジョルジュ・クロードの従兄弟であるアンドレ・クロードによって蛍光灯の開発が精力的に行なわれ、1938年までには市販されるに至った。

1934年には英国のGEC社（General Electric Companyではあるが、米国のGE社とは関係がない）が、35ルーメン／ワット（lm／w）という効率のよい緑色の蛍光灯に成功している。第3話にも登場した「ルーメン」は光の量を表す単位だが、すべての波長の光ではなく、緑をピークとする、人間の目が感じる可視光領域に規定している。したがって赤から赤外線領域に多くの光を放射する白熱電球は、ルーメン／ワットで表す効率では低い数値になる。

一方、ドイツのレクトロン社のエドムント・ガーマーは、フリードリヒ・マイヤーとハンス・シュパナーとともに1926年、新しい蛍光灯の方式の特許を出願した。この特許は1927年に米国に出願され、じつに13年後の1939年に権利化された。類似の内容の過去の特許があったためであろう。この特許の内容は、「両端に電極があり、かつ不活性ガスと金属蒸気を含む密閉容器中で放電を発生させて、その光を利用するランプ。不活性ガスとはネオンやアルゴン、金属蒸気とは水銀であり、発生した紫外線により容器内の蛍光体にエネルギーを与え、蛍光を発生させてもよい」というものであった。これが、現在の蛍光灯の原理的な構成を示すものである。その意味で、ガーマーらを蛍光灯の真の発明者と呼ぶ人もいる（図5-4）。この蛍光灯は、電子放射の効率のよい電極、そしてタングステン酸カルシウムとケイ酸亜鉛蛍光体とを組み合わせて1932年に市販されるようなる。しかしレクトロン社は蛍光灯事業には積極的ではなく、この特許は米国のGE社に売られることになる。

白色蛍光灯の実現へ

このように蛍光灯の開発は、電球の初期の開発と同じように、フランス・ドイツ・英国などの、主としてヨーロッパの企業で精力的に行なわれていた。白熱電球を初めて開発し、電球産業の覇者(はしゃ)となっていた米国のGE社は、蛍光灯の研究に積極的ではなかった。蛍光灯に対する創業者エジソンの悲観的見方も、その背景にあったのであろう。それにもまして、GE社の主要事業となっていた電球に代わる蛍光灯の開発は、自らの電球事業を食いつぶすカニバリゼーション[注29]になることが目に見えていた。たとえ蛍光灯開発が成功したとしても、新規事業が既存事業を圧迫して既存の売り上げ

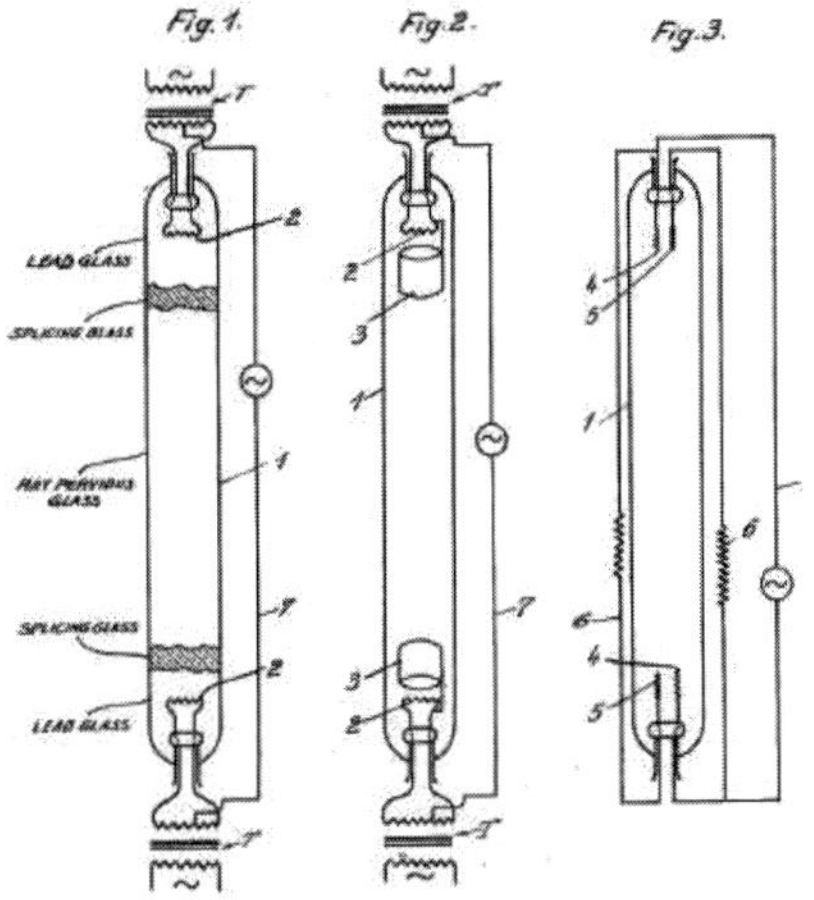

図 5-4　ガーマー特許（USP 2, 182, 732）

この特許は 1926 年 10 月 26 日にドイツで出願され、米国では 1939 年 12 月 5 日に成立している。特許の第一クレームは「二つの固定電極がある放電経路を構成する細長い密閉容器と、その容器の中に放電電流を維持するための希ガスと低電圧で正常な放電を可能にする金属蒸気源を含む光放射ランプ」である。図に蛍光体は表示されていないが、明細書およびクレームの第 27 項で、発生した紫外線で蛍光体を励起させる方法が記載されている。現在の蛍光灯の基本となる特許である。GE 社はドイツのレクトロン社からこの特許を購入し、蛍光灯開発を行なった。

を減らし、さらに新規に獲得できる売り上げが既存事業の減少分より少なければ、企業全体の売り上げが減少してしまう可能性がある。そのような開発は、株主からも、社員からも、批判を浴びる対象になる。市場の大きなシェアを握っている大企業には、自ら苦労して築き上げたヴァリューチェーン(注30)を破壊する新たな挑戦者を無視したり、抹殺しようとする力学が、しばしば働くのである。たとえそれが社内の挑戦者であっても、社外の挑戦者であっても。

しかし、英国のＧＥＣ社で35ルーメン／ワットの蛍光灯が開発されたという１９３４年４月の社内報告は、ＧＥ社を震撼（しんかん）させた。その報告を聞き、のちに蛍光灯開発プロジェクトに参加することになるリチャード・タイヤーの次のような言葉が残されている。

『その驚きを想像してほしい。小数点を1桁間違えているのではないか。正しい数値は３・５ルーメン／ワットと思った。しかしヨーロッパからのさらなる情報ではそれは間違いではなかった』

この話は、３～5ルーメン／ワットであった当時の白熱電球の効率よりも、開発中の蛍光灯の効率が10倍も高いことを知らなかったＧＥ社の驚きを、象徴的に物語っている。ヨーロッパでの蛍光灯開発競争を無視できなくなったのである。直ちにＧＥ社は蛍光灯開発のプロジェクトチームを１９３４年12月にスタートさせることになる。

白熱電球と違って蛍光灯は、電源につなげば明かりとしてすぐに使えるものではない。水銀の放

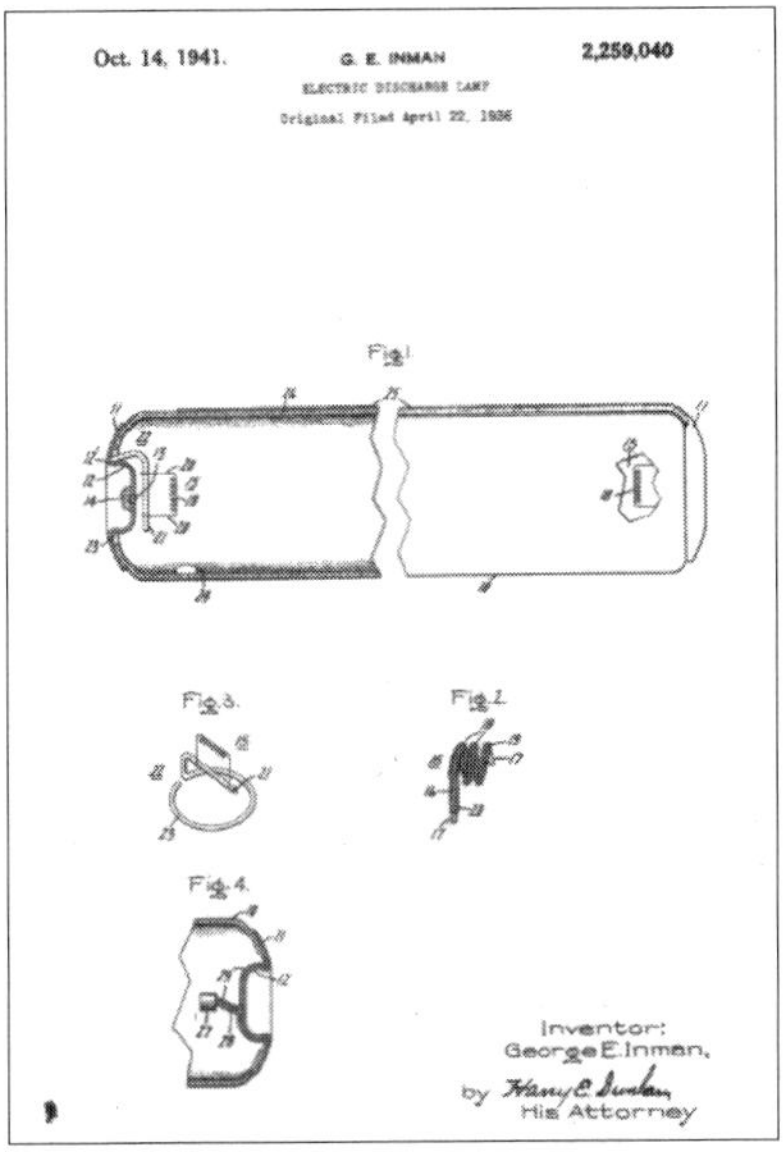

図5-5　インマン特許（USP 2, 259, 040）

この特許は1936年4月22日に出願され、1941年10月14日に公告となっている。第一クレームは「両端に電極を設けた長い密閉された容器の中を水銀蒸気が含まれる気体雰囲気にし、容器の内側に2537 Å（オングストローム）の放射に対して感度が高い蛍光材料の層を設け、1 cm^2 当たりおよそ0.05 A（アンペア）の電流密度に維持して充分な2537 Åの放射を生じさせ、その放射を蛍光材料によって可視光に変換させる気体電気放電ランプの操作方法」である。

電を立ち上げ、安定に保つための特殊な回路（バラスト）や電極の構造などの新たな工夫や、蛍光体の開発も必要である。価格が低下している電球と、コストでも競合しなければならない。

ジョージ・インマンがリーダーとなって蛍光灯そのものを開発すると同時に、蛍光灯を効率よく自動的に生産するための技術開発グループ、蛍光灯に必要なバラストや回路設計の技術開発グループが動き出した。GE社の総力を挙げての大プロジェクトによる開発が始まったのである。

インマンが１９３６年に出願し、１９４１年に権利化された特許（図５－５）は、彼らにとっては基本と言えるものであったが、数多くの強力なライバル特許がすでに存在していた。GE社は18万ドルを出してガーマーらの特許を買い、またアンドレ・クロードの特許なども購入して、技術の溝を埋めていった。そして実用となる蛍光灯開発が成功し、1938年に市販された。

しかし蛍光灯を開発していたのはGE社ばかりではない。GE社と同様にウェスティングハウス社とシルバニア社も、実用となる蛍光灯を開発していた。実用レベルの蛍光灯が市販できる状態になったとはいえ、GE社もウェスティングハウス社も、電球よりも効率のよい蛍光灯の事業化は、彼らの事業全体にとって必ずしも好ましいものではなかった。というのは、蛍光灯が普及すると電力の需要が減り、彼らの主要な事業分野である発電機や電力供給設備の市場が縮小することを恐れたのである。顧客である電力供給業者も、GE社やウェスティングハウス社が自分たちの事業の成長を阻害する新たな製品を開発することを、当然ながら好まない。カニバリゼーションが起こるからだ。そのために、蛍光灯を実用化したものの、その普及に対しては積極的に動かなかった。動けなかったと言ったほうがよい。市場の覇権を握っている大企業は、しばしばそのような状況に置かれる。自ら築き上げたヴァリューチェーンに縛られ、ロックインされてしまうのである。

しかし、シルバニア社は違った。その当時、電球市場では5・5%と圧倒的にシェアが低く、発展の見込みもなかったシルバニア社には、そのような制約はまったくなかった。挑戦者として蛍光灯市場に積極的に参入していった結果、GE社とウェスティングハウス社がほとんどを占めていた市場の隙間を縫って、シルバニア社は20%ものシェアをとるまでに至った。まさに漁夫の利を得たことになる。

このように誕生した蛍光灯は、19世紀のガス灯と同じように、一般家庭というよりもむしろ、エネルギー効率を重要視する工場照明などの産業用の電球市場を代替する形で普及していった。一般家庭までに急速に普及するようになっていくのは、好ましい白い光を放つ次に述べる「白色蛍光灯」が開発されてからのことである。

当時使われていた蛍光体として、赤、緑、ピンク、青、青緑、オレンジなどさまざまな色に発光するさまざまな蛍光体がそれぞれの企業で独自に開発されていた。タングステン酸カルシウム・タングステン酸マグネシウム・硫化カドミウム・硫化亜鉛・ケイ酸亜鉛・ケイ酸亜鉛ベリリウムなどである。白い光を得るには、これらのいろいろな色に光る蛍光体のなかから数種類を選び出し、混合して用いる必要があった。しかし、混合物を用いるよりも、一つの蛍光体で白い光を発生させるほうが望ましいことは言うまでもない。製造も容易になるうえに、劣化によって複数の蛍光体からの発光色のバランスが崩れる心配もない。しかし、白い光を得るためには、可視光のすべての波長域の光が混じり合わなければならない。当時は、そのような広い波長に発光する蛍光体は、存在しなかった。

夢のようなその蛍光体を開発したのは、優秀な研究陣を擁していた英国のGEC社であった。1942年にアルフレッド・マッキーグらは、画期的なハロリン酸カルシウム蛍光体(注31)を開発した。この蛍光体はハロリン酸カルシウム結晶のなかにアンチモンとマンガンが微量に添加されているものである。アンチモンが青色領域に発光し、同時に赤色がかった橙色にマンガンが発光するために、それらが混じり合って可視光全域の発光となり、白い光になる、というきわめて巧妙な工夫がなされていた。

アンチモンとマンガンの配合割合をコントロールすると、赤みがかかった白色から青みがかった白色まで、色温度でいうと２７００～６５００Kまでの光を、一つの蛍光体で自由に実現することができた。そのうえ、原料となる主要素材が炭酸カルシウムやリン酸カルシウムであって非常に安価であり、かつ非常に生産しやすかったのである。この蛍光体を用いた蛍光灯は１９４６年に市販された。改良が続けられた結果、40ワットの白色蛍光灯の効率は１９５４年の60ルーメン／ワットから１９７０年には80ルーメン／ワットに向上した。マッキーグらがハロリン酸カルシウム蛍光体という大きな技術革新をしたことによって、蛍光灯は第三の「白い光のイノベーション」になったと言っても過言ではないであろう。

１９７０年代の初めになると、波長４５０ナノメートルの青、５５０ナノメートルの緑、６１０ナノメートルの赤に狭いピークをもつ蛍光体を用いれば、白色蛍光灯の効率がさらに向上することが理論的に示された。光の三原色がそろうのだから、当然ながら、演色性（ものの色を忠実に再現できる度合い）が悪いというハロリン酸カルシウム蛍光体の欠点も、大幅に改良される。

この蛍光体の開発には、カラーテレビの急速な普及に伴って行なわれていた新規な蛍光体の研究が大いに役立った。ブラウン管型カラーテレビには、電子線にエネルギーを与えられて赤・緑・青の三原色に発光する3種類の蛍光体が使われるからである。

第二次大戦後には、元素分析技術や物質を高い純度で分離する技術が発達したため、複雑な化合物として採掘されることの多い希土類元素を単独で供給することが容易になった。また、高性能の磁石や第6話で取り上げるレーザーのように、さまざまな希土類元素を用いる製品が開発され量産されるようになったので、採掘されたものの余ってしまう希土類元素が減ったことも、高価であった希土類元素のコスト引き下げに貢献した。そのような事情もあって希土類元素を応用した蛍光体技術の進展が加速されたのである。

1973年にオランダのフィリップス社で開発された3種類の希土類蛍光体を用いた「三波長蛍光灯」の効率は90ルーメン／ワットになった。従来の蛍光灯に比べても効率が大幅に向上した。つくりだせる色の自由度も大幅に改善して、ほぼ理想的な白い光を実現できた。三波長蛍光灯には希少な希土類元素が使われているため、原料コストが高く、したがって蛍光灯の価格も高くなるが、一方で、効率がよく、演色性も向上し、さらに使用する水銀量も減らすことができるので環境への負荷も相対的に低くなり、従来のハロリン酸カルシウム蛍光体を用いたそれまでの蛍光灯を徐々に置き換えていった。

さらに1980年になって、従来見慣れていた長尺や円形の蛍光灯に加え、フィリップス社によって、白熱電球と同じソケットに直接取り付けられるコンパクトな電球型の蛍光灯が開発された。既存の電球用の機器や器具に直接取り付けることができるので、蛍光灯を普及させるためのスイッチング・コスト(注32)を大幅に下げることができた画期的なアイディアである。電球型蛍光灯は白熱電球と同じ明るさで消費電力は4分の1になり、寿命が長く、蛍光体の選択によって色温度を自由に設計できるために、白熱電球を置き代えていった。エジソンがガス灯システムを徹底的にベンチマークして、白熱電球に取り入れたソケットという工夫とその丸っこい電球形状は、次のイノベーションである蛍光灯にも継承され、まさにドミナント・デザインとして歴史に残ったのである。

放電灯の発展

放電灯はデイヴィーによって最初に作られた炭素アーク灯の直系の子孫であり、蛍光灯の親戚筋にもあたる明かりである。蛍光灯以外の放電灯、つまり水銀灯、ナトリウムランプ、メタルハライドランプなどは、総称してＨＩＤランプ（高出力放電灯）と呼ばれるようになった。一般家庭に使われることはなかったものの、発光効率がよく、高い輝度を持つため、屋外や産業界で広く使われるようになり、蛍光灯とは違う独自の発展を遂げてきた。

高圧水銀灯は、紫外線の他に可視光領域に紺色（波長４０４・７ナノメートル）、青（波長４３５・８ナノメートル）、緑（波長５４６・１ナノメートル）、黄色（波長５７７・０、５７９・１ナノメートル）の鋭いピークをもつ。緑色がかった青白い光である。演色性は悪く、いったん消したら再び点灯するまでの時間がかかるなどの欠点があるものの、50～60ルーメン／ワットと効率がよい上に、電球や蛍光灯では実現困難なほどの強力な光を出すことができる。そのため、街路やスタジアムなどの公共用の照明に使われてきた。野球場や運動場などの夜間を照明する「カクテル光線」といわれていた青白い光は高圧水銀灯である。現在では、特殊な用途を除き、高圧水銀灯は後継者であるメタルハライドランプに置き換わりつつある。

キセノンランプは不活性ガスであるキセノンのアーク放電発光を利用している。紫外から赤外にかけての広いスペクトルをもっていて、メタルハライドランプが登場するまでは、太陽からの白い光にもっとも近い光源として使われた。１９６０年に発明された「ルビーレーザー」（赤色の可視光を出す初めてのレーザー。レーザーについては第６話参照）にも使われたし、写真撮影に使われるフラッシュランプ（ストロボ）もキセノンランプである。

メタルハライドランプは高圧水銀灯の効率のよさと高出力の輝度を維持しつつ演色性を改善した明かりである。現在の放電灯の中ではもっとも太陽に近い白い光を放ち、もっとも明るい明かりとなった。ガラスの発光管のなかに金属元素（ナトリウム、リチウム、タリウム、インジウム、希土類元素など）とハロゲン元素（ヨウ素、臭素など）からなる化合物を封入している。これらの金属ハロゲン化物（メタルハライドという）は、電極間のアーク放電（約５０００K）で金属原子とハロゲンに分かれ、金属特有のスペクトルを放射する。金属原子とハロゲンは温度の低い発光管の内側で再び結合して金属ハロゲン化物に戻る、というサイクルを繰り返す。ハロゲンランプにおけるハロゲンサイクル（第4話参照）と似たような巧みな仕掛けがなされているのである。

メタルハライドランプは高出力で80～１００ルーメン／ワットと高い効率をもち、金属ハロゲン化物を何にするかによって、さまざまな色の光を設計できる。このために、自動車のヘッドランプ、液晶プロジェクターの光源、街路や公共施設など急速に用途が広がっていて、HIDランプの代名詞になりつつある。

ナトリウムランプは、ナトリウムの蒸気圧が低いときは黄色（５８９・０ナノメートル、５８９・６ナノメートル）の強い鋭いピークをもち、ナトリウムの蒸気圧を上げていくと、スペクトルは可視光の領域に広がって、黄白色の光となる。低圧ナトリウムランプは単色ではあるが、現在もっとも効率の高いランプで、１７０～２００ルーメン／ワットに達している。高速道路の夜の照明やトンネルに入ると突然に目に入ってくるあのオレンジ色の明かりである。昼間の太陽の光では黄

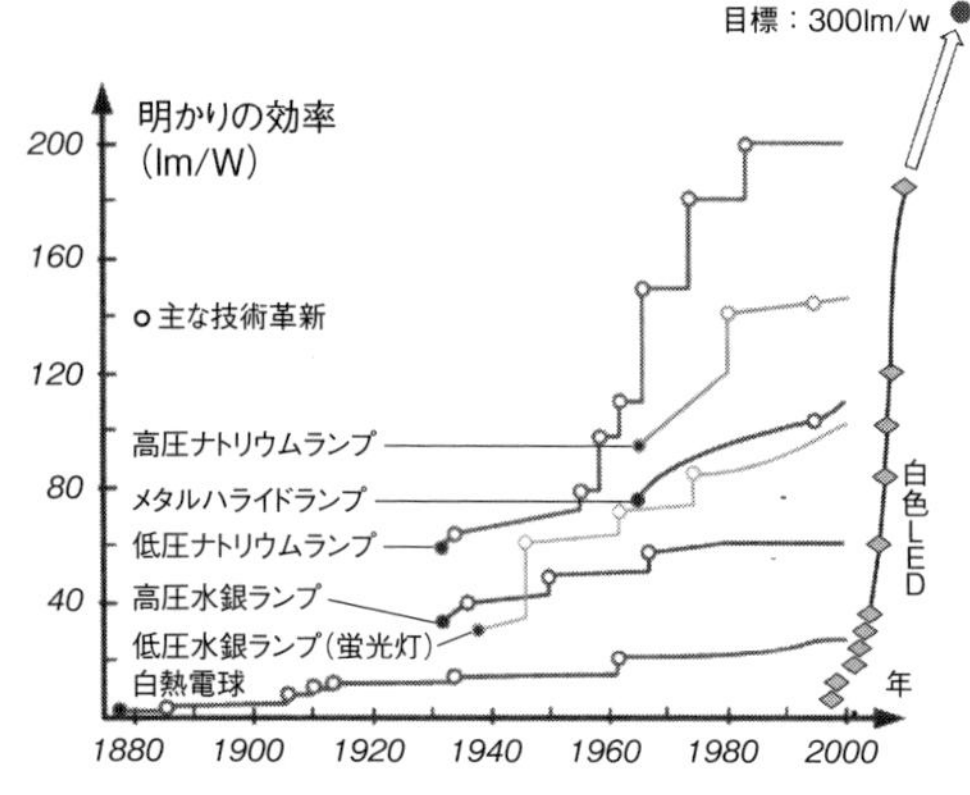

図5-6　明かりの効率（ルーメン／ワット：lm/W）の推移

電球の開発競争が始まってから200年。電球はハロゲンランプによって明かりの効率は向上したものの、投入された電気エネルギーの90%は眼に見えない熱として消費されている。蛍光灯を含む放電灯の明かりの効率は低圧ナトリウムランプによって200 lm/Wにまで向上した。1996年に登場した白色LEDはさらにその低圧ナトリウムランプを超える勢いで毎年のように効率が向上している。

色く見えていた追い越し禁止の黄色い線がトンネルに入ると突然に白く見える経験をよくするものだが、照明光によって色が違って見える典型的な例である。高圧ナトリウムランプになると、低圧ナトリウムランプよりも効率が低くなるとはいえ、120～140ルーメン／ワットも高い効率をもっていて、演色性は悪いものの、寿命が長いために、広場や工場、体育館などの広い場所での照明として使われている。

技術の流れ全体を俯瞰して眺めるためにも、放電灯のランプ効率がどのように進展してきたのかを、200年にわたる電球の歴史とともに見てみよう（図5-6）。電気の明かりの効率は1879年のエジソン電球のわずか数ルーメン／ワットから始まった。ハロゲン・サイクルという巧みな技術を使って白熱電球は最高までに輝くようになったが、投入される電気のエネルギー90%以上が熱になってしまうという明かりの効率の低さは変わっていない。白い光の明かりとしては、放電灯としてはもっとも新しく登場したメタルハライドランプと、改良が進んだ白色蛍光灯はおよそ10

0ルーメン／ワットに達した。黄色い光であるが、もっとも効率がよいとされてきた低圧ナトリウムランプは200ルーメン／ワットにまでなっている。この図には、次の第6話に述べる1996年に登場した白色発光ダイオード（LED）の明かりの効率の推移をも合わせて示している。現在では従来の記録保持者であった低圧ナトリウムランプを超える勢いで、毎年のようにその記録を塗り替えている。

放電灯であるHIDランプは効率が高いのではあるが、超小型にできなかったり、点灯や再点灯に時間がかかったり、光源そのものがきわめて明るくまぶしすぎ、明るさの調節が難しいという炭素アーク灯以来の使い勝手の悪さがあり、また同じ放電灯である蛍光灯と比べてもはるかに高価であることなどの理由で、一般家庭にまで普及することはできなかった。

3　研究開発の定石──「リニアモデル」

中央研究所の時代

蛍光灯は1938年にGE社によって開発され、発明者はインマンであると言われる。しかしそれは必ずしも正しくはない。エジソンが炭素フィラメント電球の開発競争の最後に登場したように、GE社もまた蛍光灯開発競争の最後に登場した。インマンはこのGE社の開発プロジェクトのリーダーであった。GE社は、他社の特許を買収し、組織の総力を挙げて実用技術として完成させた。このように20世紀に入って行なわれた蛍光灯の開発は、以前の電球の開発と違い、最初から企業に属する研究部門が活躍した。それは発明における研究開発のシステムが大きく変わったからである。では、何が変わったのだろうか。

主として19世紀に行なわれた白熱電球の研究は、エジソンやスワンのように名前が特定できるような個人の発明家によるところが大きかった。彼らはアイディアを思いつき、実験を行ない、試作品をつくって、そして特許を取った。彼らは天賦の特異的な才能をもっているものの世間的な常識に疎く、発見したり発明することには全力を挙げて没入するが、発明の事業化に対してはほとんど関心がないのが一般的であった。特許を企業に売って活動資金を得て、つぎの研究テーマに挑戦するほうを好んだ。発明から事業化まで行なったウェルスバッハやエジソンは、多くの個人の発明家たちのなかでも例外的な存在であった。エジソンは特許を企業に売り込むと同時に、特許を武器にして戦略的に戦うために特許弁理士を雇い、発明の製品を効率的に生産し、事業化するために専門家を雇った。

個人の発明家によって創造された発明の事業化は、特許を買った企業が行なった。19世紀当時の米国では、大企業であった遠距離通信会社や鉄道会社などのサービス業ばかりでなく、一般の製造業であっても技術を開発するための研究活動を自らは行なわなかった。研究開発の外部化、発明の外部化が一般的であったのである。

研究活動を企業内で行なうための組織が米国で最初にできたのは、１８７５年のペンシルヴェニア鉄道会社と言われる。もっとも、ペンシルヴェニア鉄道の研究所は、鉄道会社が必要とする種々の資材の標準化の研究をしていたのであって、鉄道会社に技術革新を起こしたのは企業内の研究組織ではなく、本書にも何度か登場したウェスティングハウスのような独立した発明家であった。ペンシルヴェニア鉄道会社が自社で特許を取ったとしても、それは自らを守るための防衛として使ったのである。

しかしながら19世紀の終わりころになると、電信による遠距離通信産業、発電機・電動機などを利用した電気産業、化学肥料や染料・医薬などの化学産業が興隆しはじめる。これらはいずれも、当時の最先端の科学の知識を基盤とした技術であった。企業も発明を外部に依存するのではなく、技術を自ら開発する必要に迫られるようになる。

そのような状況に際して、米国企業が見習うべき手本となったのは、ドイツにおける研究開発システムであった。ゲーテのいたワイマール公国のように諸邦連立の状態だったドイツは、普仏戦争（1870―1871年）の勝利によって初めて統一され、プロイセンを主軸にドイツ帝国が成立した。以後、挙国一致体制をとるようになる。国家の経済発展と軍事力の増強、ひいては国家安全保障の重要な施策の一つとして科学と技術開発の振興が認識された。大学における研究、公的な研究機関による研究、企業における研究の、今日で言う「産官学」の融合した体制が、強固につくられていった。

19世紀の終わりころまでに、化学の領域ではバイエル、ＢＡＳＦ、ヘキストなどの大企業、電気の領域ではジーメンスなどが中央研究所をつくり、大学で博士号を得た研究者を配置して、研究活動を内部化して大きな成功を収めるようになった。

20世紀に入ると、ドイツのシステムを真似て米国でも、多くの企業の内部に研究組織がつくられていく。電気のＧＥ社、通信の米国電信電話会社（ＡＴ＆Ｔ）、化学のデュポン社、写真のイーストマン・コダック社などである。これらの企業が研究組織を内部化しようとした動機は、社外の挑戦者たちからの脅威によるところが大きい。

第一次世界大戦が始まると、化学製品のほとんどをドイツに依存していた米国は危機に陥った。ドイツからの化学薬品や医薬などの輸入が止まったために、ドイツ企業の工場の没収や特許を没収し、高額の関税をかけて国内の産業を保護したが、同時に多くの企業が内部に研究組織をつくるようになっていった。

ＧＥ社が科学の知識を利用してその成果を自社の製品技術に役立てる目的で中央研究所（ＧＥＲＬ）を設立したのは、１９００年である。

当時ＧＥ社は、エジソンの発明になる炭素フィラメント電球事業により莫大な利益を上げていたものの、しかし一方で、明かりに関する挑戦者たちとの技術開発競争にさらされていた。エジソンの基本特許もすでに切れていた。白熱ガス灯は炭素フィラメント電球よりも明るく白い光を放ち、電球の普及を遅らせるライバルであった。そのうえに、電球よりも効率が高い「放電灯」の実用化が迫っていた。本命である電球に関しても、炭素フィラメントに代わる金属フィラメントが他社によって開発されたならば、金のなる木である電球事業の多大な損失を免れないことは目に見えていた。金属フィラメントの研究ではＧＥ社は、ドイツのジーメンスやオーストリアのウェルスバッハなどのヨーロッパの技術レベルにはるかに立ち遅れていたのである。

ＧＥ社は、まずマサチューセッツ工科大学（ＭＩＴ）からウィリス・ホイットニーを引き抜いて研究所長にする。所長になった彼は、大学から優秀な研究者を次々と採用していった。ＭＩＴの助教授であったウィリアム・クーリッジは１９０５年にＧＥ社に招かれ、第４話でも述べたように、タングステン・フィラメントの開発に成功し、金属フィラメントの激しい開発競争に勝利した。また、コロンビア大学を卒業してからドイツのゲッチンゲン大学で学位をとったアーヴィング・ラングミュアは基礎科学の知識をガス入り電球の発明に結実させ、ＧＥ社の電球事業を揺るぎないものにした。社内の研究所はＧＥという大企業を守ったのである。

それればかりではない。タングステン・フィラメントは、無線通信・ラジオ・テレビ時代の幕開けとなるキーデバイス、真空管の重要な基礎技術になった。真空管が巨大産業をつくりだしたのは、あらためて言うまでもない。ラングミュアは「界面化学」への貢献によって、１９３２年にノーベル賞を受賞する。さらに蛍光灯の開発においても、ＧＥ社は企業の総力を挙げて基礎から応用、さらには生産技術に至る多様な研究者や技術者を一つの目的に向かって総動員して、短期間に実用技術として完成させた。

このような状況は、他の米国企業でも同じであった。企業内部の研究組織が成果を挙げるにつれて、科学の研究によって基礎をつくり、それを革新技術に仕上げ、独占的な商品に仕上げて多大な利益を生む、というプロセスが認知され、常識となっていった。これを研究開発の「リニアモデル」と言う。

リニアとは基礎研究（科学研究）→応用研究→開発→生産→販売という一方向の流れを意味している。中央研究所はその象徴であった。19世紀の個人の発明家の時代から、企業内部の研究組織に

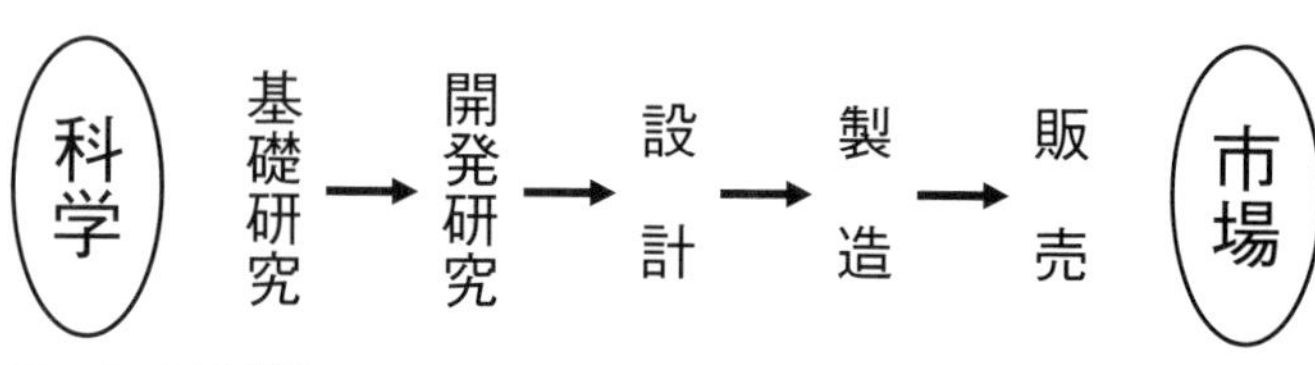

図5-7　研究開発のリニアモデル

リニアモデルの理念は、「世界に通用する基礎的な研究を行なえ。そうすれば重要な新製品を見出すことができ、商品化して大きな利益が上げられる。なぜならその商品を完全に独占できるから」とのデュポン社の経営陣の言葉に象徴される。そして中央研究所はリニアモデルのシンボルとなった。リニアモデルは生産方式の革新である「フォーディズム」と組み合わされて、われわれが享受する近代工業社会の大量生産・大量消費・大量廃棄時代を築いてきた。現在はリニアモデルに代わる研究開発プロセスを模索している時代といえるが、リニアモデルは今なお多数の人々や組織に潜在意識となって深く浸透している。

属している発明家の時代へと、大きく変わってきたのである。デュポン中央研究所のウォレス・カロザースによる、初の合成ゴム「ネオプレン」の発明（1930年）や初の合成繊維ナイロンの発明（1935年）は、リニアモデルを神話化した。『世界に通用する基礎的な研究を行なえ。そうすれば重要な新製品を見出すことができ、商品化して大きな利益が上げられる。なぜならその商品を完全に独占できるから』とのデュポン社幹部の言葉が残っている。リニアモデルは企業における研究開発プロセスの定石になっていったのである（図5-7）。

さらに第二次世界大戦後の米国では、1945年に米国科学研究開発局の長官ヴァネバー・ブッシュが提出したレポート『科学——果てしなきフロンティア』によって第二次のリニアモデルのブームが引き起こされることになる。特にソ連（当時）との冷戦下でそのブームに拍車がかかった。

研究開発のリニアモデルの背景には、技術は科学の応用であり、科学から技術に向かう一方向の流れがあっても、その逆はない、という考え方、つまり、暗黙のうちに技術よりも科学のほうが価値が高いとする科学優先主義がある。この考え方は、研究開発のための組織が存在することの意味やその活動を正当化するための説明原理としても、また研究費を請求するときの理屈としても、有利に作用してきたのである。

米国に遅れて日本の企業においてもが中央研究所の設立ブームになり、国公立の研究組織が再編されはじめた1960年代に、一方、米国ではリニアモデルに対する疑問が湧きはじめていた。そして1970年代から80年代にかけて、リニアモデルの象徴としての中央研究所が、最初は米国で、遅れて日本で次々と廃止されていったのは、それほど古いことではない。リニアモデルのような一方向の流れよりは、研究開発・生産・市場を有機的に結びつける新たなモデルのほうが、企業の研究活動には望ましいと思われるようになったのだ。

しかし現在の企業活動においても、リニアモデルはなお大きな影響を及ぼしている。何気なく使っている「研究開発」という言葉自体も、じつはリニアモデルを暗黙のうちに肯定している。基礎的な「研究」があって、そのあとに応用としての「開発」があるのだ、という考えが、前提としてあるからだ。企業のなかに研究所があって、開発部があって、製造部があるという組織のありようも、このリニアモデルに沿っていると言える。

大量生産時代を支えたシステム

「フォード紀元」という言葉をご存じだろうか。象徴的に言えば、今日の大量生産時代はＴ型フォードの生産開始の年に始まる。キリスト紀元１９０８年である。しかしオルダス・ハクスリー(注33)に言わせると、その年は、それまでの社会を変え、未来にわたって影響を及ぼしていく科学技術万能で、物質万能の大量消費社会という「すばらしい新世界」が誕生した「フォード紀元」の元年にあたる。リニアモデルが誕生したほぼ同じ時期である。

フォードは専門化された組織による分業化を徹底させると同時に、標準化された互換部品を徹底的に多用し、ベルトコンベアによる流れ作業の組み立て工程をつくりあげ、大衆自動車であるＴ型フォードを製造した。このものづくりの特徴は、均一な品質の商品を低価格で大衆に供給することにあった。「フォード紀元ゼロ年」の１９０８年に８５０ドルであったＴ型フォードの価格は、１９２４年には２９０ドルまでに低下し、それまで金持ちのおもちゃであった自動車を大衆の足にしたのである。フォードのこのプロセス・イノベーションは、新規な商品の新規な製造方法という枠を越えて、その考え方は人々の生活や社会、経済に大きなインパクトを与えた。以前はなくて済ませることができた高嶺の花の商品も、大量に安く供給されることによって、なくてはならない生活必需品に変化した。このイノベーションはのちに「フォーディズム（Fordism）」と呼ばれるようになっていく。

大衆消費社会がまだ未成熟な時代には、市場のニーズは明確であった。画期的な技術を作り、低価格の製品を供給すれば、大きな市場を開拓することができた。大量生産を必要とする生活必需品になっていくからだ。自動車はもちろんのこと、白熱電球も、白色蛍光灯も、ナイロンも、ネオプレンゴムも、トランジスターもそうであった。「リニアモデル」によって市場に生活必需品となる商品を研究開発し、「フォーディズム」によってその商品を効率的に生産し、市場に送り出す技術優先のシステムは20世紀のはじめにはじつに適していたのである。そして大量生産・大量消費・大量廃棄の大衆消費社会が始まった。科学と技術は輝かしい未来を約束していた。地球は無限のキャパシティを持っていると誰もが信じて疑わなかった。

同じものではなく、人と違うものが欲しいと言う欲求が人々から出始めたのは、消費者に「生活必需品」がほぼ行き渡った１９７０年代の頃からである。市場ニーズが次第に潜在化し、大量生産でコストの安い同一の製品を作り出す「フォーディズム」にかげりが見えてきた時代である。多品種であるにもかかわらず、安いコストで大量生産する日本型のものづくりシステムへの変化が同じ１９７０年代に起こったことは偶然ではない。このプロセス・イノベーションは「フォーディズム」に代わるものづくりシステムとして、世界の人々の生活や社会、経済に大きなインパクトを与え、「トヨティズム（Toyotism）」と呼ばれるようになった。

それでもその時代は、人々は「何が欲しいか」と問われれば答えられる「何か」が意識されていた。その「何か」に応えるには自然科学的な数値で表された「特性値」がもっとも有効であった。「理性」と「感性」との対比で言えば「理性的価値」と言ってよいであろう。クルマで言えばスピードとか、燃費と言った数値であり、明かりで言えば明るさ、演色性、エネルギー効率といった数値である。

自然科学をベースにする数値的な表現は、時代・地域・年齢・性別・民族・宗教を問わず、共通の理解が可能である。西洋キリスト教社会で生まれた自然科学の言葉で語られる「科学技術文明」が人類史上初めての地球規模の統一された「文明」となった理由も、普遍的なわかりやすさである。当然ながら大量生産時代の商品の研究開発の目標は数値で表される「価値」をいかに高めるかであった。

人々が「求めるもの」

20世紀が終わりに近づき、大衆消費社会が次第に成熟するにつれて、人々は自分の「求めるもの」が何なのかを答えられなくなってきた。市場ニーズが潜在化したのだ。市場調査をしても将来のニーズがわからなくなったとか、革新的な技術を作ってもニーズを満たすことができなくなってきたとの事実は、この時代の一つの表現に他ならない。大量生産し、大量消費してきた時代に有効であった商品の「価値」を表す好ましい数値は、技術の進歩によって次第に進化していくものの、限界に近づいていく宿命を負っている。自動車で言えば400キロメートル/時のスピードはふつうは必要ないし、燃費もゼロになることはない。明かりで言えば、一般家庭では水銀ランプのような明るすぎる明かりは不要である。それよりも使って心地よいとか、美しいとか、地球の環境にやさしいといった数値では表せない「何か」が求めるものの中に入ってきた。

自分でもよくわからないその「何か」は突き詰めれば、個人ごとに違い、対象によっても、場面ごとにも、また時間経過によっても、その何かは違っている。その何かは、結局は社会的かつ文化的な「場」の中ではぐくまれてきた個人の美的な感覚や調和的な感覚からなる価値であって、「感性的価値」と言ってもよいであろう。理性的価値が「生きていくために便利と感じさせてくれる価値」ならば、「感性的価値」は「生きていくことを幸せに感じさせてくれる価値」であろう。「感性的価値」はきわめて多様性に富み、数値で表される絶対的な「理性的価値」とは本質的に異なる。重要なことは「理性的価値」は実用上の限界があるが、「感性的価値」には本質的に限界がないことだ（図５－８）。

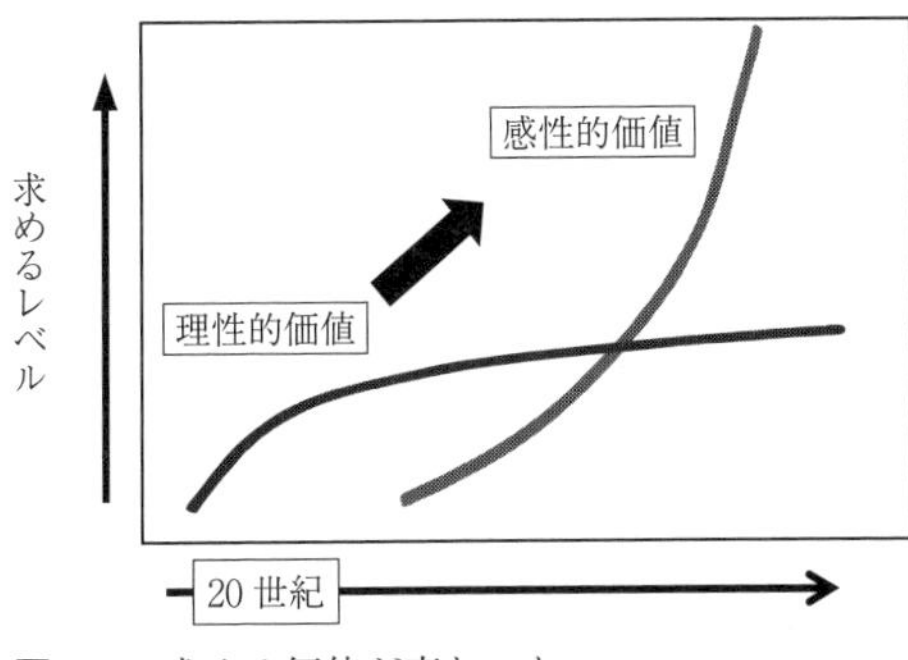

図5-8　求める価値が変わった
20世紀の初め、大衆消費社会がまだ未成熟の時代は「生活必需品」となる商品を低価格で供給すれば、大きな市場が開拓できた。商品は数値で表現できる「理性的価値」で他と比較された。生活必需品が満たされるようになると「感性的特性」を求める人々が生まれ始めた。数値では表現できにくい個人的な美的な感覚や調和的な感覚から生まれる価値である。「理性的価値」は求めるレベルに自然科学的な限界があるのに対し、「感性的価値」にはその限界がない。近年になって、求めるものが自分でもわからなくなったとの感覚にはこのような背景がある。

「何かが欲しい」と何かを求めようとしたとき、心の状態はふだんよりも活性化（通常の安定状態よりもエネルギーが高くなっている状態）され、不安定な状態になっているであろう。その「何か」がはっきりしている場合、それを手に入れれば満足し、エネルギーは解放され、心はもとの安定状態に戻る。しかし自分でもその「何か」がはっきりわからない場合は、手に入れても、それが本当に欲しかったものであるかどうかは確信がない。だから、心の状態は活性化されたままになっている。安定を求めて、その「何か」を探し求める旅が続くのだ。

自分の欲しいものが何なのかを明確に答えられなくなってきたという近年の状況は、これまでの地球は無限であると思考してきた大量生産・大量消費・大量廃棄型の社会から、地球は有限であると思考して環境保護・資源維持型の新たな社会を目指そうする変化と無縁ではないであろう。それに加えて、物理学や化学を主体にしたこれまでの自然科学とは違う「情報科学」や「生命科学」という新たな自然科学[(注34)]が20世紀半ばに誕生して、それが現実の社会に大きな影響を及ぼすようになってきたと多くの人たちが実感している状況とも、また無縁ではないだろう。

20世紀も終わり頃になってリニアモデルが見直されて中央研究所が廃止され、19世紀の企業と同じように再び研究開発を外部化しようとするうねりも、その中にある。たとえば、バイオ技術やIT技術、あるいは特殊分野に特化したベンチャー企業や大学や公共的な研究組織が、19世紀の発明家に代わって革新技術を担い、その知的財産を大企業が購入するという構図、すなわち一部の産業分野では研究開発の外部化が試みられるようになってきているのだ。

画期的な革新技術を自らつくりだしてイノベーションを起こすよりは、ユーザーの求める課題を総合的にシステム的に解決するほうがイノベーションを効率的に起こすことができると考え始めている。言い換えれば、技術を中心とした方法論ではなく人や社会を中心とした方法論に変えていこうとする動きであり、リニアモデルのように一直線ではなく、あちらこちらとからみ合いながらつながりをつくって解決していこうとするうねりだ。

以上は先進諸国と言われている国々の話である。このプロセスのどこまで進行しているのかとの問題は、それぞれの国で産業の発展段階や、その国の置かれた文化的や社会的な環境条件によって、マクロ的には国や地域のレベルから、ミクロ的には企業や個々の商品のレベルによっても違うだろう。現在でも生活必需品が満たされない状況は発展途上国と呼ばれる国々で日常的に見られる。これまでと同じような大量生産・大量消費・大量廃棄型の社会を指向する国々は直ちにはなくならないだろう。しかし新しい時代が動き始めていることは確かである。

第6話　量子の白い光——白色発光ダイオード

20世紀も半ばになると物質の構造、電子や光子の理解がさらに深まり、人類は自然には存在しない光である「レーザー」をつくりだした。ほぼ同時に、半導体材料を利用した発光ダイオード（LED）の開発もスタートした。電球や蛍光灯とは違う「固体の明かり」である。激しい開発競争を経て、赤色から緑色までのLEDは実現したが、しかし実用レベルの青色LEDの実現だけは、21世紀になってからであろうと予測されていた。しかし、その予測は日本の日亜化学工業によって破られた。世界中が驚いた。1993年のことである。

光の三原色の赤、緑、青の3個のLEDを使えば、白い光が実現する。誰もがそのように思った。しかしまもなく、日亜化学はたった1個のLEDでそれを実現した。青く光るLEDで蛍光体を黄色く発光させ、青色と黄色の補色の関係を利用して白い光をつくったのである。1996年のことである。

この白色LEDは一般の照明用として使われるであろうが、しかし自動車のヘッドライトにまで使われることはないとの当時の予測は見事にくつがえった。現在、このシンプルな白色LEDは従来の光に代わり、あるいは新たな用途で、世界中で急速に広く使われはじめている。白色LEDは第四の「白い光のイノベーション」になったのである。

日本の無名の小企業が世界の名だたる大エレクトロニクス企業との青色LED開発競争に勝利した背景には、イノベーションの源泉である「辺境効果」が有効に機能していた。「中枢」は自らのパラダイムに捕縛（ほばく）され、「辺境」は「中枢」のパラダイムにとらわれない自由な立場に立つことができる。白色LEDはその「辺境」で異種の技術を巧みに融合させた技術開発の典型例と言えよう。

1　神が作り忘れた光——レーザー

レーザーとは

レーザー（Light Amplification by Stimulated Emission of Radiation：LASER）は、いまではCDやDVDのプレーヤーをはじめとして、じつに多方面に使われている。しかし実際に眼にすることができるのは、また実際に手にしてレーザーを使うのは、講演などでしばしば使われるペンライトのようなレーザー・ポインターくらいであろう。パソコン・プロジェクターで投影される画像を指し示す、まっすぐに進む非常に明るい赤い光である。最近では緑色のレーザー・ポインターも市販されるようになったが、「半導体レーザー」を使った赤色レーザー光が圧倒的に多い。ロウソクや電球、蛍光灯あるいは太陽の光、つまりレーザーが出現する前の光とレーザーの光との最大の違いは、まっすぐ進む非常に明るい「鋭い光」にある。言い換えれば、波長の幅が極端に狭い単色性、著しく高いエネルギー密度、きわめて高い指向性を持つことだ（図６－１）。その例を示そう。

１９６９年7月20日午後4時17分39秒、アポロ11号は初めて月面に着陸した。「ひとりの人間にとっては小さな一歩だが、人類にとっては偉大な一歩である」とコメントしたニール・アームストロング船長に続いて、月着陸船操縦士のバズ・オルドリンも月面に降りた。彼らは地震計、太陽風の実験装置などに加え、反射鏡を月面の「静かな海」に設置した（図６－２）。反射鏡といっても、ただの鏡ではない。「コーナーキューブ」あるいは「コーナーリフレクター」といって、どのような方向から入ってきた光であっても、入ってきたのと同じ方向に正確に送り返す鏡だ。現在では角度で０・１秒、つまりおよそ０・０００００３度という高い精度で、３つの鏡が90度に組み合わされている。アポロ11号が設置した鏡は、溶融石英ガラス製の１００個のコーナーキューブ・プリズムを2次元に配置したものだ。身近にある例は、ガードレールに取り付けられているクルマのヘッドライトを反射させるプラスチック製の赤い色の

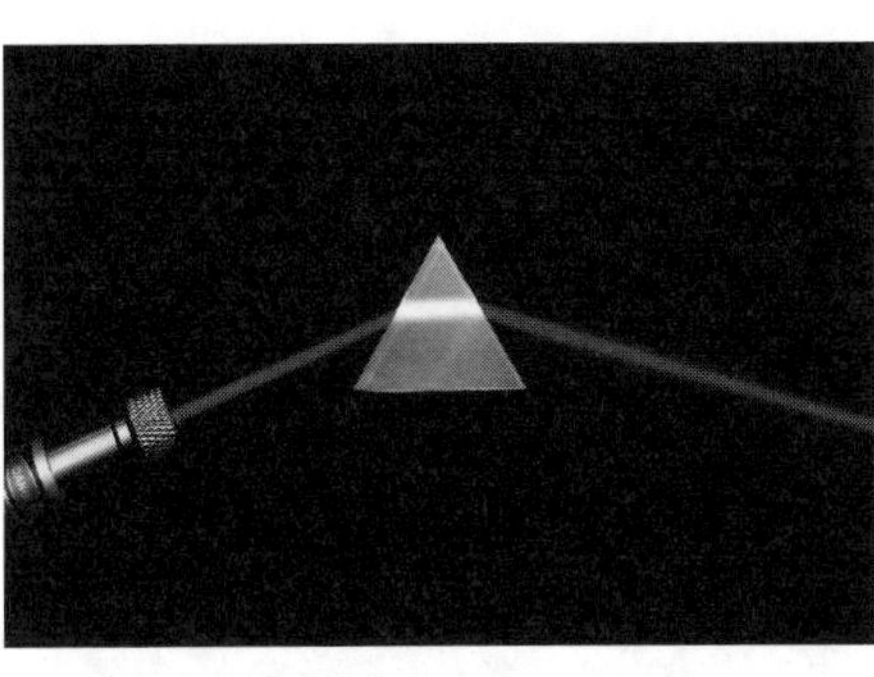

図 6-1　レーザーの光

レーザーは自然界に存在しない「誘導放射」によって生み出される光である。光エネルギー密度が高く、単色性・干渉性・指向性に優れている。太陽の白い光の場合はプリズムで虹の色に分かれるのであるが、レーザービームの場合は、この写真のように、左からプリズムに入射し、屈折して、そのまま右に出ていく。

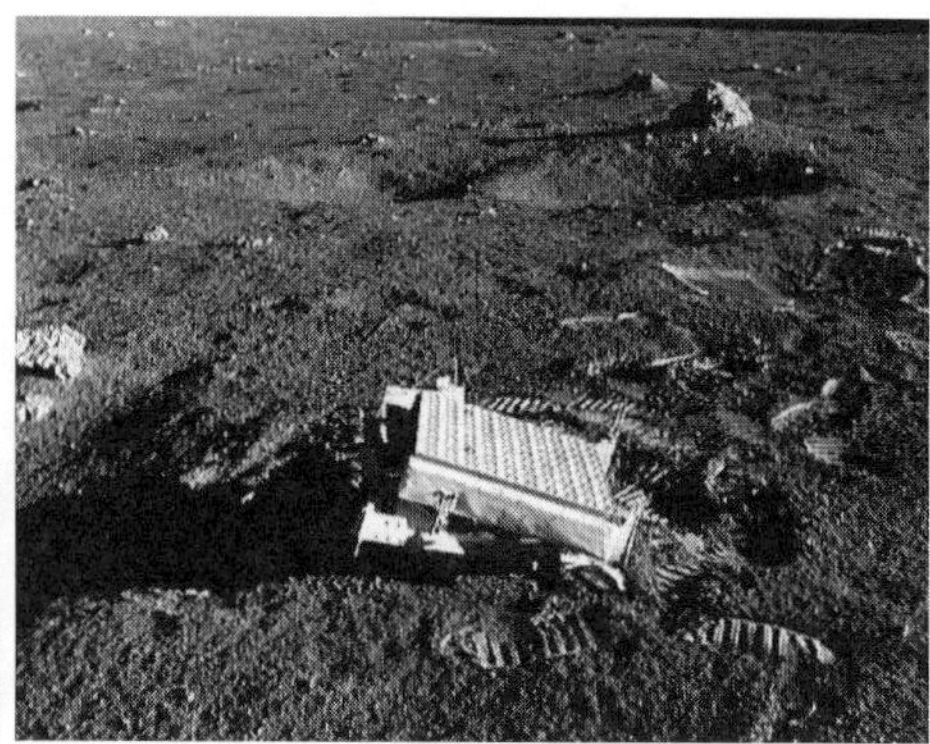

図6-2　月面のレーザー反射鏡
レーザーの本質は鋭い指向性に秘められている。1969年、アポロ11号は月面に100個のコーナーキューブ・プリズム［左図提供：日東光器株式会社］からなるレーザー反射鏡を設置した［右図提供：NASA］。地球から送られてくるレーザー光を正確にもとの発信場所に送り返し、その時間を高精度に計測することにより、地球と月の距離は1 cmの精度で計測できるようになった。

反射鏡である。あの反射鏡も実は小さな無数のコーナーキューブ・プリズムで作られている。

地球から38万キロメートルの彼方にある月面の「静かな海」にある反射鏡に向けて、実用になって間もない赤色の「ルビーレーザー光」（後出）を向ける。コーナーキューブ・プリズムからなる反射鏡は、その光を地球上のレーザー発信元に送り返す。光の速度は決まっているから、往復にかかった時間を原子時計で正確に測れば、地球と月の距離を1センチメートルの精度で計測できる。このようなことができるのは、レーザーが、これまで知られていた光とは違う、「鋭い光」という性質のなかに、本質がある。物理の言葉で言うなら、その本質とは「位相がそろった光」である。

「位相がそろった光」とはこういうことだ。

光の波としての性質に注目しよう。ふつうの光は同じ波長であっても、ある瞬間を取ったときに、ある波は山の頂上の状態、ある波はまだ頂上に達していない状態、あるいは谷に近づいている波もある。つまり波の山や谷の位置がばらばらな状態になっている。これを「位相がそろっていない」と言う。一方、どの瞬間を取ったときにも、すべての波の位置が同じになっている状態のことを、「位相がそろっている」という。位相とは周期的に変化する現象において、その瞬間にどの位置にいるのかを表す言葉だ。レーザーはすべての波の位置がそろった、つまり「位相がそろった光」なのである。

もしも仮に神さまが天と地を創造し、すべての生物を含むあらゆる自然をつくりだし、そのときに同時に光をもつくりだしたとしよう。しかし私たち人類が創り出したレーザーの出現は想定外であったに違いない。なぜなら、レーザーの位相がそろった光との条件は、神さまがつくった地球の自然のなかには存在しないからである。人類の誕生以来、人類は自然を利用し、たいまつ、オイルランプ、ガス灯、電球、蛍光灯と、実にさまざまな光をつくってきたのであるが、その意味では、レーザーから発せられる光は神さまの手を離れてつくった人類独自の初めての光と言ってよかろう。発明の優先権は神さまではなく、明らかに人類にある。

アインシュタインの予言

レーザー誕生のルーツをたどっていくとアルベルト・アインシュタインにたどりつく。言うまでもなく、相対性理論を提唱してニュートン以来の古典力学のパラダイムを大きく変えた人物だ。彼へのノーベル賞は、相対性理論が受賞理由であって何の不思議もないのだが、それが違うのである。1905年の特殊相対性理論、1915年に発表された一般相対性理論は、その真偽について議論を巻き起こした。相対性理論が示した時間や空間の考え方は、これまでのものとはあまりにかけ離れているため、もしこの理論が正しければ、時間や空間についてのこれまでの考え方を、大幅に変えなければならなくなるからである。パラダイムの転換がいかに難しいかを物語っている。

1919年5月29日、英国の天文学者アーサー・エディントンは、南大西洋にあるスペイン領赤道ギニアのプリンシペ島に遠征し、皆既日食を観測し、一般相対性理論が正しいことを証明した。どのようなことかというと、アインシュタインは、ニュートンの万有引力の法則で予測される程度よりも、一般相対性理論で説明される空間の曲がりによって光が曲げられる程度のほうがきっかり2倍大きいことを予言していたのだが、まさにその通りになったのだ。アインシュタインは一夜にして世界の有名人になり、そのときに洩らした「相対性理論を理解しているのは世界中で3人しかいない」との言葉もまた伝説となった。この話を記者から聞いたエディントンは、「はて、3人目は誰だろう?」と答えたという。アインシュタイン本人とエディントンの他に、相対性理論を理解している人がほとんどいなかったと思わせる当時のアカデミズムの雰囲気をよく表したエピソードである。

結局、アインシュタインへのノーベル賞（1921年）は、政治的な理由もあり、またわかりやすいということもあって、「光子」という粒子の振る舞いから光の現象を説明する「光量子仮説」（1905年）に対して与えられている。アインシュタインは「光量子仮説」をさらに発展させ、

1917年に「誘導放射」の存在を予言した。「誘導放射」という考え方は、レーザーの基本をなすものである。

レーザーの説明をするためには、原子や分子の構造を、ごく大雑把に理解しておく必要がある。原子や分子のまわりには、いくつもの電子が飛び回っている。飛び回っているといっても、好き勝手なところを動いているわけではなく、決まった道（軌道）しか通ることができない。軌道には、「エネルギーの高い軌道」と「エネルギーの低い軌道」があって、電子はエネルギー状態が変わると、エネルギーの低い軌道から高い軌道へ、あるいは高い軌道から低い軌道へ飛び移るのだ。熱や光によってエネルギーを与えられると、低いエネルギー状態の軌道にあった電子が高いエネルギーの軌道に励起される。この状態は不安定であるので、エネルギーの低い安定な軌道に再び落ちてくる。そのエネルギーの差が、光となって放出される。

ところで、電子がエネルギーの高い軌道に励起されたということは、もとの低いエネルギー状態の軌道には、電子の抜けた穴（正孔（せいこう））が残る、とも考えることができる。そこに再び、電子が戻ってくるということは、電子と正孔が「再結合」した、とも言える。このときの発光は自然に生じる現象なので、「自然放射」という。

アインシュタインは、再結合した光が引き金となって、別の電子の再結合が次から次に起こり、同じ位相で同じ波長をもった強い光が発生することがありうると考えた。この現象を「誘導放射」という。しかし、「誘導放射」は自然には起こらない。自然界では、高いエネルギー状態にある電子の数よりも、低いエネルギー状態の電子の数のほうが多いからである。

したがって「誘導放射」が起こるためには、原子や分子に高いエネルギーを与えて、ふつうの状態とは逆に、高いエネルギー状態にいる電子の数のほうが低いエネルギー状態にいる電子の数よりも多くなるようにする。電子を高いところに揚げてやって、つまり「ポンピング」して、自然の状態とは逆にエネルギーの高い電子の数が多い「反転分布」の状態にしなければならない。そうすると自動的に「誘導放射」が起こる。

この誘導放射光を2枚の鏡で構成される「キャビティ（共振器）」という空間に閉じ込め、反射を繰り返すと、位相が合っていない波はやがて消滅し、位相が合っている波だけが生き残る。位相が合っているということはすべての波の山と山、谷と谷がぴったりと合っていることだ。山は重なり合ってより高くなり、谷は重なり合ってより深くなる。これは共鳴することによって、光のエネルギーが増幅されていくことを意味する。そして増幅された位相の合った光を一方の方向から取り出す。これがレーザーの原理である（図６－３）。

アインシュタインは理論によって実現の予測はしたが、実験はしなかった。そしてそのアイディアは、じつに37年間も眠っていた。実際にそれをつくりだしたのはずっと遅くなって、１９５４年、ベル電話研究所のチャールズ・タウンズとアーサー・ショーローのマイクロ波によるメーザー（Microwave Amplification by Stimulated Emission of Radiation：ＭＡＳＥＲ）である。マイクロ波とは、波長1メートルから１００マイクロメートルの範囲の電波のことで、レーダーや電話、テレビなどに使われているが、波長が違うだけで、光と同じ電磁波である。だからメーザーは、原理的にレーザーとまったく同じものと考えていい。

同じ時期に同じことを考えている人は、常にどの時代にもいるものである。その時代の、その分野の、その人たちは互いに知らなくてもパラダイムを共有しているからだ。同じ1954年にソ連（当時）のレベデフ物理学研究所のニコライ・バーソフと一般物理学研究所のアレクサンドル・プロホロフも共同で、「誘導放射」による増幅に関する研究発表を行なった。レーザーにつながるメーザーを実現させた功績により、タウンズはバーソフ、プロホロフとともに1964年にノーベル賞を受賞する。一方、ショーローはずっと遅れて1981年に、「レーザー分光学の発展の貢献」によって受賞している。

いったんアインシュタインの予想が真実とわかると、マイクロ波ではなく波長をもっと短くして「光メーザー」を目指そうとする研究のブームが起こる。光メーザーはほどなくして「レーザー」と呼ばれるようになる。

ショーローとタウンズが用いた物質がアンモニアガスだったこともあって、ガスによるレーザー実現に向けて、研

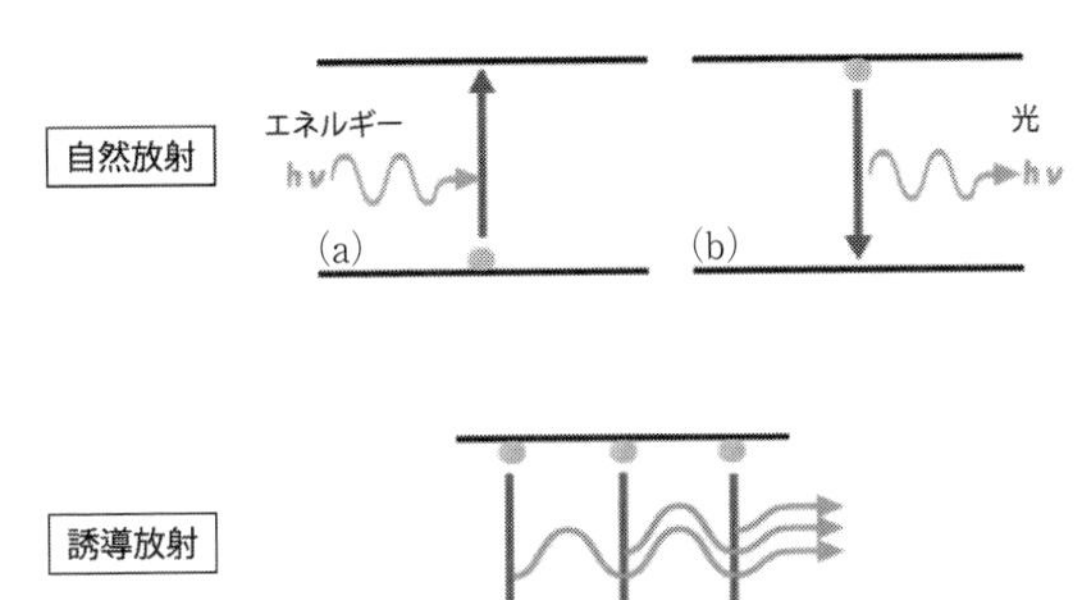

図6-3　レーザーの原理

（上）自然放射：原子や分子の電子が高いエネルギー状態の軌道に励起されると（a）、電子は安定状態の低いエネルギーの軌道に戻ろうとし、このときのエネルギー差が光となって放出される（b）。これがふつうの光である。（下）誘導放射：原子や分子の全体にエネルギーを与え続けて、常に高いエネルギー軌道の電子の数が低いエネルギー軌道の電子の数よりも多いようにポンピングして「反転分布」を作り出すと、光が「誘導放射」される。この誘導放射光をキャビティ（共振器）に閉じ込め、中で共振させることによって増幅させ、レーザー光として取り出す。神が作り忘れた自然界には存在しない光である。

究開発が活発になっていった。しかし実用的なレーザーの一番乗りは、宝石のルビーを用いた「ルビーレーザー」であった。開発したのはヒューズ研究所にいたセオドア・メイマンで、1960年のことである。ルビーはクロム原子を微量に含む酸化アルミニウムの単結晶である。メイマンは両端を研磨した棒状のルビーを2枚の鏡の間に置き、キセノン・フラッシュランプの光で照射した。キセノンランプは白い光の光源であるが、ルビー中のクロム原子の電子はそのなかの特定の波長だけを吸収し、励起されて「反転分布」を起こし、「誘導放射」された光は2枚の鏡の間で反射を繰り返すうちに位相のそろった波長693・3ナノメートルの赤い光のレーザー光となって放射される。メイマンのルビーレーザーは短時間だけ周期的に光る「パルス発光」であったが、初めての実用的なレーザーとしての意義は大きい。

そのあとは堰(せき)を切ったように、続々とレーザーの提案が続く。ルビーレーザーと同じ年の1960年には、ヘリウムガスとネオンガスを用いた赤い色のHe-Neレーザー（波長632・8ナノメートル）、1962年にはガラスに希土類元素の「ネオジム（Nd）」を添加した赤外線レーザーのNdガラスレーザーがつくられる。

ここまでは、電気を通さない「絶縁体」を利用したレーザーであるが、Ndガラスレーザーと同じ1962年には、電気を通したり通さなかったりする「半導体」の「ガリウム・ヒ素（GaAs）」結晶を用いた初めての「半導体レーザー」（Laser Diode：LD）がつくられた。この段階では、眼に見えない赤外線領域の光であり、効率も著しく低かったが、しかしいまでは半導体レーザーは、紫外線領域から、可視光、赤外線領域までの光を実現し、光ディスク、光通信、レーザープリンター、その他の光エレクトロニクスに広く使われ、レーザーといえば半導体レーザーを示すほどにわれわれの生活になくてはならないものとなった。

１９６４年には青色レーザーとしては初めての「アルゴンイオンレーザー」が作られ、強力なパワーをもつ「炭酸ガスレーザー」や固体レーザーの代名詞ともなるイットリウム・アルミニウム・ガーネット結晶にネオジムを添加した「Nd：YAGレーザー」（波長１０６４ナノメートル）などが作られた。１９６６年には波長を連続的に変えられる、液体の蛍光色素による「色素レーザー」が、また１９７０年には紫外線領域の「エキシマレーザー」が発振している。

長年にわたってレーザー発振に適する物質を求めて試行錯誤が行なわれた結果、現在までに、レーザーに適性のある物質はほぼ調べ尽くされてしまった感がある。

誰がレーザーを発明したのか

レーザーの発明者は、アインシュタインの予言をメーザーとして最初に実現したショーローとタウンズだったのだろうか、それとも、最初に可視光のルビーレーザーを実現したメイマンだったのであろうか。

１９５４年にメーザーを発明したショーローとタウンズは当然ながら、メーザーのコンセプトを赤外光や可視光領域に展開しようしていた。「光メーザー」である。彼らはその可能性について理論的な検討を行ない、その結果を１９５８年12月に『フィジカル・レビュー』誌に発表した。

当時コロンビア大学にいたゴードン・グールドはタウンズの指導学生で、博士論文を準備していた。タウンズの「光」メーザーに興味をもち、M（Microwave）をL（Light）に変えレーザー（LASER）とし、そのアイディアを実験ノートに書き込んだ。そのときにすばやく特許を出願すればよかったのであるが、グールドはコロンビア大学からTRG社に移ったあとの1959年4月6日に、彼の最初のレーザー特許を出願した。ショーローとタウンズのレーザーに関する理論的な論文発表の4カ月後のことである。およそ30年にわたるレーザー特許戦争は、ここから始まることになる。

グールドの特許はショーローやタウンズらの公知資料をもとに特許庁から新規性がないと拒絶されるが、彼は大学時代の実験ノートに書いた内容を根拠にレーザーの発明者は自分であると不服申し立てを行ない、長期の闘争が続く。そして最初の特許出願（1959年4月6日）からじつに18年たった1977年10月になって、グールドに最初の特許が与えられた。「レーザーの光学的ポンピング」に関する特許である。

当時、その特許の半分の権利をグールドから譲り受けていた特許ライセンス管理会社は、レーザーメーカー8社に対して、直ちにロイヤリティ（特許使用料）を支払うように通告する。レーザーメーカーは製品価格の3・5〜5％のロイヤリティという寝耳に水の途方もない要求を受け、共同して法廷闘争を続ける。さらに追い討ちのように、翌年の1978年にはグールドに「レーザー加工」に関する特許が与えられる。最終的にレーザーメーカーがグールド特許を認めざるをえなくなったのは、グールドのガス放電レーザーに関する特許（1987年）の成立以降である。レーザーメーカーはグールドの実験ノートが特許庁より公式に認知され、次々と特許が認められたことで法廷闘争をしても勝てないと判断したのだろう。また早く裁判を終了させた方が訴訟費用も安く済むとの判断もあろう。１９５９年のグールドの最初の特許出願から実に30年近くも経過していた。

１９７０年代、１９８０年代はレーザー技術を応用した製品や産業が勃興（ぼっこう）して急成長していった時代であった。固体レーザーや色素レーザーにとって光学的ポンピングは基本技術であった。加えてレーザーの高いエネルギー密度を利用し、金属ばかりでなくプラスチック、ガラス、木材などの広範囲な材料に、切断・穴あけ・溶接・焼入れなどといった加工を施す技術は世界中に普及し、なくてはならないものになっていた。世界のレーザー企業ばかりでない。先端技術によって経済発展を願う各国の産業界が大騒ぎになったのは当然である。

結局、レーザーの特許戦争に勝利したのはグールドであった。グールドの最初の特許は遅れて成立したために、成立したときにはレーザーの意味が充分に理解され、応用技術が広く普及していた。したがってグールドは、意図したわけではないにしろ、その特許が直ちに登録となったならば受け取ったはずの金額以上の莫大な金額を、ロイヤリティの分け前として獲得することになった。タウンズのメーザー特許が失効までの17年間でたったの１００万ドルを生み出しにすぎないのに対し、グールドのレーザー特許はグールドおよび特許権を共有する代理人に、１年間だけで１００万ドル以上（１９７７年だけで３１２０万ドル）の利益をもたらしたのである。

グールドの特許は典型的な「サブマリン特許」である。サブマリンは言うまでもなく、潜水艦のことだ。誰にも知られることなく水面下を潜行し、突如浮上して権利を主張し、相手を攻撃する特許を言う。

当時の米国の特許制度は「先願主義」ではなく「先発明主義」であった。いつ出願されたのかではなく、いつ発明がなされたのかを重視する。出願されていることは必須の要件ではない。発明は、グールドの場合もそうであったように、誰にも知られることなく個人の実験ノートに書き留められていることもありうるからだ。米国以外の国では、審査中の特許案件は出願後一定期間ののちに公開し、また、出願日から有効期間が開始されるのであるが、当時の米国の特許制度では出願中の特許を公開する制度がなく、審査期間にかかわらず成立時から17年間有効とされていた。

グールドの最初のレーザー特許が成立したのは出願から18年近くも経った１９７７年であったため、特許権は17年後の１９９４年まで有効となった。１９８７年に有効となったガス放電レーザーに関する特許を含めれば、２００４年まで有効期間が延びた。それまでにグールドの特許群は宝の山を掘り続けたことになる。実に効果的に水面下を潜行していたサブマリンであった。

出願中の特許を公開する必要がない、という米国の制度を悪用すれば、出願者は特許内容を詳細に書いた明細書の修正を繰り返してわざと特許の成立を遅らせ、その技術を利用した製品が広く普及するのを待つことができた。そしてさまざまな企業のその製品が普及した時点で特許を成立させ、権利侵害を訴えて莫大なロイヤリティを要求することが可能だったのである。

実際に、そのような特許戦略を駆使する例が頻発した。テキサス・インスツルメンツ（ＴＩ）社のジャック・キルビーの半導体集積回路の基本概念に関する特許(注35)も、典型的なサブマリン特許である。出願から30年も経って日本で公告になったキルビー特許を根拠にして、ＴＩ社は１９８９年に日本の半導体メーカーに損害賠償請求を行なう。唯一、富士通だけが拒絶し、訴訟を起こす。そして2004年4月に最高裁判所から勝訴の判決を勝ち取った。

1980年代から米国の特許制度は各国から国際調和を求められ、2000年には限定的であるが出願公開制度が、また2013年には先発明主義から先願主義へ改正された特許制度が施行されるようになった。改正されたとはいえ、しかしなお特殊性を残している内容と言えよう。

さて、そろそろ、誰がレーザーを最初に発明したのか、という最初の問題に立ち返ることにしよう。発明者は、自然科学の世界ではタウンズとショーローであり、技術の世界ではメイマンであり、特許の世界ではグールド、ということになるのであろうか。タウンズとショーローはノーベル賞という名誉を与えられ、グールドは名誉の代わりに莫大な資産を得て、メイマンは彼の名前がレーザーの発明者としてもっとも多く登場するという栄誉を得ている。

2　白色発光ダイオードがつくられた

発光ダイオードの歴史

固体の光である発光ダイオード（Light Emitting Diode：LED）がなぜ光るのかを説明することは、なかなか難しい。

固体の分類の方法の一つに電気を通しやすいかどうかで決めるやり方がある。電気を通す導体と電気を通さない絶縁体、条件によっては電気を通したり、通さなかったりする半導体の三つに分ける方法である。LEDには、その半導体が使われる。

シリコン（ケイ素（Si））は集積回路などに使われている典型的な元素の半導体であるが、発光ダイオードや半導体レーザーに用いられているガリウムとヒ素からつくられる化合物「GaAs」は、化合物半導体と呼ばれる。半導体結晶に、ある種の不純物をわずかに添加すると、結晶中の電子の数が増える場合がある。この状態の半導体を「n型半導体」という。なぜ「n」かというと、マイナスの、つまりネガティブ（negative）な電荷をもつ電子が多く存在するからである。一方、別の種類の不純物を添加すると、逆に電子が少なくなる場合がある。電子が少なくなるということは、電子の抜けたあとの穴（正孔）、つまりプラスの電荷が多く存在する状態と考えてもよい。この状態の半導体を「p型半導体」という。pはポジティブ（positive）のpである。

n型半導体とp型半導体をくっつけるとどうなるか。これを「pn接合」と言うのであるが、n型とp型の境界面を境にして電子が多い領域と正孔が多い領域に分かれることになる。そのままに放置しておくと電子と正孔は再結合して、境界を中心として電子も正孔もないある幅の「真空地帯」ができる。これを「空乏層（くうぼうそう）」と呼ぶ。

このように接合した二つの半導体に電圧をかけて、電気を流すとしよう。ある方向には電気が流れるが、その逆には流れない。この機能は交流電流を直流に変える整流作用をもつ二極真空管、つまり「ダイオード」と同じである。

n型半導体中の電子が境界面の方向に向かうと同時にp型半導体中の正孔も逆向きに境界面の方向に向かい、境界面付近で電子と正孔は再結合して光を出す。半導体中の高いエネルギー状態の電子が低いエネルギー状態に落ちるときに、そのエネルギー差を光として放出すると言い換えてもよい。高いエネルギー状態と低いエネルギー状態のエネルギー差（バンドギャップ）は、物質の組成によって決まるので、光の波長も同じように、物質の組成によって決まることになる。これがＬＥＤの原理である。もちろん、実用になっているＬＥＤの組成や構造は、ｎ型半導体とｐ型半導体とを単純に接合したものではなく、複雑である。

この光放出のプロセスが、「自然放出」と同じであることに気づかれたと思う（図６－３参照）。半導体レーザーはさらに「反転分布」をつくって「誘導放出」を起こさせ、キャビティ中で共振させて、単色性が強く位相がそろったレーザー光にするものである。だから、最初にＬＥＤがつくられ、そののちに同じ系で半導体レーザーがつくられるという技術開発の歴史を繰り返してきた。

ＬＥＤの特徴の一つは、放出される色を化合物半導体の組成によって自由につくることができる点にある。多くのＬＥＤは、元素周期表（巻末参照）の「13族」と「15族」および「12族」と「16族」、つまりそれぞれの族に分類された元素の組み合わせでつくられる化合物半導体である。これらは旧周期表の表記の習慣に従って、それぞれ「ⅢⅤ族化合物半導体」、「ⅡⅥ族化合物半導体」と総称されている。たとえば、「ⅢⅤ族化合物半導体」とは金属元素であるアルミニウム（Al）・ガリウム（Ga）・インジウム（In）などと、非金属元素である窒素（N）・リン（P）・ヒ素（As）などの組み合わせであり、「ⅡⅥ族化合物半導体」とは金属元素である亜鉛（Zn）・カドミウム（Cd）・水銀（Hg）などと、非金属元素である酸素（O）・硫黄（S）・セレン（Se）・テルル（Te）などとの組み合わせの化合物半導体である。これだけでもわかりにくいのであるが、これらの元素を並べて、GaAs系ＬＥＤとか、InGaAlP系ＬＥＤなどと表す。InGaAlP系ＬＥＤとはインジウム・ガリウム・アルミニウムの3つの金属元素と、非金属元素であるリンからなる4元系の化合物半導体を用いたLEDとなる。

ＬＥＤの歴史は20世紀の初めまでさかのぼる。１９０７年に英国のヘンリー・ラウンドが炭化ケイ素で発光させたが、あまりにも暗く、その試みは忘れ去られた。１９２０年代には、蛍光体にも使われる硫化亜鉛に銅を添加させた組成が試みられているが、これもまた実用にはほど遠いものであった。現在につながる半導体材料 GaAs の歴史は１９５０年代に始まるが、初期のＬＥＤは液体窒素温度（マイナス１９５℃）に冷やさなければ発光しなかった。効率が上がり、室温で発光できるようになった１９６０年代の初めに、最初の実用的なＬＥＤとして市販されていく。ただし、発光波長は９５０ナノメートルで、眼に見えない赤外線であった。

可視光領域の実用となる最初のＬＥＤは、１９６０年代になって登場した GaAsP 系化合物半導体による赤色（波長６５５ナノメートル）である。続いてヒ素を使わない GaP による赤色のＬＥＤも実用化された。しかし、これらはまだまだ効率が低いものであった。

１９７０年代になって、効率も上がりオレンジ色、黄色、緑色と波長も次第に短くなっていったが、信頼性はまだ低く、応用も電卓やデジタル時計の表示などに限られていた。１９８０年代になると、新しい材料である赤色の GaAlAs が登場した。効率を上げる構造（ヘテロ接合）が工夫され、明るさは10倍に上がり、発光させるのに必要な電圧が低くなったこともあって、バーコードの読み取り、光ファイバーによる光通信システムなど、応用範囲が急速に広がっていった。しかし、GaAlAs 系ＬＥＤは高い温度や高い湿度で使用すると劣化する欠点があり、寿命も期待されるほど長くはならなかった。

ＬＥＤの歴史にとって画期的なInGaAlP組成の4元系ＬＥＤが１９８０年代の後半に登場した。発光ダイオードとは別に半導体レーザーは独自の発展を遂げていたのだが、その知識を応用してInGaAlP系ＬＥＤは効率と明るさばかりでなく、温度や湿度に対する特性も改善された。さらに組成を調整することによって、赤から緑までの色を同一の材料系で自由につくりだすことができるようになった。しかし、波長が短くなるにつれて効率は落ちていき、どのように工夫しても青色の実現は不可能であることがわかってきた。

青色ＬＥＤができれば、既にある赤色と緑色のＬＥＤと組み合わせて可視光領域のすべての色をつくりだすことができる。そうなれば寿命が長いうえに衝撃に強く、効率がよくて熱を発生しにくく、超小型で点灯・消灯の応答速度が著しく早いというＬＥＤの特徴を生かした、予想もされないほどの広い需要が見込まれる。誰でもわかることだ。青色ＬＥＤの実現はそれほどまでに望まれていた。

青色ＬＥＤを実現する組成の候補は、炭化ケイ素（SiC）、セレン化亜鉛（ZnSe）、窒化ガリウム（GaN）の三つであることはわかっていた。米国のＲＣＡ社は１９７１年にGaNで青色発光を確認するものの、１９７４年にはGaNをあきらめる。また、フィリップス社も１９７７年にGaNの研究から撤退する。１９８０年代に入ると、SiCによる青色ＬＥＤが市販されるようになるが、明るさと効率は実用になるにはほど遠く、量産に至るものではなかった。次第に世界の研究者達は青色ＬＥＤを実現する組成として、ZnSe系を本命と見るようになっていた。さまざまな理由から、SiC系やまたGaN系を用いた実用的な青色ＬＥＤの実現は「理論的」に不可能だという「常識」ができあがっていった。

一方ZnSe系は、それまでの長い歴史のあるGaAs系ＬＥＤの技術的な常識、科学的な常識が当てはまった。加えて１９９１年には、米国の３Ｍ社が同じZnSe系による青色半導体レーザー開発に成功したとのニュースが流れた。青色半導体レーザーが成功するなら、青色ＬＥＤの実現にはZnSe系しかない、という「常識」が完成した。

しかし少数派ではあっても、GaN系の研究者は企業のなかにも生き残っていた。ZnSe系がGaN系よりも、素材として不安定であることは、容易に推定できたからである。推定と言うよりはむしろ技術者としての直感といった方がいいかもしれない。しかし結果的には３Ｍ社がZnSe系で成功したとの情報によって、GaN系の研究をやっていた企業はGaN系を中止させ、ZnSe系の一本に絞った。多くの企業によるZnSe系への雪崩のような移行に、ついていかざるをえなかった、というのが真相であろう。

しかし世界中の研究者が精力的にZnSe系の研究を進めてみたものの、赤色や緑色のInGaAlPに匹敵する、明るく効率の高いZnSe系青色ＬＥＤの実現は困難を極めた。次第に青色ＬＥＤの実用化は、はるか先、21世紀に入ってからであろうと予測されるようになっていった。それほど、実用レベルの青色ＬＥＤ実現の技術的壁は大きいと考えられるようになっていったのである。

しかし予想に反して、実用的な青色ＬＥＤはGaN系であった。１９９３年11月に日本の四国の徳島県阿南市に本社がある日亜化学工業から、その画期的な青色ＬＥＤが発表されたのだ。「翌日からサンプル出荷」という新聞記事は、世界中を駆けめぐった。研究サンプルではない。量産品ができたと言っている。ほんとうの話なのか、日亜化学とは何なのか、阿南とはどこなのか、誰もが初めて知ったそのニュースに驚いたに違いない。

最初の成功――青色発光ダイオード

成功すれば大きな利益と社会的な名声を得ることができるテーマとは、誰もが望んでいるけれどもまだ誰も成功していないテーマである。そのようなテーマは数多くある。しかし、成功の確率はきわめて低く、非常識なテーマでもある。非常識なだけに競争者は少ない。ひょっとしたらうまくいくかもしれないと夢想させるほど未知な部分が大きい。成功につながる未知の現象が発見できれば、一発逆転が狙える。一匹狼のイノベーターが狙うのは、まさにこれなのだ。GaN による青色LEDの開発はその代表例であった。

GaN 系青色LEDを実現する前に立ちはだかった壁は三つあった。GaN の単結晶薄膜をつくること、p型の GaN 結晶をつくること、インジウムを加えた InGaN 単結晶薄膜をつくることの三つの壁である。その壁はどのように突破されていったのか。

第一の壁は GaN の単結晶薄膜ができなかったことである。LEDを作るには、電子がすみやかに結晶中を移動するために、まず結晶方向のそろった極めて薄い薄膜状の単結晶が必要である。だが、薄すぎてそのままでは作ることができない。ふつうは厚い土台（基板）の上にその薄い結晶を作る。作り方は、たとえば必要とする元素を含む複数の有機化合物のガスを基板の上に流し、基板の上でガスを分解し元素同士を反応させ、徐々に結晶を積み上げていく。このような結晶成長の方

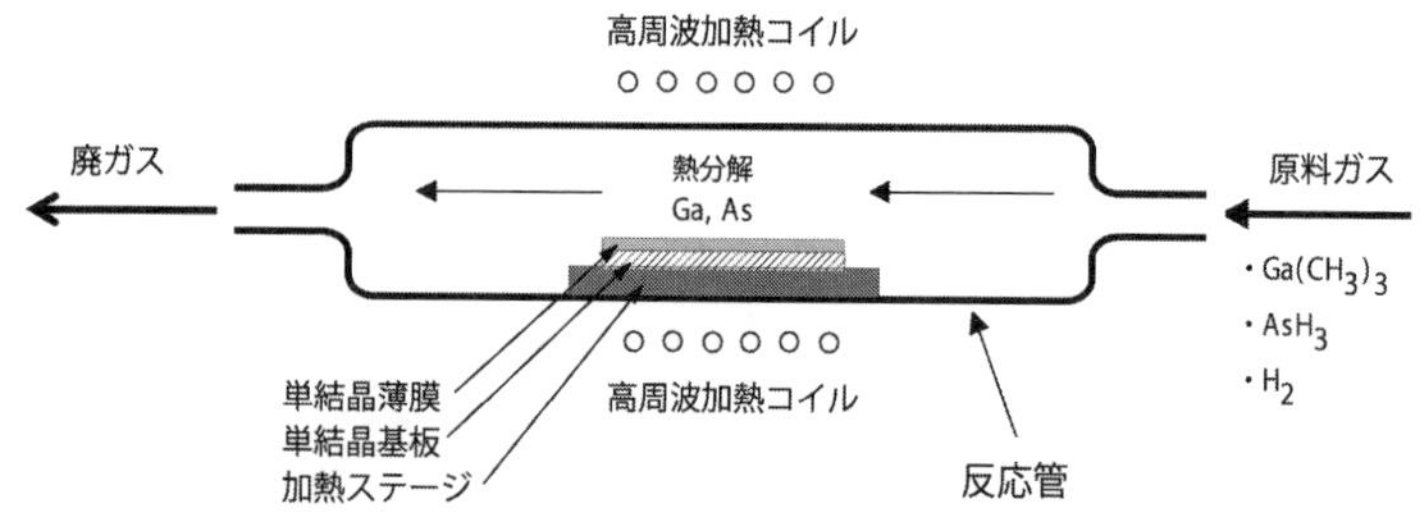

図6-4　MOCVD法（有機金属気相成長法）の概念図

LEDや半導体レーザーを作るためには、薄膜の単結晶が必要である。たとえばGaAsの単結晶薄膜を作る場合、反応管にガリウムGaおよびヒ素Asの有機化合物ガスを水素ガスとともに導入する。原料ガスは高温に加熱された単結晶基板付近で熱分解され、基板の結晶と同一方向にGaAsの単結晶が薄膜となって成長する。これをエピタキシャル結晶成長と言う。このとき基板の結晶格子と成長する結晶格子の面間隔が合っていることが必要である。GaN系の青色LEDや青色レーザーの実用化が著しく遅れた理由の一つは、この結晶整合性のある単結晶基板がなかったことにある。

法を有機金属化学的気相成長法と言う。長々しいので通常は「MOCVD法（有機金属気相成長法）」と呼んでいる（図6－4）。結晶の層を積み上げていくのであるが、基板となる結晶としては、積み上がっていく結晶の原子の間隔とほぼ同じになるような原子の間隔を持つことが重要である。なぜなら積み上がっていく原子が直接的に基板の原子と結合して初めて薄い結晶が成長するからだ。これを「結晶整合性」という。結晶整合性がないと結晶性のよい薄膜結晶を作ることができない。

GaN単結晶薄膜の作成には、それまでのGaAs系LEDで蓄積されてきた常識が通用しなかった。薄膜をつくるには、GaNの結晶格子と結晶整合性のある基板が必要なのであるが、その基板となる大きなGaN単結晶を作ることができなかったのである。その第一の壁は1985年に名古屋大学の赤崎勇と天野浩によって突破された。彼らは、あえて結晶整合性のないサファイア（酸化アルミニウム）を基板として選び、その上に窒化アルミニウムのバッファ層をつくり、さらにその上にGaN単結晶薄膜を成長させることに成功する。窒化アルミニウムをクッション材として使ったのだ。

第二の壁はp型GaNの結晶成長ができなかったことである。なぜなら、ふつうにGaN結晶を作ると、窒素原子は結晶中に入りにくいために不足したり、酸素が入ってしまったり、Ga原子がまともな位置に入らなかったりして、GaN結晶は電子が余った状態、つまりn型になってしまうのだ。p型にするために不純物の亜鉛（Zn）を添加しても、抵抗が大きくなるだけであった。抵抗が大きくなると言うことはZn原子が格子間に入り込み、Ga原子と正確に置き換わっていないことの表れである。しかし１９８７年に、Znを添加したGaN結晶を電子顕微鏡で観察していた天野は、電子線を当てるとZnがGaと置換してp型GaNに変化することを、偶然にも発見する。さらに赤崎と天野は１９８９年の初め、Znの代わりにMgを添加したGaNが、電子線照射によって10倍も強く光ることを見つける。もちろんこのような方法でp型化を行なうことは実用的には使えない。だが、いかなる方法であっても、いったんできるとわかったら、その方法とは違う実用的な手段を不思議と見つけることができるものだ。その手段を洗練させ、実用技術に育てていけばいい。技術とはそのように進化していくものだ。

第三の壁はInGaN単結晶薄膜ができなかったことである。GaNそのもののＬＥＤの発光は紫外線である。眼に見える青色に発光させるためにはInを加えたInGaN単結晶薄膜を作らなければならない。それができなかった。その壁は、１９８７年からGaNの研究に着手していたＮＴＴ（日本電信電話会社）研究所の松岡隆志によって突破された。１９８９年のことである。ＭＯＣＶＤ法で結晶成長する際には窒素源としてアンモニアガスを使っていたのだが、その量を非常識なほどの大量に使用した試みがうまくいって、Inが結晶格子の中に入ったのである。

後日談ではあるが、InGaN単結晶薄膜作製に世界で初めて成功し、GaN系LEDの研究では先行することになった松岡は、しかし1992年に会社からGaN系の研究の中止を突然に命ぜられることになる。研究部門のトップはZnSe系LEDに研究を集中する方針を下したからだ。あとから考えれば、その時、会社として間違った判断を下したことになる。研究とは未知の将来を明らかにしていく行為である。研究テーマを採用することは簡単でも、中止することは、ことほどさように難しい。

将来への思いがその時に何かを決め、それぞれの決定が少しずつ連鎖していき、あとから考えれば実に幸運であった、偶然であった、としか思えないような出来事が長い人生の中で時には起こるものである。

日亜化学がGaN研究を始めた場合もそうである。日亜化学はLEDに関してまったく経験がなかったわけではない。たまたま大企業から頼まれてLEDのスクラップからガリウム金属を回収する仕事や、「LPE法（液相エピタキシャル結晶成長法）(注36)」でGaAs系LEDのウエハーを作る経験は持っていた。それに加え、先にふれた「MOCVD法」という新しい結晶成長技術を学ぶ機会がたまたま訪れた1987年に、専務の小川英治が米国への技術者の留学派遣を決断したこともそうである。彼は義父であり創業者であった社長の小川信雄から、経営全般を任されていたのだ。だが、決まっていた留学候補者の業務の都合がどうしてもつかず、代わって中村修二が留学することになった。あとから考えれば、中村にとっては実に幸運なことであった。彼が米国のフロリダ大学で「MOCVD法」の習熟に励んでいる間に、一方、日亜化学の社内では1年後の帰国に備えてMOCVD装置を購入し、創立30年の記念に建ててあった無人に近い「第1研究棟」の6階で実験設備を整えていった。

越えられないと誰もが思っていた壁が誰かによって越えられたことが知らされると、具体的なことは知らなくても、それまで何をやってもできなかった壁を、なぜか誰もが越えることができるようになる。技術の開発研究ではよく経験することである。

中村が帰国してそのMOCVD装置でGaNの結晶成長を始めたのは、先に述べたGaN系LED研究の三つの壁を突破する実験データが出そろっていた1989年10月のことである。彼は先行の研究者たちによるそれまでのGaN系LEDの基礎的知見を最大限利用し、一か八かの賭に打って出たことになる。その背景には、日亜化学の創業者であり会長であった小川信雄の育て上げた日亜化学の企業風土がある。テーマを始める前に米国留学という機会を与え、帰国後は広いスペースを与え、共同研究者を参加させ、5億円という破格の実験費を与えた。一技術者の一か八かの賭を日亜化学も会社の遊びとして認めたのである。「おもしろいからやってみよう」という「非論理的」な経営判断は大企業の組織ではなかなかできないものである。しかし、日亜化学のその判断は未知のものを明らかにしていくという、研究開発の本質をついている。

中村は、赤崎らが用いた窒化アルミニウムのバッファ層の代わりにGaNそのものをバッファ層にして、GaN単結晶薄膜に成功する。1990年9月のことである。これによって他の研究者よりも一歩先んじたことになる。１年後の１９９１年９月には、窒素ガス雰囲気中で高温に保持することによって水素が追い出され、マグネシウムを添加したGaN結晶がｐ型化できることを、研究チームの若手メンバーの岩佐成人が発見する。中村はこの発見を初めのうちは信じなかった。だが、赤崎らのような電子線照射ではなく、アニーリングという温度を上げる手段だけで簡単にｐ型化できる技術は、安いコストで大量につくるための必須の要件であり、その意義はきわめて大きかった。

この１９９１年という年は、ZnSe系青色半導体レーザーの発振に成功したという３Ｍ社のニュースによって、ただでさえ少ない企業におけるGaN系ＬＥＤの研究者がさらに減少する契機となった年でもある。GaN系ＬＥＤだけを研究していた日亜化学の競争相手は突然に少なくなった。成功するには、このような意図しない幸運が何回も訪れないといけない。

１９９２年７月には、研究チームのメンバーはInGaN単結晶膜の作成に成功し、１９９３年２月に「ダブルヘテロ構造」という効率のよい構造に仕上げて、高輝度の青色発光に成功する。素人集団であった日亜化学の技術者たちがこれほどの短期間で、不可能と言われたGaN系の実用レベルの青色発光ダイオードを実現させたことは、驚くべきことである。研究のきっかけは中村がつくったことは確かであるが、青色発光ダイオードの成功は日亜化学の若い技術者たちによる総合力の勝利と言ってよかろう。

そのあと日亜化学は、心臓部である専用の薄膜結晶成長装置「ＭＯＣＶＤ装置」を自社内で急ピッチでつくりあげ、ＬＥＤ量産に必要なすべての製造設備を整備していく。薄膜結晶成長装置は、外部の半導体製造装置メーカーから購入することも可能であったが、あえて独自の装置を社内の生産技術担当者につくらせたのである。もちろん、ＬＥＤの量産をやったことのない日亜化学にとっては、すべて初めての経験である。困難な壁が立ちはだかっていたはずである。だが、それを解決した経験は次の飛躍に大きな糧になった。

そして１９９３年11月30日、「翌日からサンプル出荷」の状態で、従来よりも１００倍も明るい実用レベルの青色ＬＥＤが完成したとのニュースが報道されたのである。21世紀にならなければできないであろうと思われていた研究成果がそれを待たずにできたという事実だけでもすごいことなのに、希望があれば明日でも出荷するとの異例の新聞発表であった。

青色ＬＥＤができれば、これまでのＬＥＤの研究の歴史と同じように、青色に発光する半導体レーザーも標的の範囲に入ってくる。１９９４年の初めに日亜化学は青色発光半導体レーザーの開発にとりかかり、１９９５年11月、世界で初めての GaN 系レーザーの室温パルス発振に成功する。ＬＥＤから半導体レーザーの室温発振に至る開発期間は、従来の GaAs 系半導体の過去の開発の歴史の常識では考えられないほどの短期間であった。しかも同じ研究組織で、そのＬＥＤと半導体レーザーの二つとも完成させたことはまた、世界のこの分野の研究例から見ても異例のことであった。

技術融合の典型――白色発光ダイオード

青色ＬＥＤができれば、すでにある赤色ＬＥＤと緑色ＬＥＤと合わせて光の三原色が実現し、あらゆる色が再現できる。表示用ならばそれぞれの単色ＬＥＤでもよいのであるが、照明として使うには白い光が望ましい。白い光も青と緑と赤の３個のＬＥＤの光を混合すれば実現できる。青色Ｌ

ＥＤができたとき、誰もがそう思った。しかし日亜化学の発想は違っていた。白色ＬＥＤが１９９６年に日亜化学から発表されたときも、なぜ1個のＬＥＤで白い光が実現できたのか、多くの人が不思議に思ったに違いない。

１９９０年代の初めに、日亜化学が初めての部品事業として始めていた「エレクトロルミネセンス（ＥＬ）」事業は順調ではなかった。エレクトロルミネセンスとは、電場発光（Electroluminescence：ＥＬ）のことであり、蛍光体粒子を支持体に塗布し、両面につけた電極に電圧をかけて発光させる平面状の一種のランプである。

ＥＬを応用した製品のなかでも市場からの強い要望があったのは、液晶ディスプレイ用の白色光のバックライトであった。ＥＬ用の蛍光体を組み合わせれば、白色に光らせることができるはずである。しかし、うまくいかない。

日亜化学は、社長の小川英治がしばしば突然に社内の現場の様子を見回りにきて、雑談して帰っていくような家族的雰囲気の小さな会社であった。１９９3年になってよく光る青色ＬＥＤができたという情報は社内ではすぐに伝わってきた。それなら、分散型ＥＬよりは、青色ＬＥＤの青色の光を黄色フィルターに通して白色光のバックライトをつくったほうがよい、というアイディアが、担当者から生まれた。青色と黄色は補色の関係にあって、補色の光を混合すれば白色になる。すべての色を混ぜると白い光になると言ったニュートンを、ホイヘンスは青色の光と黄色い光の二つの色でも白い光になるのではないかとニュートンをやり込めた、17世紀の話を思い出していただこう（第1話参照）。従業員の一人一人がすぐにこの補色の関係に気づく企業風土は、日亜化学が色と光の企業として充分に育ってきた証であろう。市場ニーズは「白色バックライト」であって、手段は何でもよいのだ。なにも分散型ELにこだわることはない。しかしさらによくよく考えると、青色LEDで黄色く発光する蛍光体を励起し、その黄色い光と青色LEDのからの青色の光を混ぜ合わせれば、たった1個の青色LEDを使って白色LEDが実現できる。「黄色い蛍光体を探索せよ」という社長の指示が出たのは、1995年であった。

日亜化学の本業は蛍光体である。蛍光灯用やテレビ用蛍光体などで、世界のトップメーカーになっていた。青色LED開発の担当者にも、蛍光体を熟知するメンバーが多数いた。製造中の蛍光体ばかりでなく、過去に試作した蛍光体もサンプルとして豊富に保存されていた。探索が始まった。室内の蛍光灯で黄色に見えるサンプルを探せばいいのだ。蛍光灯の光には青色の光成分が入っているから、その光で励起され発光して黄色く見える。とても簡単である。

最終候補はイットリウム・アルミニウム・ガーネット結晶にセリウムを添加したYAG：Ce系蛍光体であった。サンプルは緑がかった黄色の発光であったが、その組成を調整してピーク波長が560ナノメートルになるように動かし、励起効率を上げるために青色LEDの波長を460ナノメートルから455ナノメートルに変えることは、日亜化学にとっては簡単なことであった。

蛍光体技術を熟知し、同時に青色LED技術を熟知していたのは、世界でも日亜化学をおいて他にはなかった。白色LEDは異種技術の融合で技術革新を起こした典型例であり、日亜化学で生まれる運命にあったとしか言いようがない。この白色LEDは1996年に市販開始され、センセーションを巻き起こした。最初の発光効率はわずか5ルーメン／ワットであったが、年ごとに急カー

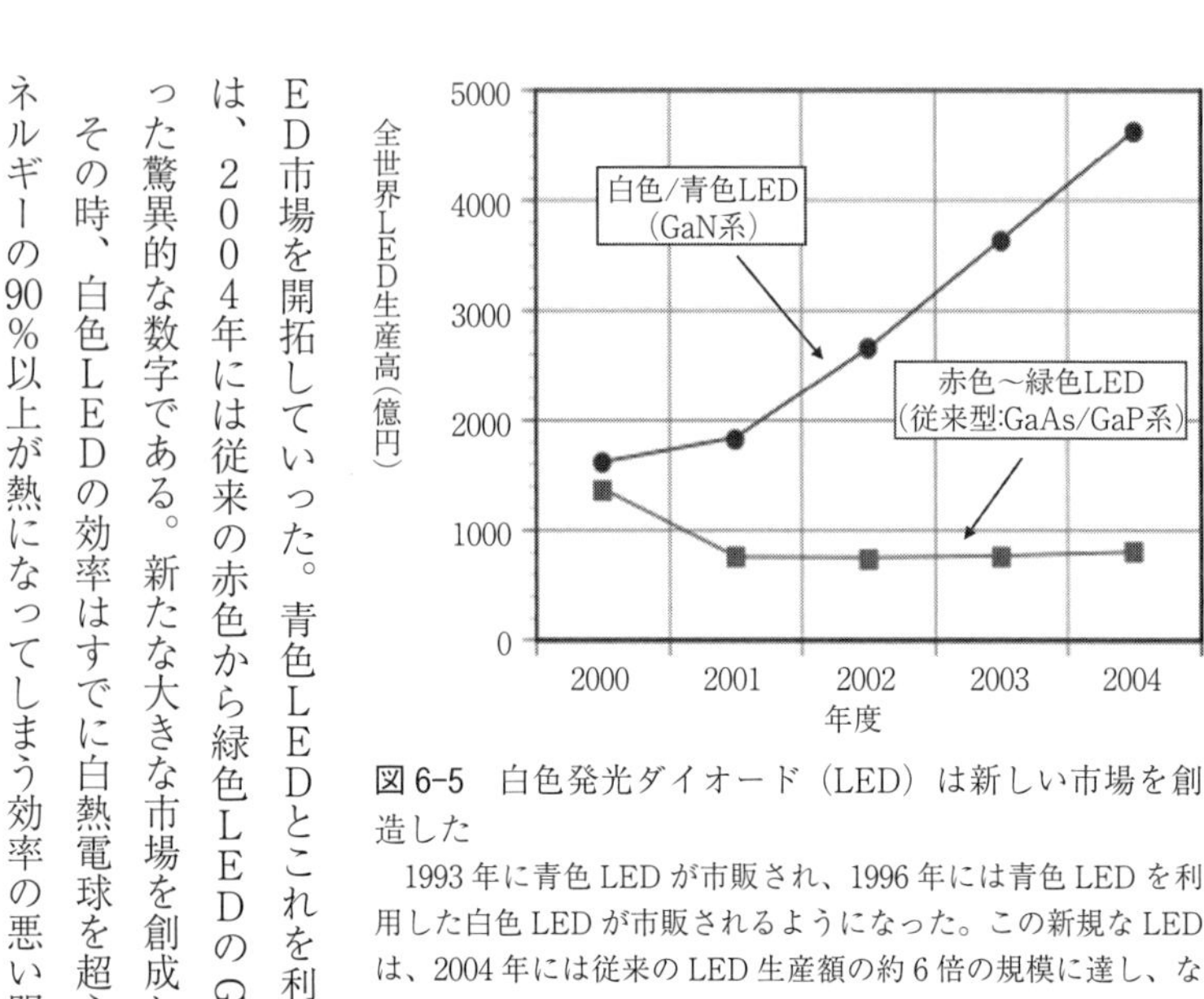

図6-5　白色発光ダイオード（LED）は新しい市場を創造した

1993年に青色LEDが市販され、1996年には青色LEDを利用した白色LEDが市販されるようになった。この新規なLEDは、2004年には従来のLED生産額の約6倍の規模に達し、なおも成長を続けている。[出典：Straeegies Ultimitted 2004年版、および、みずほ証券調査資料より推定作成した]

ブで向上していった（第5話図5-6参照）。市場が急速に成長したのは、携帯電話の液晶表示画面のバックライト光源として使われるようになった1999年以降のことである。

日亜化学にとっては簡単に開発できた白色LEDであるが、この白色LEDは、市場がまさに望んでいたものであった。携帯電話やデジタルカメラの液晶画面のバックライト用、表示用、照明用として、予想もしなかったような爆発的な売れ行きを示し、従来のLED市場に上乗せする、新たな白色LED市場を開拓していった。青色LEDとこれを利用した白色LEDのGaN系LEDの市場規模は、2004年には従来の赤色から緑色LEDのGaAs系およびGaP系LED市場の6倍にもなった驚異的な数字である。新たな大きな市場を創成したのだ（図6-5）。

その時、白色LEDの効率はすでに白熱電球を超え、蛍光灯に近づきつつあった。白熱電球はエネルギーの90%以上が熱になってしまう効率の悪い明かりであり、効率のよい蛍光灯は水銀という環境汚染物質から逃れられない運命にあった。高い価格も量産効果によって下がっていくことは容易に予測された。演色性の問題も、今後出てくる新しい技術によって徐々に解決されていくであろう。近い将来に、白色ＬＥＤが第四の「白い光のイノベーション」となるかもしれない、と予想されるほどの勢いであった。

日亜化学はどうなったのであろうか。蛍光体事業が主力であった１９９０年当時の日亜化学の従業員は３５０人、売上げは１６１億円ほどの中企業であった。しかし白色ＬＥＤ事業が軌道に乗った２００４年には従業員３４８２人、売上げ２１２１億円という立派な大企業に成長していた。社会に対しても、企業にとっても、まさにイノベーションが起こったのだ。

3　イノベーションの源泉――「辺境効果」

辺境と中枢

世の中にイノベーションを起こすかもしれない画期的な製品や技術が現れたとき、二つの驚きがある。

一つは、その製品や技術の革新性に対する直接の驚きであり、もう一つは、その製品や技術を成し遂げた当事者に対する驚きである。とくに名も知れない当事者が予想もしない製品や技術をつくりあげたときに、その驚きはいっそう大きい。

日亜化学が青色ＬＥＤを全世界に先駆けて実用化し、すぐさま続けて、白色ＬＥＤを全世界に先駆けて実用化した事例では、まさにそのようなことが起こった。21世紀にならないと開発されないだろうと世界的に信じられていた画期的な製品に、なぜソニーや松下や東芝のような日本を代表する「エレクトロニクス」の「大企業」ではなく、「地方」の名も知れない「化学」の「中小企業」が成功したのか。

もちろん、期待される著名な企業が画期的な製品や技術を作り上げてイノベーションを起こすことは当然ありうることである。精密機器分野に分類されるキヤノンが画期的なバブルジェット方式のインクジェットプリンターを開発して、安価な家庭用プリンターという新市場を創造した例はそれに当たろう。

しかし、「辺境」にいる当事者によってイノベーションが成し遂げられるのは、普遍的な現象である。トランジスターラジオをつくりだしたのは東洋の片田舎の、しかも無名な東京通信工業（現在のソニー）であった。浜松という地方都市でオートバイをつくりだした本田技術研究所（現在の本田技研工業）もそうである。X線CTを生み出したのは、巨大な放射線医療機器メーカーであるGE社でも、フィリップス社でも、ジーメンス社でもなく、英国のレコード会社EMI社であった。1895年のレントゲンの発明以来広く使われてきたレントゲン写真をデジタル放射線イメージシステムとして革新したのは、エレクトロニクスとは異分野の化学会社、富士写真フイルム（当時）であった。このような例は無数にある。

ここで言う「辺境」とは「中枢」に対する言葉である。「中枢」が都会で「辺境」が田舎という単純な構図ではない。知識や権威や権力、そして人材や資金などの資源が集中し、何らかの階層的な社会の構造ができ、そこで「常識」がつくられている「中枢」と、そこから離れて存在する「辺境」の違いである。「常識」とはその社会や組織にいる一人一人が当たり前のように信じている事柄や、何かを決めるときの基準となる暗黙的な価値観のようなもので、「パラダイム」と言い換えることができる。人が集まり、集団ができ、社会がつくられていくと、どこかにパラダイムの濃度の高い部分ができ、どこかに濃度の低い部分ができるということだ。

「辺境」と「中枢」の関係は、物理的にまた空間的に離れていることが本質ではない。同じ組織のなかでも、「辺境」と「中枢」は常にありうるし、「辺境」は小さく「中枢」は大きいというものでもない。ある事柄のパラダイムに関して「辺境」と「中枢」の関係があった場合、別の事柄のパラダイムに関しては「辺境」と「中枢」の関係が逆転することも、常に起こるものだ。

たとえば、ある化学系企業がエレクトロニクス分野に進出しようしたとき、エレクトロニクスに関連するパラダイムに注目すれば、その化学系企業は「辺境」に存在し、エレクトロニクスを生業としている電気系企業は「中枢」に存在する。しかし、逆に電気系企業が機能性材料分野に進出しようしたとき、化学に関連するパラダイムに注目すれば、その企業は「辺境」に存在し、化学を生業としている化学系企業は「中枢」に存在することになる。

「辺境」では「中枢」のパラダイムが薄らいでいる。ここが重要なところだ。「中枢」は絶えず、「中枢」でつくられるパラダイムを「辺境」に普及させ、「中枢」の影響下に置こうとする。「中枢」に情報や知識、資金、人材などの資源が集中する結果として、「辺境」は資源の不足や「中枢」からのさまざまな統制、さらにはその根本原因となっているパラダイムに対して批判的になる。その必然として「辺境」は現状を変えていこうとする具体的な目標をもつことができ、革新へのエネルギーが蓄積されていく母胎ともなりうる。「辺境」にイノベーションの芽が発生しやすい源泉はそこにある。交通手段や情報技術の進歩によって、そのような意味の「辺境」と「中枢」の差は縮まってきているとはいえ、厳然として存在していることは確かである。パラダイムの濃淡ができることは人間社会の本質であるからだ。

青色LEDの開発の場合、セレン化亜鉛（ZnSe）の研究が「中枢」を担い、窒化ガリウム（GaN）の研究は「辺境」を担うという構図が存在していた。従来のガリウム・ヒ素（GaAs）系LEDの長い歴史における技術蓄積は「中枢」を成立させ、「LEDの開発はこうあるべし」というパラダイムができあがっていた。このGaAs研究で築かれたパラダイムは、ZnSe研究には正統に適用できても、GaN研究には適応できなかった。従来の方法論が適用できるZnSeのほうが実現可能性は高いと信じられていたことに加えて、1991年になって3M社のZnSe系青色半導体レーザー発振成功のニュースが、その方向を決定づけたのである。ZnSeを主体に、しかし安全保障のためにGaNをも細々と研究していた大企業も、GaNを放棄して、いっせいにZnSeにシフトした。ZnSe研究ブームが突如として起こった。大企業は「中枢」にいるからこそ大企業なのであり、「中枢」になることを運命づけられているのである。

「中枢」は従来のパラダイムを踏襲（とうしゅう）する。GaAsを用いたLEDや半導体レーザーの研究は、1960年以来の長い歴史をもつ。研究の方法論も、研究設備も、また研究マネジメントや研究の組織のありようも、長い歴史のなかで洗練されていく。洗練とは、無駄と思われたり、効率が悪いと思われるさまざまなものを捨て去っていくことに他ならない。人や機械の仕事がより精細に解析されて分業化が進み、専用の装置が開発され、部分部分がより最適化されていく。最適化された部分を統合すれば目標は達成できる、と考える論理が、「中枢」には成立している。

「中枢」のなかにあったZnSe研究では、当然ながら、GaAs研究のパラダイムに従って最適化された結晶成長装置を使用する。そのような装置を外部の専門メーカーから購入するシステムは、すでにできあがっている。常識なのだ。幸運にもZnSe結晶と結晶整合性のよかったGaAs単結晶基板は、自らつくりだすよりは外部から購入する。GaAsの長い歴史のなかで専門メーカーが育っているから、ZnSe単結晶基板そのものを作り出す必要はなかった。これもまた、常識なのだ。GaAs研究のパラダイムを用いた方法論でZnSe研究は進んでいき、ZnSeは間違いがないとの確信がますます深まっていく。研究の初期段階では何をやっても、当然ながら常に性能は上がっていくものだからである。

日亜化学は生業の蛍光体の領域では世界の「中枢」に位置しているが、LED領域でしかもGaNを選んだから、ますます「辺境」になった。田舎にあるから「辺境」なのではない。GaNに対しては、GaAsのパラダイムは役に立たないから、洗練されたシステムなどは何もない。分業して進めることはできない。結晶成長装置をはじめとして、すべての研究プロセスを、それが全体のシステムのなかでどのように位置づけられるか把握して仕事をしないと、先に進まない。全体を最適化するためには、個々の要素をその境界を越えて全体と結びつける自由奔放な活動をとらざるをえない。また、それができる。「中枢」は部分に、「辺境」は全体に関心のエネルギーを注ぐのである。

全体を見回すことができて初めて、プロセス全体のどこが隘路、ネック、問題なのかを指摘することができる。プロセス全体を解決するその問題点を明らかにすることが、イノベーションへの道の具体的な活動に他ならない。大企業がそれまで築き上げてきた価値観にロックインされて身動きがとれない状態にあるとき、そのような価値観をもっていない挑戦者である異端の新興企業は、新たな価値観で自由に戦うことができる。「辺境」は「中枢」よりも、そのような環境が存在しやすいのである。「中枢」に属さない「地方」の名も知れない「化学」の「中小企業」が、「エレクトロニクス」の「大企業」に逆転勝ちした本質は、そこにある。「辺境効果」である。大企業がしばしば挑戦者である新興企業に敗れていく理由もまた、同じである。

イノベーションに不可欠な運と縁

そうは言っても、辺境にいる挑戦者が必ずしも勝利するとは限らない。当然である。イノベーションが成立するためには、「人」と「時」と「場」の共鳴が必要である。「人」とは当事者の熱意・知識・経験・能力、加えて哲学とか倫理観や理念などの資質であり、「時」とはそのイノベーションが受け入れられる時の流れであったり、技術水準が望ましいレベルに達している時代であったり、市場導入するタイミングなどであったりする。「場」とはそのときの社会の様相であったり、組織の仕組みや、利用できる資源環境や、相性のよい仲間たちであったり、競争相手などである。

どのような個人でもまた組織でも、イノベーションへの活動を始める前に、その活動を成功させるにふさわしい「人」と「時」と「場」を考えることはできる。有能な個人や優れた組織ほど、精緻な実施計画をつくりあげるだろう。しかし、それだけではいけない。活動を始めたあとに、未知の予測しがたい幸運な「人」と「時」と「場」の要因が加わって、初めてイノベーションへの道が開ける。いくら熱意があっても、一生懸命がんばっても、だめなのだ。運とか縁、セレンディピティ（第3話、注19参照）が必要である。しかも、一回だけではなく、何回か必要である。運や縁はしばしば眼の前に訪れるのだが、それに気づき、それらを巧みに取り入れなければ何の意味もない。取り入れられることができるかどうかは、個人の、また組織の能力にかかっている。

運や縁、セレンディピティを手に入れるには三つの条件が必要である。夢を成し遂げたいとする「熱き思い」、知識の秘密の宝箱である「無意識知」[注37]、眼の前に訪れる「ヒント」、という三つの条件である。創造の発端には何はともあれ、「ひらめき」がある。ひらめかなければ何事も始まらない。イノベーションも起こらない。この条件はその「ひらめき」の必須の要件でもある。ぼんやりしていてはだめであり、三つの条件が整うように、個人でも組織でも前もって日頃から準備をしておかなければならない。

サッカーのコーナーキックは、ゴール前の幸運がいくつか重ならないと、ゴールに入らない。偶然と思われる場面もないではないが、それぞれの選手の得意技をあらかじめ育て上げ、それらの選手を戦術的な位置に配置しておいて、その場面が来たときにゴールの確率を高める戦略は、マネジメントの範囲内にある。運とか縁、セレンディピティは、準備して待ち受けている人や組織だけに訪れるのだ。準備していないところには幸運は来ない。

つくりあげようとしている革新的な製品の周辺技術が予想外に進展し、その技術を他から機敏に取り込むことによって、製品の革新性がますます高まることもよく起こる。パソコンのメモリー容量の急速な発展や処理速度の急速な向上、インターネットの急速な普及などは、その例に当てはまる。人との偶然な出会いによって幸運な方向に局面が急展開することも、よくあることだ。

プラスの要因が加わることばかりではない。マイナスの要因が減ることも、イノベーションへの道を開く。日亜化学の青色ＬＥＤの開発の場合、競争相手である企業のGaN系研究者は、見事なまでに消え去った。これは偶然と言ってもよい。

ＲＣＡ社は１９７４年に、またフィリップス社は１９７７年に、早くもGaN研究から撤退していた。ZnSe研究が世界の常識となっていったなかで、なおGaN系かZnSe系かと迷っていた企業も、３Ｍ社のZnSe青色半導体レーザー発振成功のニュースによって、ZnSeしかないと確信した。InGaN単結晶の薄膜化を世界で初めて成功させ、GaN系の青色ＬＥＤの実現にもっとも近い位置にいたと思われるＮＴＴは、１９９２年にGaN研究の中止を命じ、ZnSe研究にシフトした。日亜化学がGaN系青色ＬＥＤの成功を発表する1年前のことである。東芝社がGaN研究に重点を置き出したのは日亜化学の発表後であり、ＮＥＣ社は１９９６年、ソニー社は１９９７年になってやっとZnSe研究からGaN研究にシフトした。GaN系ＬＥＤの技術を萌芽させ、育て上げる大切な時期に、日亜化学の前には競争相手となる企業がいなくなっていた。幸運なことであった。

リンドバーグとそのライバル

見事なまでにライバルが消え去った例を、もう一つ挙げておこう。1927年5月20日に初めて大西洋を単独で無着陸横断飛行に成功したチャールズ・リンドバーグの事例である。

ニューヨークのホテル経営者レイモンド・B・オーティグが提供した2万5000ドルのオーティグ賞に応じて、ニューヨークからパリまでの無着陸横断飛行に挑戦した飛行士たちのうち、1926年末から1927年の初めにかけて、6人が命を失った。1927年に入ってからも、もっとも有望視されていた初の北極点飛行を成功させ有名になったリチャード・バードのフォッカー三発単葉機「アメリカ」号は1927年4月16日の試験飛行の着陸時に大破し、乗組員が負傷して、レースから脱落した。その1週間後の4月24日、クラレンス・チェンバレンのベランカ単葉機も出発できなくなった。試験飛行の離陸に際しランディング・ギア（降着装置）を破損したことに加えて、契約のトラブルが解決できなかったためだ。さらにその2日後の4月26日にはキーストーン複葉機「アメリカ在郷軍人」号は最後の試験飛行で墜落大破して、乗員のノエル・デーヴィスとスタントン・ウースターの2人が死亡した。そのような中で、5月9日にパリを発ったシャルル・ナンジェッセとフランソア・コリの2人の乗った複葉機「白鳥」号が大西洋を横断してカナダのニューファウンドランドまで飛行し、ボストンを通過したとのラジオのニュースを聞いて、リンドバーグは一番乗りをあきらめるほどであった。が、その直後に「白鳥」号は行方不明になってしまった。そして25歳の無名の若者リンドバーグは、挑戦者が誰もいなくなった5月20日にライアン単葉機「スピリット・オブ・セントルイス」号に乗ってニューヨークを離陸し、33時間後パリに着陸した。このような偶然がなければ、またこのような幸運を確実につかんだからこそ、彼は最初の人になったのである。リンドバーグに次いで再挑戦し、2週間後に大西洋横断に成功したチェンバレンの名前はもはや誰も覚えていない。

イノベーション・プロセスにおける二つの「場」

「辺境効果」はイノベーションへのきっかけをつくりだす要因として有効であっても、イノベーションを成功させる充分な条件ではない。

画期的なアイディアやコンセプトを思いついたとしよう。それが革新的技術と結びつき画期的な商品となり、企業に経済的成果をもたらすようなイノベーションを起こさせるには、不確実性が存在する二つの「場」を必ず伴う。革新的技術を創り出す「探索／模索の場」とその後に続き画期的商品として成功させるための「商品化／事業化の場」である。前者はアイディアやコンセプトが技術的に実現可能なのかという不確実性であり、主として客観的な知識に支配される「自然の世界」にある。仮説を立ててそれを実験により検証していくという自然科学の研究プロセスを繰り返していく。一方、後者は商品化して市場に出すための資源を他人に提供してもらうという不確実性であり、主として関連するさまざまな他者との合意形成に支配される「ヒトの世界」にある。この二つの「場」の間には手法上のまた思考上の大きな障壁が存在する。「辺境効果」はその「探索／模索の場」にとくに効果的なのであって、「商品化／事業化の場」ではない（図6‐6）。

これら二つの「場」は企業のなかで企画部門、研究部門、開発部門、生産部門、営業部門というように組織的に分離されて存在する場合もあるし、一つの組織のなかに複数の「場」が混在している場合もある。また、空間的に分離しているのではなく、1人の技術者や研究マネジャーがこの二つの「場」を同時に担っている場合もある。企業によっては、その企業の理念や経営戦略により、二つの「場」を行なっている場合もあるし、どちらか一方を行なっている場合もある。

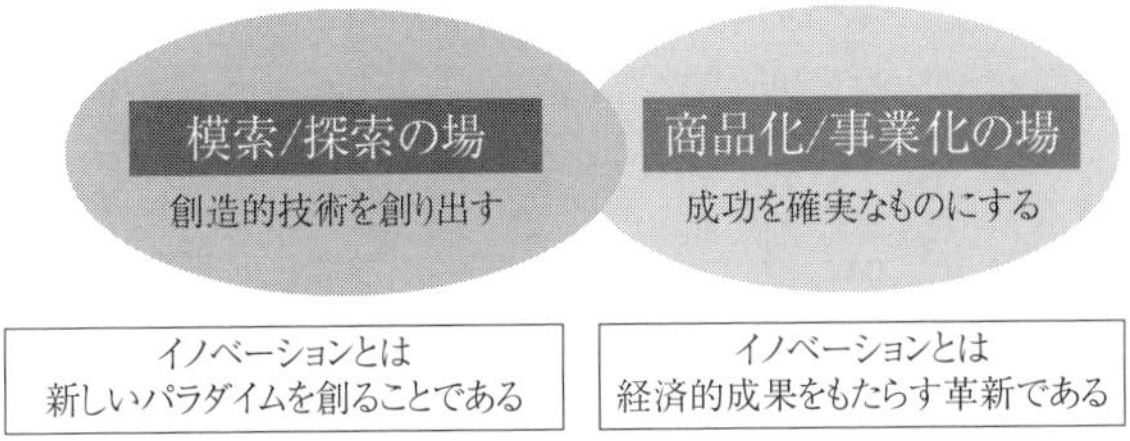

図 6-6　イノベーション・プロセスにおける二つの「場」

イノベーション・プロセスは不確実性の高い本質的に異なる二つの「場」から構成される。画期的なコンセプトを生み出し、創造的技術を創って実現可能性を自らが確信する「模索／探索の場」とその実現に向けて他者の資源を動員しなければならない「商品化／事業化の場」である。前者では主として「戦略論」が語られ、後者では主として「戦術論」が語られる。それぞれは、イノベーションの定義・必要とする人材・マネジメントやり方などが大きく違う。結果として、多くの場合、「模索／探索の場」では性善説が支配し、「商品化／事業化の場」では性悪説が支配している。イノベーションにおける「辺境効果」は「模索／探索の場」に特に有効に機能する。

別の言い方をすれば、すでにわかっている市場ニーズや調べればわかる市場ニーズ、すなわち「顕在ニーズ」を実現しようとするならば、「商品化／事業化の場」だけで充分である。小さなイノベーションを次々と実現させることはできるだろう。しかし市場ニーズを調査してもわからないような「潜在ニーズ」を実現させ、画期的なイノベーションを起こさせようとするならば、「探索／模索の場」と「商品化／事業化の場」との二つの「場」が不可欠である。最初の創造的なコンセプトはある個人の頭の中にひらめきとして浮かんでくるものであり、試行錯誤してそれを形として予備的に確認する「場」が最初になければならない。いずれにせよ、二つの「場」では、イノベーションの定義も違うし、必要とする人材も違うし、マネジメントの方法論も違う。パラダイムがまったく異なるそのような二つの「場」のことを言っている。

「探索／模索の場」においては、「イノベーションとは新しいパラダイムを創ること」である。アウトプットはその創造的なアイディアやコンセプトに従ってつくられた試作品（プロトタイプ）だ。最終的な結果として経済的成果が得られる場合もあろうが、得られないで失敗する場合もありうる。この「場」では「発明はイノベーションを生み出す母」である。失敗した技術も、新たな技術創出のための重要な資産と考える。この「探索／模索の場」における視点は「あした、あさって」に置かれ、「何をすべきか（ＷＨＡＴ）」という「質」が求められる。重要なのは「いかにうまくやるか」との戦術論ではなく、「何をやるか」との戦略論の場である。定量的というよりもむしろ、定性的な判断、感性や洞察力がより重要になる。「探索／模索の場」においては研究者や技術者の自由度は大きい。性善説に従ってマネジメントされているからだ。試行錯誤や失敗も許される。その活動は将来の成長のための保険である。

一方、「商品化／事業化の場」においては、「イノベーションとは経済的成果をもたらす革新」でなければならない。「探索／模索の場」におけるイノベーションの定義とは大きく違う。革新的、新しいことでありさえすれば何でもよいというのではない。「発明は必ずしもイノベーションにはならない」のだ。確実な技術で、確実に経済的成果を目指さなければならない。市場での成功がより厳密に考慮されねばならない局面にある。したがって、やるべき仕事がさらに具体的に限定される。性能、歩留まり、コスト、精度、安全性、予想売上高、利益、市場占有率などの「量」が厳しく要求される。「何をやるか」よりも「いかにうまくやるか」が重要となる戦術論の場であり、定量的で論理的な判断がより重要になる。「商品化／事業化の場」の視点は「いま、きょう」に置かれる。時間はない。その活動に対して失敗は許されない。投入される研究資源の量も多く、失敗した場合の損失が著しく大きいからである。組織も、専門職務内容に従って分業化され、厳密な階層構造に変えて、トップダウンで確実に業務を遂行できる工夫が必要になる。「商品化／事業化の場」は性悪説に従って行なうリスクマネジメントが基本である。技術者の自由度も「探索／模索の場」よりも少なくなっていく。「探索／模索の場」に長けた人材が必ずしも「商品化／事業化の場」にも長けているとは限らない。ストレスに耐えかねてその「場」を逃げ出してしまうことも起こりうるのだ。

先にも述べたように、「辺境効果」はイノベーションのきっかけとなる「探索／模索の場」に有効ではあっても、「商品化／事業化の場」に対しては必ずしも有効にはならない。X線CTの例をまた引こう。EMI社の技術者ゴッドフリー・ハウンズフィールドは、革新的な医療画像診断機器であるX線CTを1972年に生み出した。そして1979年にノーベル生理学・医学賞を受賞した。しかしEMI社は巨大な放射線機器メーカーであるGE社などに事業を奪われ、「商品化／事業化の場」に失敗した。目標が明確になった場合は、その分野の「商品化／事業化の場」に熟達した企業が圧倒的な力を発揮する場合がふつうなのである。

「探索／模索の場」に成功し、第四の「白い光のイノベーション」への第一歩を歩み出した日亜化学は、「商品化／事業化の場」に熟達した企業を相手に、その後はどうなったのであろうか。第

7話では、それを見ていこう。

第7話　今、白い光は

つきつめれば、明かりに用いられてきた光は熱放射光とルミネセンスの二つである。炎を利用したオイルランプ、ロウソク、ガス灯の光は炎のなかで加熱された炭素の粒子からの熱放射光であったし、白熱電球の光も電気で加熱された高温のフィラメントからの熱放射光であった。熱放射を利用する明かりを第一世代とすると、白熱ガス灯が橋渡しの役割を演じて、第二世代のルミネセンスを利用する明かりに進化していった。ルミネセンスを利用する光の発生は白色蛍光灯や白色発光ダイオードのような効率の高い明かりをつくりだした。

２０１４年のノーベル物理学賞は、第6話「量子の白い光」に登場した日本人3人に贈られた。日本発の青色発光ダイオードを応用した白色発光ダイオードの実現が１００万年にわたる明かりの長い歴史における最新の第四の、「白い光のイノベーション」になったのだ。これらの発光ダイオードを創り出した日亜化学は現在もなおこの技術分野において一目置かれる立場にある。

振り返ってみると、２０００年当時の明かりの市場は電球と蛍光灯がほとんどすべてを占めていた。白色ＬＥＤは新参者として注目されてはいたものの、早いもの好きが買って楽しむ程度に周囲からは思われていた。しかしそれから15年経ち、現在ではまったく状況が違っている。日本ではスーパーなどの明かりの販売コーナーのほとんどを白色ＬＥＤが占めるようになっている。白色ＬＥＤは電球や蛍光灯が持っていなかった多くの特性に加えて、地球規模の省エネルギーや環境への社会的要求に合致する唯一の明かりとして、その普及が加速されている。

では、白色ＬＥＤに代わる次の明かりの技術革新はいつ起こるのだろうか。産業革命の成果として生まれたガス灯を含め、次の電球、蛍光灯、白色ＬＥＤとの四つの明かりのイノベーションは、興味深いことに、約60年ごとに起こってきたのであるが、はたしてその通りに起こるのであろうか。

1　それは日本で起こった

辺境からの挑戦

毎年、秋になると今年は日本人で誰が受賞するのだろうとノーベル賞が話題になる。日本を一流国として自他共に認めてもらえる国際的な賞はノーベル賞だけであるというような論調でマスコミは取り上げる。コメントを求められた候補者の言葉が写真入りで新聞紙上にも出てくることもある。ずっと以前ではあるが、ある都市のある大学の研究室を訪れたら、ノーベル賞をもらえるはずと至極まじめに言っていた教授にも出会ったこともある。そもそもノーベル賞とは限らず多くの賞の受賞者は多くの候補者の中から、ある意図で、しかも偶然に選ばれるのであって、すべての受賞者が公平に選ばれたとすべての人が評価するようなことは滅多に起こらない。

１９６２年のノーベル生理学・医学賞はＤＮＡ（デオキシリボ核酸）の二重らせんモデルを見出したジェームス・ワトソンとフランシス・クリックと、そしその研究に貢献があったとして選ばれたモーリス・ウィルキンスに贈られた。ワトソンとクリックは１９５３年に『ネイチャー』誌に二重らせんモデルを発表したのだから、その功績は当然であるとして、だが、3人目であるウィルキンスについては、そのＤＮＡ二重らせんモデル構築に決定的に影響を及ぼしたＸ線回折写真は実はロザリンド・フランクリンの実験で得られたデータであり、ウィルキンスは勝手にワトソンとクリックにその写真を見せたのであって、彼女こそが本当は受賞者に選ばれなければならなかったとする意見が今なお絶えない。それだけではない。彼ら3人のノーベル賞受賞の際に、ＤＮＡ二重らせんモデル研究へのノーベル賞は「私こそが受賞すべきだ」とエルヴィン・シャルガフが言ったという話も聞いている。シャルガフは、ＤＮＡを構成する4つの塩基において、アデニンとチミンの数が等しく、シトシンとグアニンの数が等しいとの決定的な事実を発見していたオーストリアの生化学者である。この事実を知らなかったら、ＤＮＡ二重らせんモデルは構築できなかったであろうことは容易に推測できる。確かに、3人目としてはモーリス・ウィルキンスよりはロザリンド・フランクリン、あるいはエルヴィン・シャルガフの方がふさわしいと考える人たちがいても不思議はない。

２００３年のノーベル賞でも似たような出来事があった。その年の医学生理学賞はＭＲＩ（Magnetic Resonance Imaging：磁気共鳴画像装置）の研究に与えられたのであるが、その受賞者2人、つまりポール・ラウターバーとピーター・マンスフィールドの名前が発表された直後に『ニューヨークタイムズ』紙や『ワシントンポスト』紙に、レイモンド・ダマディアンによる「私こそが受賞すべきだ」とする全面広告が載った。確かにＭＲＩ研究の歴史を調べていくと、それまで単なる分析装置として使われていたＮＭＲ（Nuclear Magnetic Resonance：核磁気共鳴装置）が医療診断に適用できると最初に考え、実験まで行なったのはダマディアンである。受賞者は３人まで認められているので、３人目の空席にダマディアンが座ってもよさそうなものである。だが、ダマディアンは外された。ダマディアンが外れるように、受賞理由が核磁気共鳴の「画像法」に慎重に限定されたとも言える。もちろんこの他にもさまざまな理由があったのだろう。このように毎年のノーベル賞の発表の際に、「本来受賞すべき人物が外れている」と語られる事例は多数ある。ことほどさように、人を表彰するということは、とても難しい。

ともあれ、２０１４年のノーベル物理学賞は、第6話「量子の白い光」に登場した赤崎勇、天野浩、中村修二の日本人3人に贈られた。喜ばしいことである。受賞理由は「明るくエネルギー消費の少ない白色光源を可能にした高効率な青色ＬＥＤの発明」である。ノーベル賞としてはやや異例の、研究というよりは実用化技術への貢献に対してであるが、その貢献が著しく大きかったことは、スウェーデン王立科学アカデミーが受賞に際して述べた賛辞に表現されている。すなわち、「彼らの発明は光の技術を根本的に変え、世界を一変させた。20世紀は白熱電球で照らされた時代だったが、21世紀はＬＥＤのランプで照らされる時代だろう」と。

これは白色ＬＥＤが蛍光灯に次ぐ第四の「白い光のイノベーション」として世界で認知されたこ

とを物語っている。加えて、科学技術の歴史ある先進国ではないアジアの国の日本が、長い明かりの歴史の中で初めて「白い光のイノベーション」の立役者になったという意味でも意義のある受賞と言えよう。しかも日本の四国の日亜化学という異分野の名前も知られていなかった小企業が明かりの世界を変えたのだ。

１９９６年に白色ＬＥＤが発表され、白色ＬＥＤ市場が誕生すると、その市場は将来とも大きな成長が見込まれると踏んだ欧米やアジアの巨大企業から小企業に至るまで、数十社がこの市場に怒濤のように続々と参入した。第6話で述べたように、イノベーションの芽となる創造的なコンセプトは「辺境」で生まれやすい。「辺境効果」である。だが、イノベーション・プロセスの「探索／模索の場」で生まれたその芽が、近い将来にイノベーションになりそうだとはっきりしてくると、その分野の「商品化／事業化の場」に熟達した企業が圧倒的な力を発揮し、生まれたばかりのイノベーションの芽を奪い取る。イノベーションの歴史ではしばしば起こる現象である。日亜化学はどうであったのか。

日亜化学は青色ＬＥＤ発売から18年、白色ＬＥＤ発売から15年経った２０１１年において、高輝度ＬＥＤとパッケージＬＥＤの世界シェアでは、なお世界トップのシェア（17％）の地位を保っていた。さらに青色ＬＥＤ発売から21年を経た２０１４年には、売上高３４８７億円、海外も含めた従業員は８３９４人の立派な大企業になっていた。蛍光体専業であった１９９０年と比較すると、従業員数は27倍に、売上高は22倍に急成長した。ＬＥＤとはほとんど縁がなかった「辺境」にいた日亜化学は「商品化／事業化の場」においても多数の企業との激しい競争に耐え、自ら新しく構築した白色ＬＥＤ市場の「中枢」として立派に生き残ったのである。

　もちろん青色ＬＥＤを世界で最初に実用化し、同時に蛍光体では世界トップレベルの市場シェアと技術力をもっていた日亜化学であったからこそ、青色ＬＥＤ技術と蛍光体技術のシナジーが効果的に起こって白色ＬＥＤがつくられた。その意味では世界広しと言えども、日亜化学だけが為しえた偉業である。しかし技術と幸運だけではでは「商品化／事業化の場」に秀でた同じ分野の大企業に飲み込まれてしまい、生き残れない。小企業は大企業とは違う理念に基づいた経営者の長期的な戦略と好機を逃がさない果断な決断がよりいっそう不可欠になる。

　たとえば特許の問題もそうである。それまで蛍光体を主たる事業にしていた日亜化学は電気系の大企業に蛍光体を供給し、大企業はその蛍光体を用いてカラーテレビ用ブラウン管や蛍光灯を製造し販売していた。日本が世界のカラーブラウン管の製造工場として活躍していた時代である。大企業は日亜化学にとっては大事な顧客だった。

　青色ＬＥＤと白色ＬＥＤ開発に成功し、それが事実であるとわかると、顧客であった大企業は半製品であるチップ(注38)を供給するように日亜化学に要求した。「商品化／事業化の場」に熟達しているその大企業はそのチップを購入し、自社で製品として組み立てて商品化するのだ。蛍光体の場合と同じように使用者側と供給者側との従属関係が当然であると強者の判断をしていたのであろう。だが、日亜化学はそのチップ売りを断った。

　日亜化学にとってはチップだけを売る戦略も当然ありえたであろう。投資金額が少なくて済む上に、失敗するリスクも少ない。だが、それをすると大企業に飲み込まれることは眼に見えている。

最終製品にした方が利益率も当然高い。それまで顧客であった大企業を競合する敵にまわす可能性が出てくるが、しかしあくまでもチップ売りはせず、商品化／事業化まで自社で行なうことにこだわった。先行して得ていた特許群を武器にして戦うことを選んだのだ。

当時の日本の電気系企業は自社の特許と他社の特許は互いにクロスライセンスをして共有するとの慣習がいわば暗黙の了解事項になっていた。出願する特許もそのような事態になるかもしれないことを想定して書かれていた。しかし日亜化学は互いにクロスライセンスするとのその慣習に従わなかった。業界の掟を破ったと言えるかもしれない。

日亜化学は相手の技術が自社に必要となる場合や、あるいは共同して市場を拡大していくにふさわしい相手との間ではクロスライセンスをしていった。特許を無視して生産や販売している相手には裁判で徹底的に戦った。それでも無視する企業が続々と出現きたが、モグラたたきのように一つ一つ戦う裁判を延々と続けた。革新技術を創り出した先駆者は自社特許を武器にして愚直に戦っていく道を選んだ。

また日亜化学にはオーナー企業でなければ考えられないようなマネジメントの伝統がある。まだ蛍光体専業メーカーであった時代に、将来のために「MOCVD法」という新しい薄膜結晶成長技術を習得させようと従業員を米国に留学させたこともそうである。将来何かの役に立つかもしれないとの理由である。さらには1人の従業員の言いだした一か八かのGaN系青色LED研究を「やってみよう」と5億円もの資金を社長の一存で出した決断もそうである。成功しなくても、得られた知識や経験は将来必ず役に立つとの信念からである。

創立30周年の記念事業として、手狭になっていた本社ビルを建てるのではなく、工場内に6階建ての大きな「第一研究棟」を建設した事例もそうである。専務（当時）の小川英治によると、1階には解析部門と品質管理部門が入るものの、2階から6階までの無人の広いスペースは社員が誰でも自由にアイディアを持ち込んで実験できる場所として建設されたという。しかも、最後の最後になって将来は大きな設備も設置するかもしれないと、すでに工事が始まっていたにもかかわらず6階の天井だけは高くするように急きょ変更の指示を出した。青色LEDの研究はまだ誰も思いも及ばなかった時期である。

この最上階の天井を高くした第一研究棟が、のちの青色LEDや白色LEDの研究開発と事業化の初期の立ち上げに大いに役に立った。新たに作ると1年以上はかかる研究や製造のための建物がすでにあったのである。1993年に世界初の青色LEDを発表した時に「明日から出荷開始する」と異例の宣言ができたのもそのような背景がある。将来のために、先行して広大な土地を購入しておく、だだっ広い工場をどのように使われてもよいように設計して前もって作っておくとの経営判断はなかなかできるものではない。

プロトタイプを作り出すそれまでの「探索/模索の場」と違って、青色LEDの「商品化/事業化の場」まで自社で行なうと二代目社長の小川英治が決断したあとは投資額が莫大に増大する。LEDの生産工程はチップまでを作る「前工程」とチップを他の部材と組み合わせて最終製品に仕上げる「後工程」がある。結晶成長プロセスを主体とする前工程は、それまで使っていた研究用の機器の容量を大きくしたり、数を増やしたりすれば、何とかなる。しかし、後工程は日亜化学がそれまで経験したことのない新たな技術・専門家・建物・設備が必要になってくる。その投資も事業成功の目処が立ってからでは遅い。不確かな将来を確かな未来として思い込んで、巨額な投資を何年も前から先行して行なわなければならない。人も建物も設備も動き出すまでは数年かかるからだ。しかも自社の資金だけでは不足するから、社長の自宅を担保にしてまでも社外から資金を借り集めなければならない。白色ＬＥＤの事業が本格的に始まる前の段階において、大企業では考えられないような、売上高を上回る巨額の投資を何年も前から迅速に続けられたのも、社長の小川英治が日亜化学流のマネジメントの遺伝子を受け継いでいたからに違いない。

日亜化学が生き残った理由は、もちろんそれだけではない。蛍光体専業の時代から保有している分析機器とその機器分析技術では、規模の小さい企業では異例なほどの日本でもトップクラスのレベルにあったし、必要となるさまざまな設備や機器は自社で開発するとの伝統も大いに貢献したであろう。生き残るための経営陣や社員たちによる必死の努力も当然にあったであろうし、さまざまな幸運にも恵まれたであろう。

イノベーションに成功する要因には、自分の意志ではどうにもならない社会の動きもある。ライバルが消え去るという幸運な出来事もそうである。日亜化学の場合には二度にわたって、それが起こった。第6話でも述べたことであるが、最初は青色ＬＥＤの開発競争の過程である。１９９１年の３Ｍ社のＺｎＳｅ系青色レーザー成功のニュースを聞いて、多くの企業がそれまで続けてきたGaN系青色ＬＥＤ研究を中止し、ZnSe系青色ＬＥＤ研究一本に絞った。日亜化学のライバルが消えさったのだ。そして日亜化学は先陣を切ってGaN系青色ＬＥＤ開発に成功した。二度目は、あとで詳しく述べることであるが、白色ＬＥＤの先輩であり、ライバル製品であった白熱電球と白色蛍光灯が法的規制によって、全世界から急に消え去る運命を背負わされたことだ。これも想定外の出来事であったと言えるだろう。

日亜化学は第四の「白い光のイノベーション」の立役者となった。だが、この白色ＬＥＤ分野は半導体に関連する産業の宿命とも言える価格の低下は避けられないし、利益率は徐々に低下していくことは確実である。技術が発展途上国に移転することによってコストの安い企業が数多く誕生し、彼らによる追い上げもきびしい。市場からの多様な要求に合うように次々と行なわねばならない技術開発も待ったなしである。実際に２０１３年の世界の高輝度ＬＥＤ市場において、韓国・台湾・中国などのアジア勢が日本・欧米勢を追い抜き50％以上の市場シェアを占めるようになった。かつて「辺境」にいた日亜化学は現在ではその分野の「中枢」になってしまった。その「中枢」になった日亜化学が将来にわたって白色ＬＥＤ分野のリーダーシップを続けられるかどうかは予断を許さない。あらゆる創造的なものごとがそうであるように、成長や繁栄、栄華が永遠に続くことはありえない。日亜化学が再び新たな分野の「辺境」に戻って、新たなイノベーションの芽を模索し、新たな世界へとパラダイム・チェンジを起こさなければならない時期がいずれ来るかもしれない。その時、どのように変身していくのであろうか。注目していきたいところだ。

電球と地球温暖化問題

ものを作ったり、もの使ったり、どこかに行ったり、何を行なおうともエネルギーを消費する。

現在のエネルギーの源はほとんどすべてが化石燃料に由来するから、エネルギー効率の低い白熱電球を考える場合にも、地球温暖化の議論や温室化ガスである炭酸ガスの話がついてまわる。

『気候変動に関する国際連合枠組条約の京都議定書』、略して『京都議定書』が京都において締結されたのは1997年12月である。地球の温暖化を防止するためにその原因となる人為的に排出される炭酸ガス（二酸化炭素（CO_2））などの温室効果ガスを減らしていこうとの国際的な取り決めをした条約であり、2005年に発効した。しかしこの『京都議定書』には、先進国のなかで最大の炭酸ガス排出国である米国が加わっていなかったり、発展途上国とされているのに最大の排出国に躍り出た中国は排出制限の対象にもなっていなかった。そもそも炭酸ガスが近年の地球温暖化の主原因であるとのキャンペーンの根拠となった国連機関のＩＰＣＣ（気候変動に関する政府間パネル）の報告の中のデータが、意図的に都合のよいデータを選んで作り上げていたとのスキャンダル（クライメート・ゲート事件）が2009年に明らかになった。同じ2009年には首相になり立ての民主党の鳩山由起夫氏が「日本は二酸化炭素25％削減する」と世界に宣言し、欧米の政治指導者からなぜか妙にほめられた出来事もあった。その途端に国内では、省エネルギー技術では世界のトップを行き、もともと炭酸ガス排出量削減に努力してきた日本がさらに少ない目標をなぜ勝手に宣言したのだとの批判がわき上がった。炭酸ガス排出権取引という国家間の仕組みを作り上げ、それを利用して大儲けをたくらもうとする人たちの動きも表面化してきた。地球温暖化の議論はことほどさように、自然科学の領域を飛び越えて、政治的なイデオロギーに変質している。[注40]

一方では、現在は近世に現れた小氷河期から回復している温暖化の過程にあり、温暖化の主たる原因は人為的に排出される炭酸ガスではないのだという議論もある。どちら側も、科学的に正しい事実を集めているから、自分たちが真実だという主張をしている。事実をある意図に沿って編集すれば、同じデータを使っても正反対の結論が得られることはよくあることだ。とてもわかりにくい。ふつうの市民はどちらを信じてよいのか迷う。ともあれ、人類誕生以来、温室効果を持つ炭酸ガスの地球全体の収支が、それまでの釣り合った状態から産業革命以降に急増しているとの研究データは真実と信じてよいと思うのだ。それが地球温暖化と相関し、その寄与率が90％なのか10％なのか、あるいはそれ以下なのか、わからないが、定性的には地球温暖化の原因の一つであることは間違いないであろう。

そのわかりにくい地球温暖化の議論ではなく、発光効率が蛍光灯や白色ＬＥＤに比べて低すぎる電球の話はエネルギー問題で議論した方がよほどわかりやすい。日本の現代社会を支えている石油などの化石燃料がいずれは枯渇に向かう有限のエネルギー源であることは確かである。だから、国を挙げて省エネルギーを推進することは重要な施策である。そのような次第で、２００８年４月に日本政府は省エネルギーの観点から、２０１２年までに電球の製造と販売を自主的に自粛するように電機メーカーなどに呼びかけた。２０１１年３月には東日本大震災が起こり、大地震と大津波で福島第一原子力発電所が破壊され、それに伴い全国の原子力発電所が停止されて電力事情が逼迫した。そのため政府は直ちにより具体的に、販売店には白熱電球の販売を自粛し、消費者には電球型をした白色蛍光灯や白色ＬＥＤに買い換えるようにとのキャンペーンを張った。その結果、日本国内ではすべてのメーカーが２０１２年までに白熱電球の製造を中止にした。このような状況は海外でも同じであった。ヨーロッパでは2016年9月には白熱電球の販売が全面的に禁止になる。1878年2月に最初の実用的な電球のデモンストレーションが英国のスワンによって行なわれてから、およそ150歳の寿命で電球の時代は終わることになる。

もちろんすべての電球がなくなることはない。電球は明かりとしてまた熱と赤外線を同時に使うことができるデバイスとして貴重である。電照菊に代表されるような農業における温室栽培や、鶏舎で使用すれば暖房も兼ねた明かりとして養鶏業にとっては便利である。太陽光のように熱放射の連続スペクトルであるので、基本的に演色性に優れているし、「白い光」の標準光源用としても今なお電球に代わるものはない。そのような特長から白熱電球は特殊な用途で使い続けられるであろう。それに加えて、太古からのあの暖かい炎の光にも似た電球の光を心地よいと感じる感覚は、これからもきちっと人のＤＮＡの中に長く保たれていくに違いない。

蛍光灯と地球環境問題

家庭で使われる蛍光灯は低圧水銀灯の一種である。アーク放電により発生する紫外線を利用して蛍光体を励起し、眼に見える光に変換させている。だから、水銀は蛍光灯にとって不可欠な構成要素である。だが、水俣病に象徴されるように、さまざまな排出源から排出される水銀はさまざまな形に変化して環境を汚染し、人間を含めた生物に深刻な被害をもたらす。

国連の統計によれば、水銀は金の採掘において使用される用途および塩化ビニール工業や塩素工業などに用いられる触媒などの用途が50％以上を占める。私たちにおなじみの電池や電気機器、歯科用アマルガムにもそれぞれ10％ほどが使われている。金の採掘と水銀との関係がわかりにくいかもしれない。水銀は、川底の砂に混じって出てくる砂金や鉱石中の金と容易に溶け合って合金となり、液体状態の水銀アマルガムを作る特性を持っている。水銀の沸点は３５６℃ほどなので、木を燃やして作る炎で加熱するだけでもアマルガムから水銀を蒸発させ、金属の金を取り出すことができる。ローマ時代から利用されている金の古い精錬方法である。ものの表面に金メッキを行なう際には金アマルガムを塗ってから加熱して水銀を蒸発させ、金を表面に残す。これらの技術は、世界の東西を問わず長い歴史を持っていて、奈良の大仏を金でメッキする際にも使われた。この方法によって水銀が環境に大量に放出されてきたことは間違いない。

そのなかでも、蛍光灯などの明かりに使われる水銀の量は全体のわずか４％（２００５年）にすぎないのだが、「メチル水銀やエチル水銀などのアルキル水銀は検出されてはならない」との環境基準からすると、蛍光灯などを製造したり廃棄したりする際に環境に排出される水銀量はゼロにしなければならない。現実にはそのようなことは不可能であるから、最初から水銀を使わない明かりを作り出すことが最もよい選択である。だが、一般家庭で広く使われてきた効率の高い省エネルギーの明かりは蛍光灯のみであり、これまで蛍光灯をなくすことは現実にはできなかった。白色ＬＥＤは、まさに、水銀を使わない新しい明かりの実現が望まれていた状況の中で登場して来たのである。

国連は２００１年から地球規模の水銀汚染に関する調査を開始した。その報告書を基に議論が重ねられた結果、『水銀に関する水俣条約』が２０１３年に日本の熊本市で締結された。工場からの排水にメチル水銀が含まれていたことによって九州の水俣地方に発生した重篤な「水俣病」にちなんで命名された国際条約である。これによると、条約加盟国において、水銀そのものの輸出が原則的に禁止され、規制値以上の水銀を含有する一般照明用蛍光灯などは２０２０年までに製造・輸出・輸入を禁止されることになった。この条約に基づき、日本では２０１５年6月12日に国内法である「水銀による環境汚染の防止に関する法律」が成立した。しかしながら現在国内で製造されている蛍光灯の水銀量はこの規制値以下なので、製造・輸出が禁止されることはない（日本電球工業会資料「水銀に関する水俣条約の国内担保状況について」平成27年9月15日）。禁止されることはないのであるが、省エネルギー効果の大きいＬＥＤを使うようにとの政府からの奨励、蛍光灯などを含めた産業廃棄物や鉱石廃棄物から抽出される大量の水銀の保管処分方法が未解決であり、環境に放出される水銀をできるだけゼロにしたいとする水俣病を発生させた当事国としての責任などの社会的背景の中で、本国内最大手のパナソニック社は「２０１５年をもって蛍光灯と白熱電球の従来型照明用器具生産を終了する」と２０１４年に発表した。加えて１９８０年に世界で初めて電球型蛍光灯を発売した東芝ライテック社も、２０１５年3月に電球型蛍光灯の生産を終了した。他社にもこの動きは広がっていき、法律の規制値以下であっても蛍光灯はＬＥＤへと徐々に切り替えられていくであろう。ヨーロッパではすでに蛍光灯の規制が始まっている。

この条約において一般照明用の高圧水銀ランプは当然ながら規制対象であるが、産業用や研究用の水銀放電灯などは規制対象ではない。またメタルハライドランプや高圧ナトリウムランプは規制対象にはなっていない。しかしこれらのＨＩＤランプが将来ともＬＥＤと共存していくのかどうか、興味ある課題である。

　実用的な蛍光灯が１９３８年にＧＥ社によって誕生してから、およそ80歳の寿命で蛍光灯の時代は終わることになる。電球の１５０歳に比べるとほぼ半分、ずいぶんと寿命は短かった。

２　白色ＬＥＤが生き残ったわけ

省エネルギー効果が高い

　これまで述べてきたように、近い将来に電球や蛍光灯は使えなくなり、白色ＬＥＤだけが主要な明かりとして生き残ることになる。白色ＬＥＤの最大の特性は、エネルギー効率の高さと寿命の長さである。明かりのエネルギー効率は一般にルーメン／ワット（lm／w）で比較される。ルーメンとは光束（こうそく）の単位であり、光束とは明かりの発光スペクトルを眼が感じる波長ごとの感度で補正（図１－４参照）した明るさの指標である。だから電球のように赤外光領域に強く発光していても、そのような光は眼に見えないからルーメンの値には寄与しない。

　結局のところ、大雑把に言えば、ふつうの白熱電球は１５０年の歴史の中で、発光効率は１５lm／w、寿命は１０００時間の性能で終わった。白色蛍光灯は80年の歴史の中で、発光効率は１００lm／wほど、寿命は６０００時間ほどで終わることになる。

　白色ＬＥＤは発光波長を眼に見える可視光の範囲内に調整できるという省エネルギー的には有利な面もあるのだが、エネルギー効率は誕生以来毎年のように向上していき、すでに発光効率は１５

０lm／ｗを超え、２５０lm／ｗになるのも時間の問題となっている（第5話図5－6参照）。寿命はすでに4万時間を超えている。毎日8時間点灯していても、15年ほどは保つことになる。白熱電球がしばしば切れたことを思えば、また年末の大掃除で蛍光灯をしばしば買い換えたことを思えば、日常の感覚的には白色ＬＥＤの寿命は永久に近いほどだ。

寿命が長くなる可能性はさらにある。たとえば電球型白色ＬＥＤの場合、点灯させるための駆動回路が電球内部に組み込まれていて、実際の寿命はその中に使われているコンデンサーなどの部品が決めている。駆動回路や部品の改良によって、10万時間以上の長寿命化の技術は手に届く範囲にある。その明かりは数十年にわたって「切れる」ことが滅多にないほどの長寿命になる。これは明かりには寿命があるとのこれまでの常識を覆すことになろう。

ともあれ、消費者が新たに白色ＬＥＤの明かりを購入しようとする際には、購入価格が少々高くても、明るさが同じならば、その明かりのトータルコスト、つまり購入価格と寿命が来て使えなくなるまでの経費の合計が安い方を選ぼうとするだろう。これは理屈で考えた「理性的価値」で選んでいることになるのだが、近年では明るさだけでなく色調や形のような好みや「環境へのやさしさ」といった「感性的価値」が、ものごとの価値を判断する基準の中で比重を増してきた。「環境へのやさしさ」の表現の一つは省エネルギー効果である。多くの場合、理性的価値と感性的価値はしばしば相反する場合があるのだが、明かりにおける省エネルギー効果にはそのような葛藤はない。直ちに、省エネルギー効果の大きな方を選ぶであろう。

先に述べた白熱電球、白色蛍光灯、そして白色ＬＥＤのエネルギー効率と寿命の数値のかけ算を基準として省エネルギー効果比較してみよう。白色LEDはこれまで明かりの主役であった白色蛍光灯と比べると省エネルギー効果はおよそ10倍、白熱電球に対してはおよそ400倍と計算される。もちろん実際に使ってみればこの差は小さくなるのであろうが、しかし倍や半分ほどのわずかな差ではない。桁が違うほど大きいのだ。白色LEDの価格は更に低下するであろうし、エネルギー効率も寿命もさらに向上するであろう。

近年のパソコンの処理速度・メモリー容量・通信速度の桁違いの「量」の向上が、私たちの生活における情報環境の「質」を劇的に変えてしまったように、この明かりの「省エネルギー効果」における桁違いに大きな「量」の変化は、私たちの生活における明かり環境の「質」を明らかに変えてしまうだろう。

デザインの自由度が高い

白色LEDが他の明かり大きく違う特長の一つは、ごくごく小さなサイズの点光源であることだ。これは特に強調しておきたい特性である。ハロゲンランプなどの白熱電球は点光源として使われてきたのであるが、発光領域であるタングステン・フィラメントの長さは少なくとも数センチメートルはあった。点光源とは言えない大きさである。白色蛍光灯は丸いサークル型や電球型もあるが、基本的には数十センチの長さの線光源として開発され、使用されてきた。広い面積の光源が欲しい場合は線状の蛍光灯を並べた。その光源の形状から、これまで白熱電球は点光源として、白色蛍光灯は線光源として明かりの市場を棲み分けてきた。どちらかがすべてに置き換わることはできなかったのである。

通常の白色ＬＥＤでは数十から数百ミクロンの青色発光領域に隣接して白色に変換する蛍光体層を設けているので、発光領域はそれより大きくなるものの、高出力白色ＬＥＤでも数ミリメートル程度である。これまでの光源にない、桁が違うほどに小さなサイズの光源である。このサイズが白色ＬＥＤの明かりとしての応用範囲を決定的に広くした。誰でも知っているように、点は、線にも、面にも、立体にもなる。ユークリッド幾何学の基本中の基本である。

微小であってしかも輝度が高い点光源であるが故に、レンズやミラーを使う光学系システムにも効率的に使うことができるようになった。パソコン用プロジェクターのなどはその典型的な応用であろう。並べれば目的に合わせて直線や曲線の線光源にもなる。平面光源でも曲面光源でも、立体形状でも自由自在だ。既存の電球のソケットに差し込む電球型にも、既存の蛍光灯器具に差し込むことのできる細長い蛍光灯型にも変身できる自由度をもっている。照明器具を新たに買い換えるというスイッチング・コストをかけずに、電球や蛍光灯にそのまま置き換わることが容易であったという最大の理由は、白色ＬＥＤの発光領域がごく微小な点光源であるという本質的な理由があったからである。白色ＬＥＤの出現によって、明かりの世界におけるデザインの自由度が増して、今や、照明器具デザインのイノベーションが起こっていると言っても過言ではない。

白色ＬＥＤの高輝度化・高出力化も進んだ。自動車のヘッドライトに独占的に使われてきた高輝度のハロゲンランプやメタルハライドランプも近い将来には完全に白色ＬＥＤに置き換えられるであろう。自動車の場合は、単に高出力化・高輝度化・高速点灯性・頑丈さだけではない。点光源であるが故に、さまざまな形状にデザインできる自由度があることも大きな理由になっている。カーブの時にハンドル操作と連動するヘッドライトも容易に実現できる。自動車だけではない。街路、高速道路、スタジアム、公園、工場の構内、港湾施設など、野外・屋外に専用に使われてきた高輝度・高出力の水銀ランプ、ナトリウムランプ、キセノンランプなどのすべてのＨＩＤランプの領域を白色ＬＥＤは置き換えつつある。漁業についても、消費電力が著しく大きい大出力のタングステン電球やメタルハライドランプに代わり、消費電力の少ないＬＥＤ集魚灯が試みられている。指向性が高くなったことにより夜空に漏れ出す光が減って、まっ暗な海に輝く光の集団を上空から眺められなくなる時代が来るかもしれない。

色調の自由度が高い

色調をコントロールする自由度が大きいことも白色ＬＥＤの特徴の一つである。蛍光灯はアーク放電により発生する水銀原子からの紫外線により蛍光体を励起して発光させる。色調は蛍光体だけが担っていた。白色ＬＥＤの場合は、ＬＥＤそのものの発光と蛍光体の発光との組み合わせで色調をコントロールできる。それだけ自由度が増えたことになる。

光の三原色である赤、緑、青にそれぞれに発光するＬＥＤを並べて一つの単位とし、白色を含めて目的に応じて自由自在に色調や明度を連続的に変化させる明かりとすることもできる。また、このような素子を2次元に並べた大型のディスプレイが屋外の広告宣伝用として、あるいは屋外スタジアム用の巨大なディスプレイとしても急速に目につくようになった。従来の小型三原色ＣＲＴ

（陰極線管）を並べたスタジアム用巨大ディスプレイは、三原色ＬＥＤによる巨大ディスプレイに駆逐されたと言ってよいであろう。

　白色ＬＥＤに使われているInGaN系青色ＬＥＤはインジウムの量を減らしていくと紫外線領域に発光させることができる。紫外ＬＥＤだけでも、紫外線蛍光灯や水銀ランプに代わって用いられる広い応用範囲があるのだが、蛍光灯と同じように紫外線で励起されるさまざまな蛍光体と組み合わせることで、さまざまな色調のＬＥＤの明かりを設計できる。

　初期の白色ＬＥＤは、青色ＬＥＤと「ＹＡＧ：Ce」と表される蛍光体を用いて白色を実現していた（第6話参照）。その後、青色光で励起されるさまざまな蛍光体が開発され、赤色領域に発光する新たな蛍光体（たとえば$CaAlSiN_3$：Euなど）との組み合わせによって演色性も向上した。さらに、従来にない発想の蛍光体も続々と開発されている。たとえば、ナノメートルサイズの半導体材料の超微粒子による「量子ドット効果」（注40）を利用した波長変換材料であり、青色ＬＥＤの光を目的に合わせた波長に効率よく変換する技術である。この新しい波長変換材料は、現在はカドミウムやセレンなどを含む環境汚染の恐れのある半導体材料が使われているが、その恐れのない元素を用いた半導体材料による技術開発も鋭意進められている。１０００年以上の歴史を持つ蛍光体がさらなる技術を作り出して生き残っていくか、「量子ドット」という新しい原理の波長変換材料が蛍光体を追いかけて追い抜いていくのか、興味深い技術開発競争が今始まっている。

　色調の自由度が増えたこともあって、白色ＬＥＤはロウソクの炎のような柔らかい暖かい色の光から、太陽のようなまぶしいほどの青白い光に至る幅広い色温度の異なる明かりを作ることができ、また目的に応じて高い演色性を持つ明かりなどを自由に作り出すことができるようになった。さらに、人の肌やものの色をくっきりと美しく見せる明かり、食べものの色をおいしく美しく見せる明かり、人の眼の「プルキニェ現象」（暗くなると人の眼の感度のピークが緑色から青色側にずれていく現象。第1話参照）を考慮し、暗くなってからの視認性を向上させるために発光波長のピークを青色側にずらした防犯灯用の明かりなど、個別のニーズに応じた明かりも可能になった。農業では、植物の生長段階と光の特性との研究が進み、それらの成果を踏まえて、生長の各段階に最適なＬＥＤ照明光が作られ、植物工場などに応用された新しい形態の農業の試みもなされるようになった。

これらのＬＥＤそのものの改良に加え、ＬＥＤを用いた照明器具の改良も活発に行なわれる段階に至った。多数のＬＥＤを配置することによって生じる光点の「つぶつぶ感」をなくしたり、配光特性を目的に合わせて制御するようにデザインされた照明器具も登場した。白色ＬＥＤが普及への階段を着実に昇り始めた証拠とも言えよう。

白色ＬＥＤが登場する前、青色ＬＥＤの初期の応用の一つは交通信号灯であった。これまで交差点に立っている交通信号灯はタングステン電球と赤色・青緑色・黄色のガラスフィルターとの組み合わせであったが、現在では全国的にそれぞれの色に発光する多数のＬＥＤを組み合わせた信号灯に置き換えられつつある。もちろん省エネルギー効果が高いこと、長期間交換しなくてもよいこと、指向性がよく視認性が高いこと、たとえ1個のＬＥＤが切れても交通信号灯としての機能は損なわれないことなどが評価されたのである。一方で、ＬＥＤの交通信号灯は雪国では吹雪になると雪が付着し、信号が見えにくくなるとのトラブルも起きた。今までのエネルギー効率の低い白熱電球は発生する熱で雪を融かしてくれたというわけだ。この問題もいずれ解決されるであろう。

ＬＥＤを発光素子との観点で言うと、発光効率の高い緑色ＬＥＤを作ることも残された重要な課題の一つである。ディスプレイでフルカラーを出そうとしても、赤色や青色は1個のＬＥＤですむのに、緑色だけは多数のＬＥＤが必要となっている。赤色と青色ＬＥＤにくらべ、緑色ＬＥＤの発光効率はなお低いのである。この問題はＬＥＤの開発の歴史にまでさかのぼる。ＬＥＤの開発の歴史は GaAs 系化合物半導体材料を用いて始まった。発光波長は赤外線から始まり赤色から緑色へと波長を次第に短くしてきたのだが、緑色に近づくに従って効率が低下した。一方、GaN 系化合物半導体によって青色ＬＥＤが実現したのだが、波長を長くし緑色に近づくにつれて、やはり効率が低下してしまう。最近の赤色 AlGaInP 系ＬＥＤと青色 InGaN 系ＬＥＤの例でも明らかなのだが、赤色から攻めても、青色から攻めても、効率の高い緑色ＬＥＤができないのだ（図７－１）。これは「グリーン・ギャップ」あるいは「緑の谷間」と言われている。なぜ低下するのかとの問題も学問的に興味深いものであるけれども、この谷間を埋める技術開発もまた興味深い場面にさしかかっている。

以上のように白色ＬＥＤは従来の明かりのすべてを置き換えるように普及が進んでいるのであるが、その象徴的な出来事は、２０１１年から２０２３年という長期にわたって進んでいるパリのルーヴル美術館と日本の東芝社との「ルーヴル美術館照明改修プロジェクト」であろう。美術館全体で使うエネルギーを半分に減らしたいとするルーヴル美術館側の目的の一環ではあるが、これまで

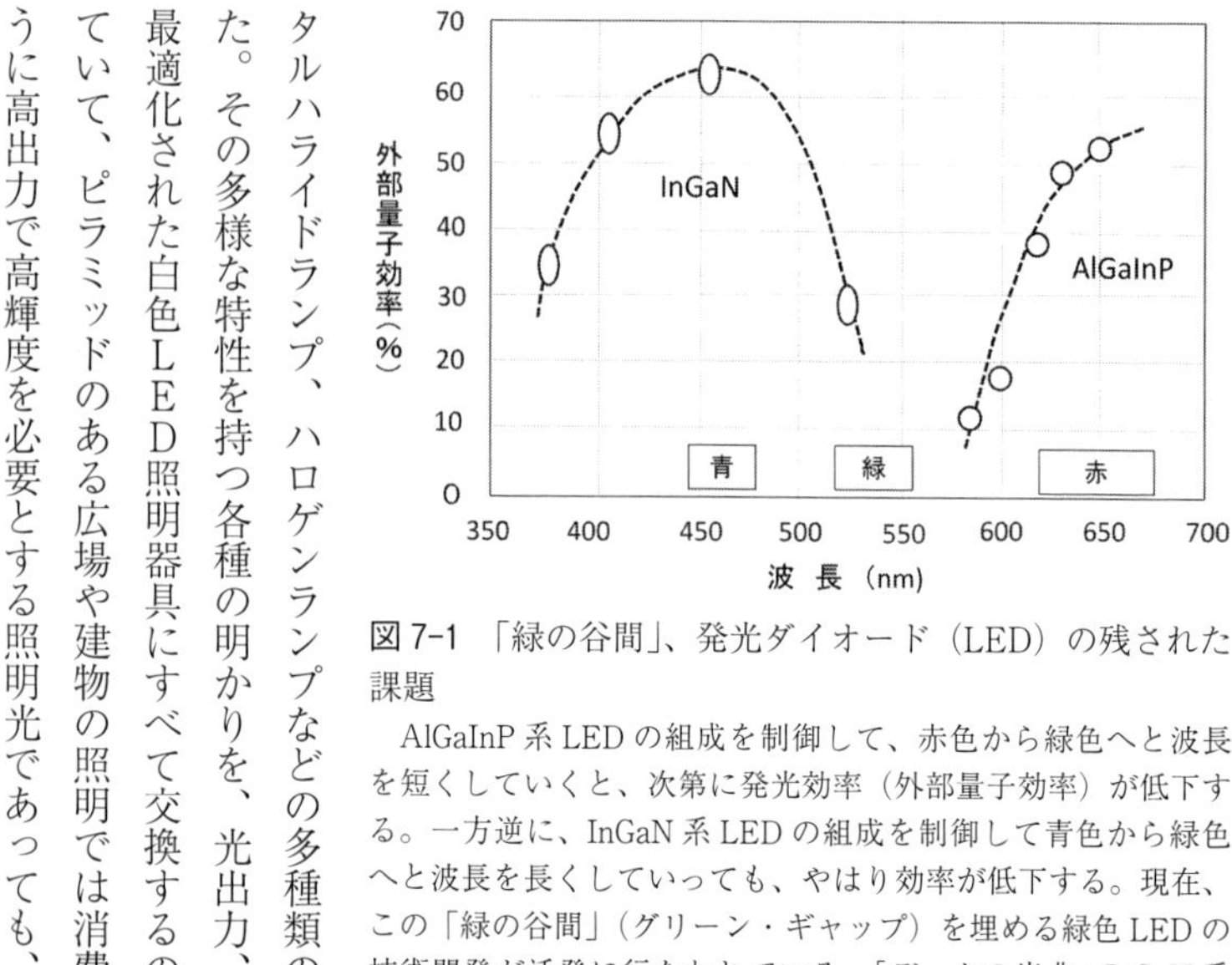

図 7-1　「緑の谷間」、発光ダイオード（LED）の残された課題

AlGaInP 系 LED の組成を制御して、赤色から緑色へと波長を短くしていくと、次第に発光効率（外部量子効率）が低下する。一方逆に、InGaN 系 LED の組成を制御して青色から緑色へと波長を長くしていっても、やはり効率が低下する。現在、この「緑の谷間」（グリーン・ギャップ）を埋める緑色 LED の技術開発が活発に行なわれている。［データの出典：InGaN 系 LED は日亜化学（2010）、AlGaInP 系 LED は SEI Technical Review Jan. 2010 による］

使用していた電球・蛍光体・放電灯などのすべての明かりが近い将来に法律的な規制で使えなくなる恐れがはっきりしたこと、それに加えて白色LEDによって、従来以上に美術館における照明効果を向上させたいとの意図がある。

それまで、ルーヴル美術館では、建物や広場などの屋外の高出力照明、屋内の部屋や廊下などの室内照明、そして絵画そのものを照明する特殊なスポットライトなどは、高圧ナトリウムランプ、キセノンランプ、メタルハライドランプ、ハロゲンランプなどの多種類の照明がそれぞれの目的に合わせて使われてきた。その多様な特性を持つ各種の明かりを、光出力、色温度、演色性、光拡散性、配光分布などの最適化された白色LED照明器具にすべて交換するのである。2014年には一部はすでに完了していて、ピラミッドのある広場や建物の照明では消費電力が73％も削減できたという。投光器のように高出力で高輝度を必要とする照明光であっても、白色LEDで充分に置き換えられることが証

明された。また、レオナルド・ダ・ヴィンチの「モナ・リザ」もすでに配光特性を最適化した平均演色評価数98の白色ＬＥＤスポットライトで照らされている。

このような美術館や博物館などの明かりの白色ＬＥＤ化は世界規模で広がっている。初期の白色ＬＥＤで問題となっていた演色性・高輝度化・高出力化についても、技術的にはほぼ解決されてきていることが証明されたといってよいであろう。

3　次の「白い光のイノベーション」は？

イノベーションにも寿命がある

私たちは１００万年にわたる明かりの長い歴史の中から、「白い光のイノベーション」を中心に眺めてきた。短くたどってみよう。

19世紀が始まる頃に生まれたガス灯は、「白熱ガス灯」によってさらなる発展を遂げるのであるが、結局は20世紀前半に「白熱電球」との競争に負けるという運命をたどった。ガス灯はおよそ１２０年の寿命であった。その電球はエジソンによって実用化が始まり、20世紀の初めに誕生した「白熱電球」によって電気による明かりは世界規模で急速に普及した。それまでのオイルランプやガス灯に比べて、明るい・簡便・便利・安全などといった利点が人々に評価されたからだ。だが、１００年ほど経過するうちに、エネルギー効率の低さが地球規模での社会的問題となり、21世紀始めには消滅していく運命をたどっている。およそ１５０年の長い寿命であった。その電球と明かりの市場を二分してきた「白色蛍光灯」は20世紀半ばに誕生し、高いエネルギー効率と光の色をコントロールできる自由度を獲得することによって、明かりの主役となって普及した。しかし水銀による環境汚染が地球規模で社会的問題となり、水銀を使わざるをえない蛍光灯は21世紀初めに消え去る運命になっている。およそ80年と短かい寿命であった。最新の白色ＬＥＤは21世紀直前に登場した新参者である。だが、省エネルギーや環境問題などの社会的要求に応える優れた特性を持っていることにより、電球や蛍光灯に代わって地球の明かりの主役になっていくことになった。この誕生してやっと20歳になったばかりの新しい明かりはいったい何歳まで活躍するのであろうか。

その時代を画すイノベーションとなってきたそれぞれの明かりの一生を眺めてみると、共通して言えることがある。それ以前とそれ以降では技術のパラダイムが異なるとの現象を伴っていること、生物と似たライフサイクルを描いていることである（図7－2）。あるイノベーションが永遠に続くことはありえない。

将来を担うであろうと思われるイノベーションの芽が誕生すると、新たな技術のパラダイムの萌芽期とも言える第一段階が始まる。電球の例で言えば、多くの発明者が試行錯誤しながら「電球とはこうあるべし」とする意見が集約されてくる段階である。そのあとで、そのパラダイムに従って成長し・進化し・成熟していく第二段階が始まる。エジソンがドミナント・デザインを決め、それに沿って電球産業が発展していき、「白熱電球」が誕生し、明かりの主役となっていく段階である。しかしながら、時間が経つにつれて、それまでの発展・成長の道筋を作ってきたパラダイムそのものが内外の環境に適合しないとの出来事が現れるようになり、それが蓄積されていく第三段階に至る。その出来事とは、「電球とはこうあるべし」とする電球のパラダイムがエネルギー効率の低さから社会の要求に合わなくなってきたことによるさまざまな事件である。蛍光灯の出現も電球のエネルギー効率の低さがきっかけになった。そして何の対処もしなければ、そのまま衰退し滅亡する

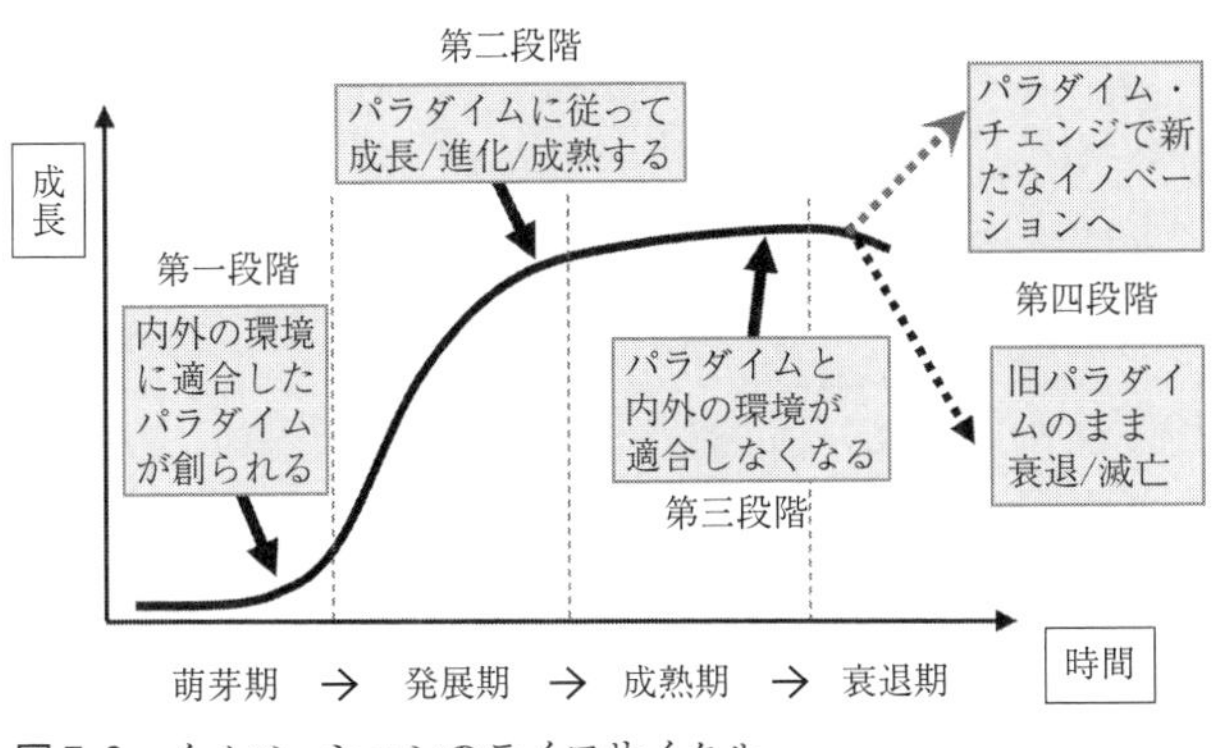

図 7-2　イノベーションのライフサイクル
人々の創造的な営みの結果生まれるイノベーションは生物と同じようなライフサイクルを描く。すなわち、内外の環境に適合したパラダイムが創られていく第一段階、そのパラダイムに従って成長し・進化し・成熟していく第二段階を経て、内外の環境に適合しない現象が蓄積する第三段階に至る。次の第四段階において、何の対処もしなければ、そのまま衰退し滅亡する道を歩むが、新たな環境に適合するパラダイムを再構築することによって、再び成長し進化する可能性が生まれる。シュンペーターが言うように、イノベーションは「創造的破壊」を伴っている。

道を歩むが、それまでのパラダイムから新たな環境に適合するパラダイムを再構築することによって、再び成長し進化する可能性が生まれる第四段階に至る。電球の場合は、ハロゲンランプを筆頭に、効率を上げようとのさまざまな技術が生まれてきたのであるが、「フィラメントに電流を流し、加熱することによって生じる熱放射の明かり」の技術にこだわる限り、閉じた技術のループに入り込み、そこを突破する方法は見つからなかった。結局、それを実現できたのは、技術のパラダイムがまったく異なる蛍光灯であった。その蛍光灯もまた白色ＬＥＤに置き換わることになる。

明かりのイノベーションの歴史はこのサイクルが繰り返されてきた。ガス灯から電球、電球から蛍光灯、蛍光灯から白色ＬＥＤへの移行のたびに明かりの原理がまったく異なる不連続な変化を伴った。パラダイム・チェンジがそのたびごとに起こったのだ。

栄枯盛衰は世の常だ

パラダイムとは、その時代の、その集団に属する人たちの信じて疑わない道しるべや目標のようなものであり、さまざまなものごとの価値を推し量る物差しでもある。その中にどっぷり浸かっていると、その他のパラダイムを考える必要もない。そのパラダイムに従って実に効率的に無駄なくものごとは洗練されて進んでいく。組織が階層化され、仕事の分業が行なわれ、個別の作業工程ごとの専用の装置が作られていくのもこの段階である。そのシステムに従って成長し発展して繁栄の時代が続くことになる。しかしそのパラダイムと内外の環境とが整合しなくなる時は必ず訪れるものだ。だが、予想外の出来事が起こり始めてもなかなか気づかない。気づいても、その出来事の方が間違いであると判断する。あるいは無視する。パラダイムとはそれほど強固なのだ。本能のようなものと言ってもいいかもしれない。とうとう無視できなくなる事態に至って、初めてそれまでのパラダイムがどのようなものであったのかと気づく。だが、ほとんどの場合、すでに遅い。

人々の創造的な営みの結果として誕生し存在している企業、国家、社会なども、技術や商品などのイノベーションと同じようなライフサイクルを描き、衰退し滅亡していく。いずれも誕生初期にはパラダイムが確立していく時期があり、そのパラダイムに従って繁栄を続けるが、そのパラダイムが内外の環境に適合しない事例が頻発するようになって衰退していくというプロセスである。しかし新たな環境に適合するパラダイムを再構築することによって、再び成長し進化する可能性が生まれる。イノベーションは「創造的破壊」を伴うとのシュンペーターの言葉は、まさにパラダイム・チェンジを起こす意味に他ならない。

1934年創立の富士写真フイルムという企業の例を取ろう。写真フィルムメーカーとしてイーストマン・コダック社に次いで世界第2位の写真フィルム市場の高収益会社として発展してきたのであるが、デジタルカメラが登場するに及び、従来の銀塩写真技術で培われてきたパラダイムが時代の趨勢に合致しなくなった。写真フィルム市場は衰退していき、収益の源泉を失った。生き残るにはこれまでと違う新たなドメイン(注41)を再構築しなければならない。現在は新たなイノベーションを目指して、パラダイム・チェンジを起こそうとしている過程にある。注目したいところだ。

一方、世界の超優良企業と言われていた長い歴史を持つ写真フィルム市場の覇者イーストマン・コダック社は2012年に倒産した。新たなドメインを目指すパラダイムが構築できなかったのだ。だが、アメリカ流の経営では、新たなドメインを再構築して生き延びる、という道をあえて選択しなかったと言った方が正解かもしれない。大企業の倒産により優れた多くの技術や優秀な技術者などの経営資源が社会に解放され、新たなイノベーションの芽を生み出すチャンスを創った方が世の中の役に立つという見方もあるのだ。実際にイーストマン・コダック社の元技術者による新しいベンチャー企業の活躍がニュースで伝えられるようになってきている。企業内のプロジェクトチームが解散したときに、チームにロックインされていた優秀な技術者が他部門に異動し、異動先で花を咲かせる事例もよくある話だ。

企業ばかりではない。江戸時代を築いた徳川幕府についても同じプロセスを歩んだ。織田信長と豊臣秀吉の後を継いで天下を取った徳川家康は戦国時代の幕を下ろし、封建時代のパラダイムを築き上げた。そのパラダイムに従って江戸時代の日本は栄華と繁栄を謳歌したものの、幕末になると欧米列国の干渉も頻発し、幕藩体制が国内や国外の矛盾を露呈して衰退し、明治維新という新たなパラダイム・チェンジが引き起こされた。フランス革命もそうであったし、ローマ帝国のように歴史の中で滅んでいった多くの民族や国家も同じようなライフサイクルを歩んできた。明かりのイノベーションの歴史と同じように、個人の創造的作品から国家や社会に至るまで常に起こる基本パターンと言っていいであろう。

明かりの次の進化は？

白色ＬＥＤは誕生してからほぼ20年経ち、白熱電球と白色蛍光灯を追いやった。現在は成長し、進化していくイノベーション・ライフサイクルの第二段階の途上にある。まだまだ成熟には至っていない。だが、いずれは内外の環境に適合しないさまざまな事例が出てくる第三段階に至り、衰退していくはずである。そして白色ＬＥＤに代わる新たなイノベーションが起こることになる。過去の明かりの歴史を見るとそうなるのだが、本当にそうなるのだろうか、起こるとしたらそれはいつ頃のことなのだろうか。

ガス灯の実用化開始の年を、工場の照明として初めて使った１８０２年、あるいはガス企業が事

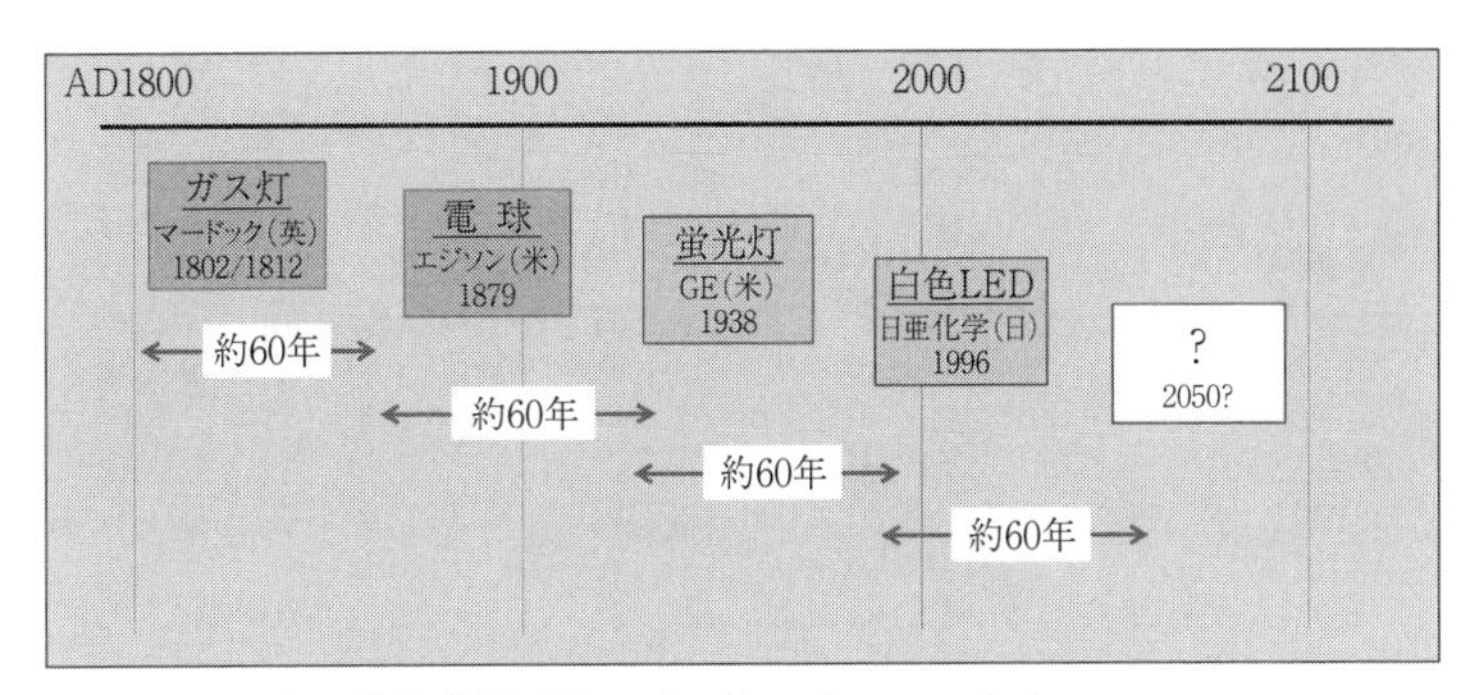

図 7-3　明かりの技術革新は約 60 年ごとに起こってきた

産業革命以降、現在までの明かりの技術革新は約 60 年ごとに起こってきた。ガス灯が誕生したときは電球の登場を、また電球が誕生したときは蛍光灯の登場を、蛍光灯が誕生したときは白色 LED の登場を誰もが予測できなかったように、私たちが予測できないような新たな原理の明かりが 2050 年頃に登場するのであろうか。

業を開始した１８１２年としても大きな間違いはないではなかろう。それから60年ほど経って、１８７９年に電球の実用化デモンストレーションがエジソンによって行なわれた。さらにその約60年後の１９３８年に実用的な蛍光灯が完成した。その蛍光灯の実用化から約60年後の１９９６年には白色ＬＥＤが実用化された。つまり、明かりの原理が変わるほどのパラダイム・チェンジを引き起こした四つのイノベーションは、興味深いことに約60年ごとに出現したことがわかる。明かりのイノベーションの「60年周期説」である。19世紀からの２００年間に科学や技術の進展が加速度的に速くなっていったのにもかかわらず、約60年という同じ間隔でイノベーションが起こっていたのだ（図７－３）。

もしもこの経験則が未来にも適用できることが可能なら、白色ＬＥＤに代わる次のイノベーション、つまり現在では誰も予測もできないような原理の新しい明かりは、２０５０年頃には出現する可能性があるということになる。だが、ガス灯が世の中に現れた頃は電球という概念すらなかったであろうし、電球が実用になり始めた頃は蛍光灯という明かりを想像することすらできなかった。そして蛍光灯ができた頃は半導体素子であるトランジスターですら影も形もなかった。まして発光ダイオードのような固体の明かりが将来家庭で広く使われると空想した人は誰もいなかったであろう。２０５０年頃に登場するかもしれない新たな原理の明かりは、少なくとも、現在はまだ誰もが試みていない原理の明かりである。知りたくてもわからないと思った方がよいのだろう。しかし、何が起こりそうなのか、やはり興味がある。

18世紀に始まった産業革命以来、物質科学（物理学や化学）に支援された近代技術によって、それまで存在しなかったさまざまな人工物や新しいエネルギーなどが創り出され、今日の近代工業社会が成立し、人類は科学と技術の恩恵を大いに受けるようになった。一方では、過剰な大量生産・大量消費、そして生産物の大量廃棄という現象をも生み出した。ガス灯、電球、蛍光灯、白色ＬＥＤという一連の明かりのイノベーションも、この物質科学を基盤とする技術、そして社会の中で生まれてきた。

一方、20世紀中頃に、計算機科学の父と言われるアラン・チューリング、情報理論の父と言われるクロード・シャノン、最後の万能の科学者と言われたジョン・フォン・ノイマンによって築かれてきた「情報科学」と、そしてＤＮＡ二重らせんモデルを発表したワトソンとクリックによってその大系の端緒が築かれた「生命科学」とがほぼ同時期に登場した。これらの新たな自然科学は、これまでの物質科学で生まれてきた技術とは違うカテゴリーの革新技術を誕生させるようになった。

そして、それらの技術によって情報革命やバイオ革命が起こりつつあるとの実感もまた多くの人が持つようになってきている。インターネットによって情報が満ちあふれるようになり、また再生医療技術が登場し生命の操作が日常的に行なわれるようになって、私たちは世の中が急速に変わって来ていることを実感している。その新たな時代がどのような名前で呼ばれるようになるのか後世の歴史家が決めることではあるが、その社会は1万年前に誕生した「農業」という産業と、400年前の産業革命以来築いてきた「工業」という産業に加えて、情報科学や生命科学が主体となった技術による新たな産業が誕生し、それらの3つの産業から成り立つ新たな社会と考えてもよいのだろう。2050年頃に起こるかもしれない明かりのイノベーションはまさにこの新しく誕生する社会で起こることになる。

明かりの次のイノベーションは生命科学や情報科学に大きく影響を受けた革新技術でもたらされるであろうことは疑いない。明かりからの光は生命現象と関連する蛍の光のようなバイオ発光かもしれないし、そこに情報や通信との機能が付加されているような、空想することすら難しい明かりのシステムかもしれない。

後で述べる「おわりに　光技術の進化」でふれようと思うのだが、現在、光技術がパラダイム・シフトを起こそうとしている。「ドレスト光子」という新たな概念を用いて従来の光技術と違う「光と物質を融合させた技術の体系」が構築されようとしているのだ。この体系の中から明かりの次のイノベーションが生まれるのかもしれない。

トーマス・クーンが語っているように、現在の私たちは本質的に次の新たな時代のパラダイムを想像することができない。そして、だから、将来の「白い光のイノベーション」が何なのかを考えることすら間違っていることなのかもしれない。

ともあれ、これから訪れる2050年頃に、明かりの世界で何が起こるのか、楽しみである。

おわりに　光技術の進化

およそ100万年前の明かりの誕生は、それと同時に人類が「光」を自ら自由にあやつる光の技術の誕生でもありました。

光の技術は実に長い歴史をもっているとはいえ、しかし、光の技術が一般の人々の日常生活に広範囲に入り込んできたのは、燃やす炎の光から電球という電気の光に代わった20世紀初頭以降のことでした。光技術は電球や真空管などによる電気技術と結びついて「オプト・エレクトロニクス」となり、その後はレーザーや半導体と結びついたいわば「光子」技術とも言える「フォトニクス」となって、将来を担う無限の可能性を秘めた技術として期待され、急速に発展してきました。映像・音楽・通信・生産・交通分野などなど、光は産業分野から日常生活のあちらこちらに至るまで利用されていて、現代の生活は光技術なくしては成り立たないと言っても過言ではありません。

しかし、20世紀の終わりころになると、早くも光技術は限界に達しつつあるのではないかと、ささやかれるようになりました。光と物質の相互作用を利用する分野では、目的を実現するための技術障壁が高いために、光技術の進歩が止まってしまうのではないか、という危機感すらありました。その危機感の根本には、じつは17世紀以来ニュートンをはじめとする先人たちが基礎を築いてきた従来の光の概念にありました。

従来の光は宇宙空間や大気のなか、あるいは透明な物質のなかを自由に伝わっていく光という意味で、「伝搬光（でんぱんこう）」と呼ばれています。さまざまな技術開発を進めていくうちに、伝搬光には回折限界や光相互作用の限界という突破できない技術の壁があることがわかってきました。先に進もうと思っても、先に進めなくなったのです。

この危機感の中で、きわめて幸運なことに、近年になって従来の光の概念を打ち破る新たな光の存在が知られるようになりました。「近接場光（きんせつばこう）」です。近接場光とは、聞き慣れない言葉でありましょう。しかし、最近になって突然出現した光ではありません。光が存在しているあらゆるところ、これまでも身近なあらゆるところに存在していたのですが、およそ20年ほど前には誰も気がつかなかった光です。レーザーが地上には存在しない「神さまの創り忘れた光」であるとすれば、近接場光は「神さまが創ったことも忘れた光」と言ってもよいでしょう。人類はその光をようやく見つけたのです。

近接場光は、ナノメートルサイズの物質の表面にくっついていて、自由に動くことができない「非伝搬光」です。これまでの光の概念からすると、非常識な光といえます。物質との相互作用は、波長ではなく、物質のサイズがどのくらいであるか、また、光子（フォトン）のエネルギーがどのくらいであるかに依存しています。ただし、相互作用といってももちろん、眼には見えないごく微小な世界で起こっている現象です。その光はナノ物質や分子などに由来する電子と融合し、電子正孔対のエネルギーの衣をまとった光子との意味で、この新しい概念の光の主役は「ドレスト光子

(Dressed Photon：ＤＰ)」と呼ばれています。この分野の第一人者である東京大学の大津元一先生の命名です。

ドレスト光子は、第二のナノ物質を媒介させて多重散乱を起こさせて伝搬光（実光子）に変換しなければ、それ自身を直接観測できないとの意味で「仮想光子」です。さらにドレスト光子は結晶場におけるフォノンと結びつき、準粒子である「ドレスト光子フォノン（Dressed Photon Phonon：ＤＰＰ)」を作ります。このドレスト光子とドレスト光子フォノンをさまざまな形で応用することによって、単なる光技術ではない新たな「光と物質を融合させた技術の体系」、すなわち「ドレスト光子工学」が構築されつつあります。従来の光の世界で生じていた波長の回折限界の壁や他の限界の壁を突破し、より広くより深い光の世界を構築するドラマの主役、まさに光技術の世界でイノベーションが起こりつつあると言えましょう。青色ＬＥＤや白色ＬＥＤの場合と同様に、「ドレスト光子工学」分野は理論と応用の面で日本が世界の最先端を走っています。心強い限りです。

「ドレスト光子工学」は、また明かりの世界においても注目したい技術です。発光素子の分野でも応用の試みが始まっているからです。というのは、「ドレスト光子」を利用して、従来は実用不可能とされていたSiやSiCなどの間接遷移型の半導体材料でも、高効率の発光素子が実現可能になったのです。

第6話でも述べたように、これまで実用化されてきたＬＥＤに用いられている半導体材料はすべてが直接遷移型でありました。たとえば青色ＬＥＤの研究の歴史を見ても、間接遷移型半導体材料は初期の頃から研究候補の対象にもなりませんでした。その間接遷移型半導体材料がドレスト光子を応用すると効率のよい発光素子になるのです。これだけでもすごいことなのですが、その発光素子を作るときのプロセス操作で任意の波長を実現できるというのです。従来、ＬＥＤの発光波長はその半導体材料固有の物性、つまりバンドギャップで決まるという理解が常識であったのに、そうではないのです。まさに想像すらしなかった非常識なことが実現できたと言えましょう。

このマジックのような発光素子の技術を、たとえば、発光素子は不可能と言われていた間接遷移型の代表であるSi半導体材料で説明しようと思います。まずSiのｐ型半導体とｎ型半導体で「ｐｎ接合」状態を作ります（第6話参照）。この状態で電流を流しながら光を照射します。すると、Si結晶の中にドーパント原子によって生じる局在的な電子場と照射している光子とが結合して「ドレスト光子」ができます。そのとき、照射した光のエネルギーに対応した新たなエネルギー準位がSi結晶中に形成されます。これはすなわち最初に照射した波長と同じ波長を持つSi発光素子ができたことを意味します。このことは、青色光でも、赤色光でも、赤外光でも、当然ながら白色光でも、一つの半導体材料で任意の光を発光することのできる固体発光素子が可能になることを意味しています。

出力する光のスペクトルが素子を作るプロセス時に照射する光のスペクトルの複製となっていることから、この素子は「光子ブリーディング素子（Photon Breeding Device：ＰＢＤ）」と呼ばれています。これまでの発光ダイオード研究の課題として残された「緑の谷間」（グリーン・ギャップ、第7話参照）の解消、つまり高効率に緑色光を発光する固体発光素子の実現が可能になるかもしれません。目的とする物性を持つ物質を探して利用するという長い歴史を持つこれまでの技術の方法論から、目的とする物性を持つように人為的に物性を変えて利用する技術の方法論へと技術思想が大きく変わるパラダイム・シフトが起こりつつあると言っても過言ではありません。

それればかりではありません。現在は「シリコンの時代」です。あらゆる機器、システムにSiで作られた電子デバイスが用いられて、社会を動かしています。この状況が将来にわたって続いていくことは間違いないことです。「ドレスト光子」の技術を用いることにより、同じSi基板上で電子と光子が融合した新たな概念の複合素子が実現する可能性は非常に高くなります。もしも実現したならば、あらゆる技術領域や製品にこの革新的な光/電子複合素子が適用され、新たな世界を切り拓いていくことになるでありましょう。

ともあれ、これまでの60年周期との経験則からくる2050年を待つまでもなく、現在芽が出ている新たな革新技術によって、第5番目の「白い光のイノベーション」が起こるかもしれません。これもまた楽しみです。

増補・改訂版の出版にあたって

本書は、前書『白い光のイノベーション』（朝日新聞社、2005年）から10年を経て起こったさまざまな変化を書き加えた増補・改訂版になります。

当時は、新しく登場した白色発光ダイオード（LED）が本当に第四の「白い光のイノベーション」になるのだろうかとの迷いを抱きながら書いていたことを思い出します。しかしそれから10年の間に、明かりとして長い間親しんできた電球や蛍光灯が、世界各国の間の話し合いにより近い将来には消えてしまう運命に決まったことは想定外の大きな出来事でした。白色LEDが白熱電球や白色蛍光灯に代わる唯一の明かりになったのです。

2014年には、「20世紀は白熱電球で照らされた時代だったが、21世紀はLEDのランプで照らされる時代だろう」とのスウェーデン王立科学アカデミーからの賛辞とともに、白色LEDの発明のもとになった青色発光ダイオードの開発にノーベル賞が授与されたとのトピックスもありました。

そもそも、前書で明かりの歴史を「白い光」との視点で書こうと思ったきっかけは、家族とのキャンプでよく使っていたガスランタンのマントルに、放射能が含まれていることを、日本原子力研究所の放射線に関する研究部会の席上でたまたま耳にしたことにあります。ほんとうにそうなのかと、さっそく放射線画像センサー「イメージング・プレート」を用いたオートラジオグラフィにより放射線画像（図3－7）を作ってみたら、やはりマントルからの放射線が検出され、微量の放射能を持っていることがわかりました。1980年代の終わり頃であったかと思います。いったい誰がこのようなマントルという「熱－光変換デバイス」を作ったのかと興味が出てきて調べてみたら、カール・アウアー・フォン・ウェルスバッハという人物に出会いました。彼は四つの希土類元素の発見者として科学史にもその名が残るオーストリアの科学者であり、科学者でありながら、たぶん、世界で初めての大学発のベンチャー企業を作り、現在でも日本にも支社を持っているほどの長寿命の企業を興した人物でもありました。

その後、一橋大学のイノベーション研究センターで「イノベーション」分野の研究をする機会を得て、ウェルスバッハの発明になるマントルを使ったその「白熱ガス灯」は世界に普及し、先に誕生していたエジソン電球の普及を遅らせるほどになったイノベーション史における興味深い「帆船効果」（第4話参照）の典型例であることも知りました。最終的には20世紀の初めに新たに登場した白熱電球に敗北したとは言え、彼の「白い光」はエジソン電球の炭素フィラメントによる「黄色い光」に勝ったのです。「白い光」は特別な色の光でした。

「明かり」に関してそれほど興味を持っていたわけではありませんでしたが、ウェルスバッハの「白熱ガス灯」をきっかけに、明かりの歴史を眺めてみると、明かりの歴史とは実は「白い光」を求めつづけてきた歴史でもあることがわかってきました。「白熱ガス灯」に続いて「白熱電球」や

「白色蛍光灯」が誕生すると、そのたびごとに人々の日常生活や産業構造までも変えてしまうイノベーションが起こったのです。それぞれの明かりのイノベーションが生まれるときには、それぞれに関連した科学があり、技術があり、社会があり、革新技術の研究や開発に関わり合った人たち、そして企業のドラマがありました。また「光」の現象だけならば、ニュートンの言うように科学の「理性」の言葉だけで語ることが可能なのですが、「白い光」のように「色」に関連する話は、ゲーテが言うように人間の「感性」の言葉でないと語れません。そのような話を「ナノフォトニクス」の仲間たちとの酒の席で語らっているうちに、明かりの歴史を「白い光」との視点で見直して見ると実におもしろそうな世界が見えてきそうでしたので、本としてまとめることになりました。

本書の内容は多岐にわたりすぎているかもしれませんし、偏っているかもしれません。事実と違っていたり、説明が不足していたり、趣味に走って書いている部分も多々あるかと思います。可能な修正は今後とも行なっていきたいと思います。

本書を作るに当たり、増補・改訂版を作るきっかけを作って頂いた大津元一先生（東京大学）、納谷昌之さん、写真撮影にご協力を頂いた田所利康さん、イノベーション・プロセスに関して示唆を頂いた青島矢一先生（一橋大学）、LED研究開発の現場の話を聞かせて頂いた四宮源市さんを始め、多くの方々に感謝いたします。また、東京大学出版会の支援がなかったら、本書は完成には至らなかったでありましょう。

最後に、前書同様に、本書の完成までの日々に耐え、陰ながら支援してくれた宮原喜美子に感謝します。

２０１６年1月

箱根山のふもと　小田原の久所にて

宮原諄二

注

第1話

（1）**星のスペクトル分類**：恒星は表面温度の高い順からO－B－A－F－G－K－Mと表されるスペクトル分類が行なわれている。O型は数万K以上であり、わが太陽はG型（5300～6000K）、温度が低いM型は3000Kである。このスペクトル分類は覚えておくとなかなか役に立つ。いろいろな覚え方があるが、"Oh, Beautiful! A Fine Girl, Kiss Me."は気の利いた例文である。

（2）**「黒体」と見なされる物質**：黒体とはあらゆる波長の光を吸収する物質をいう。完全な黒体は現実には存在しない。「白金点黒体標準器」に使われていた「黒体」はトリア（酸化トリウム）で作られていた。最初の白い光のイノベーションとなった白熱ガス灯（第3話参照）に用いられたマントルの主体も同じく酸化トリウムである。偶然とはいえ、高温に耐える安定な特異的な機能を発揮する材料として、いずれも酸化トリウムが選ばれたことになる。しかし酸化トリウムは放射性物質であり、今日では使用されることはない。

（3）**標準光源**：現在は「標準イルミナント」と「標準光源」との言葉が区別して使われる。「イルミナント（illuminant）」とは、「それで照明された物体の色知覚に影響を及ぼす波長域全体の相対分光分布が規定されている放射」（JIS Z 7820：2012）である。標準光源はできるだけ標準イルミナントに近似させようとしているが、必ずしも再現しているわけではない。たとえば「標準イルミナント」である「CIE昼光」（図1－8）のフラウンフォーファー線による多数のギザギザまで、人工的な光源で再現することは不可能に近い。厳密に言わなければ「標準イルミナント」と「標準光源」は同じと考えてもいいだろう。

（4）**演色性**：演色性は「演色評価数」で表される。明かりの評価に用いられる試験色の色票はR1からR15までの15種類ある。通常用いられる平均演色評価数（Ra）は色票Ｒ１からＲ８までの平均であり、特殊演色評価数（Ｒ９～Ｒ15）はそれぞれの色票での値である。ちなみに色票Ｒ13はいわゆる白人の肌の色、Ｒ14は木の葉の色、Ｒ15は日本人の肌の色である。試料光源の色温度が５０００Ｋ未満の時は基準の光として完全放射体（タングステンフィラメント標準光源）の光を用い、５０００Ｋ以上の時はＣＩＥ昼光（Ｄ65標準光源）を用いる（JIS Z 8726：1990）。

第２話

（５）**衣服を着る知恵**：人間に寄生するシラミのうち、衣服に寄生するコロモジラミは頭に寄生するケジラミから、今からおよそ７万年前に分化したことがＤＮＡ分析でわかっている。一方、今から７万４０００年前にインドネシアにあるトバ火山が人類史上最大と言われている大爆を発起こし、その噴煙が何年ものあいだ地球を覆って太陽の光をさえぎって、寒冷化に向かっていた地球がさらに急速に冷えたこともわかっている。この大噴火により人類の数は激減したのだが、その寒さという環境の圧力の中で、およそ７万年前に衣服を着る知恵が生まれ、その結果としてケジラミからコロモジラミが分化したのではないかとの説がある。その時にホモ・サピエンスは針と糸という大発明をしたのだろう。ちなみに、インドネシアのスマトラ島にあるトバ湖はこのときにできた巨大なカルデラ湖である。

（６）**ニッチ（nitche）**：ニッチな市場は、先住者がいないか、先住者がいても少数であるが故に、小さな市場であっても高収益性を上げられる可能性は高い。しかし、その事業が成長を続けられるほど市場のパイは、大きくないのがふつうである。ちょうどその環境に見合った容量を超えて子孫を残し繁栄するためには、その場所は小さすぎる。周辺との共存共栄が成立すればよいが、その一線を越えると周囲からの攻撃にさらされる。ニッチ市場で繁栄を続けてきても、やがて、環境の変化によって生き延びられなくなる時代はやがてやってくる。そのようなときはどのようにすればよいのであろうか。1．ニッチ市場周辺の競争相手の領域の一部を戦いで奪い取る。2．新たなニッチ市場を探し求め、トップになれる小さな池を数多く持つ。3．新たな武器を作り上げ、すでに棲み分けされているほかの既存大市場の一部を奪い取る、などの戦略がありえよう。本文で述べたように、世の中の流れを変えてしまうようなイノベーションを起こし、大きな市場を創造した企業がもともとはニッチ市場から参入してきた歴史をもっていることはしばしば見られる。

（7）**人口増加の波**：石器時代から現代に至るまでの人口の増加をどのような視点で見るかによって、たとえば石器の時代や農耕の時代をそれぞれ二つの波に分けるなど、その区分の仕方が研究者によって異なる。またそれぞれの波の中には寒波、飢饉、疫病、戦争などによって人口が急激に減少した時期もあって、人口は単純に増加してきたのではない。したがって図2-3に示す「人口増加の三つ波」の始まりと終わりも概念で示すのであって、その時の人口も厳密な数値ではないことに留意したい。

（8）**人口増加率のピーク**：世界の年平均人口増加率がピークを迎えた年およびその時の増加率は、資料や統計によって微妙に異なっている。たとえば、資料によっては1960〜1970年における年平均人口増加率は2・06％である。実際には1975年前後のいずれかの年であることは間違いなさそうである。

（9）**コージェネ**：正確にはコージェネレーション（Cogeneration）という。電力と熱を同時に発生させる熱電供給システムを言う。ガスタービンやガスエンジン、燃料電池により発電し、排熱を取り出して給湯や暖房などに利用する。使用する場所に設置されるために送電ロスも減り、エネルギー利用効率は従来の30〜40％に対して、70〜80％と高くなる。

（10）**パラダイム**（paradigm）：パラダイムとは、もともと語形変化を表す文法用語であったが、現在では米国の科学史家トーマス・クーンが『科学革命の構造』（1962年）のなかで使った概念が広く解釈されて用いられている。彼は「科学の進歩は累積的に起こるのではなく、不連続な科学革命によって起こる。パラダイムとは次の科学革命が起こるまでのその時代のものの見方や考え方であり、科学革命とはパラダイムを変化させることである」と論じた。狭くは科学哲学の分野の言葉であるが、この便利な概念は「ある時代やある分野において支配的な規範となるものの見方やとらえ方」と拡張され、科学・思想・産業・経済・社会、さらには個人の領域にまで使われるようになった。イノベーションとは、パラダイムの変化を伴う革新であると表現されることもある。フロギストン説から酸化燃焼理論への変化は、まさにパラダイムの転換であった。

第3話

(11) **希土類元素**（Rare earth element）：希土類元素とは、１８６９年にメンデレーエフが発表した元素の周期表（巻末参照）において、狭義には原子番号57のランタンLaから71番のルテチウムLuまでの15元素、すなわちランタノイドを言う。これに加えランタノイドの下の周期にあり兄弟のように性質がよく似ているスカンジウムScおよびイットリウムYを加えた17元素群を総称することが多い。これらの希土類元素は、さらに元素の性質、すなわち原子の電子構造からセリウム族（La～Smまでの元素）とイットリウム族（Y、Sc、Eu～Luまでの元素）に分けられている。周期律表においてランタノイドの上の周期を占めるアクチナイドもまた希土類元素の親戚筋のような元素群である。アクチナイドは89番目のアクチニウムAcから始まり、90番目のトリウムTh、91番目のウラニウムU、そして自然界には存在せず加速器の中だけに存在する超短寿命の放射性元素へと続いていく。
　希土類元素はもともとその化学的性質が似ているために、それらの化合物は鉱石中に共存して産出されている。また融点が高く、還元されにくいために元素として分離されにくい。そのため新たな希土類元素を誰かが発見しても、その元素が実は複数の元素から構成されているとの新たな報告がなされ、過去の発見が否定されるという歴史を繰り返してきた。

(12) **マントル**（mantle）：ガス・マントルには布に発光物質を含浸させたソフト・マントルと、多孔質のセラミックの円筒に発光物質を含浸させたハード・マントルの2種類がある。ソフト・マントルはふくらませてからガスの火口の周囲にひもで取り付け、繊維成分を燃やし、強熱して網目構造の酸化物に変えて用いられる。ハード・マントルは街路灯などとして使われる大型のガスランタンにそのまま用いられるもので、炎の周囲の台座に取り付けて使用される。

(13) **くびき**：馬車を馬で引かせる場合、車の前方に2本の棒を平行に出し、その先端に横木を渡し、馬の後ろ首にその横木を取り付ける。前方に平行に出す棒を「かなえ」と言い、横木を「くびき」と言う。「くびき」は自由を束縛するものと言う意味で比喩的に使われる。

(14) **石灰光（ライムライト）の発見**：ファラデーは『ロウソクの科学』の注の中で、「この白い光はドラモンドの石灰光として知られているが、そうではなく外科医ジー・ガーニーが１８２２年に石灰光を発見した」と書いている。このガーニーとは、医者にして発明家であったゴールズワージー・ガーニーのことであろう。しかカンドルミネセンス（強熱発光）に関する調査報告を1974年に書いたヘンリー・アイヴィーによると、米国の化学者ロバート・ヘアは石灰光のことをすでに1801年に知っていたと述べている。一方、ウェルスバッハ博物館のローランド・アドゥンカによれば、1801年に石灰光を見つけたのはカール・フォン・フランケンシュタインという。いずれにしても、1800年代のごく初期に白く光る石灰光の現象は見つけられたのであろう。

（15）**蛍光体**（Phospher）：物質が外部からの何らかのエネルギー（放射線・紫外線などの電磁波、電子やα線などの粒子線、あるいは機械的エネルギー、化学的エネルギー、熱エネルギーなど）を吸収し、そのエネルギーが光として放出される現象をルミネセンス（Luminescence）と言う。ルミネセンスは刺激を受けている間の光の放出を「蛍光（Fluorescence）」、刺激を断った後にも放出される光を「燐光（Phosphorescence）」と区別することがある。蛍光体とはそのルミネセンスを示す物質をいい、実際には粉末状、薄膜状のもので、応用を目的とした発光材料を意味することが多い。効率よく発光させるために、その物質に発光中心となるような他の元素（希土類元素などはその典型）を加えたり、他の化合物との複合化合物にすることもしばしば行なわれる。その最適な組み合わせはなかなか難しく、試行錯誤のノウハウの塊（かたまり）のような技術となっている。

（16）**ソーダ産業**：岩塩などの塩を原料とし、塩水の電気分解によってソーダ灰（炭酸ナトリウム）、苛性ソーダ（水酸化ナトリウム）、塩素ガスや各種の塩化物が同時に生み出され、それらを利用して各種の工業製品が作り出される。「原料のくびき」のために、一つの素材だけの生産を中止することはできない。ソーダ灰はガラス製品・板ガラス、無機薬品・洗剤などの化学工業のほか鉄鉱の脱硫剤などに使われ、苛性ソーダは無機薬品、有機・石油化学などの化学工業、紙・パルプ、アルミナ、化学繊維、調味料などの食品などに、塩素は塩化ビニル、塩素系溶剤、無機薬品、紙・パルプ、その他に利用されている。

（17）**マッチ**：最初に実用化された黄リンマッチは毒性と自然発火の危険性から1912年に世界的に禁止となった。現在は無毒の三硫化リンを用いた硫化リンマッチである。日本は大正年間には米国、スウェーデンと並んで世界の三大マッチ生産国になった。しかし発火合金（フリント）を用いた使い捨てライターの出現（1963年）でマッチの生産は1975年以降急減し、1995年には42億円程度の産業になっている。その発火合金を使ったライターも圧電効果を利用した方式にその座を奪われている。

(18) **ミッシュメタル**：ミッシュメタルとは、種々の希土類元素を含む金属合金であり、代表的な組成はセリウム(Ce)：45～50%、ランタン(La)：20～25%、ネオジム(Nd)：14～18%、プラセオジム(Pr)：4～9%である。ミッシュメタルを微量添加(1%以下)することによって、鋳鉄や鉄鋼材料の機械強度、加工性、溶接性などが大幅に改良される。マグネシウム合金が航空機に利用されるようになったのはミッシュメタルにより高温強度が改良されたからである。

(19) **セレンディピティ(Serendipity)**：セレンディピティというのはセレンディップ(今のスリランカ)の3人の王子様が旅に出たところ、彼らの行く手に予想もしなかった幸運が次から次に現れたというお話がベースになっている。そこから、何かを求めているときに価値のある別のものを偶然に発見する能力という概念を表現する言葉として、1754年に英国の著述家であり政治家であったホーレイショ・ウォルポールによって「セレンディピティ」との言葉が作られた。ずいぶんと古い由緒ある言葉である。ノーベル賞受賞者をはじめとする多くの発見や発明物語ばかりでなく、日常の私たちの暮らしの中にもセレンディピティが発端になっていることがじつに多い。

第4話

(20) **ドミナント・デザイン(dominant design)**：ドミナント・デザインとは、特定の顧客のためのカスタム・デザインではなく、また最高の性能を発揮する特別なデザインでもなく、大多数のユーザーの満足を得て市場の支配を勝ち取った基本的なデザインを言う。通常の乗用車は、タイヤが四つ、丸いハンドルが一つ、エンジンとブレーキが付いていて、ワイパーがあって……と、すぐさまイメージを思い浮ぶことができる。これらの機能は必須なものとしてビルト・インされ、ドミナント・デザインとして成立している。ある製品にドミナント・デザインが成立すると、それ以前とそれ以降では企業間の競争の様式や技術開発の方法が変わる。ドミナント・デザインが出現する前は「破壊的イノベーション」を目指して数多くのプロダクト(製品)・イノベーションが試みられるのであるが、その中からドミナント・デザインが決まってくると、そのデザインに沿った改良による「漸進的イノベーション」が行なわれるようになり、プロセス(工程)・イノベーションに成功した企業が市場の支配権を握っていく。ドミナント・デザインは市場と技術の相互作用の結果として生まれるのであって、事前に意図して決められるものではない。

(21) リンカーン特許：リンカーンは下院議員時代の1849年3月22日に、特許「浅瀬の上に船を浮かす装置」を特許庁に出願し、公告されている（USP6469）。この特許は船を浮かせるための空気ブイを取り付ける装置に関するもので、川の浅瀬に座礁した彼の経験がもとになっている。当時は、模型が可能であるときは特許庁に模型を出すことが要求された。リンカーンが作ったその模型は現在スミソニアン博物館に展示されている。

(22) エジソンの「汚い手」：直流派のエジソンは、交流がいかに危険であるかを大衆に知らせめるために、パンフレットを作り、キャンペーンを張った。ニューヨークの動物園で暴れた象を「交流」の電気で殺し、死刑囚ウィリアム・ケムラーの電気いすによる最初の処刑（1889年）に対して、当局に「交流」の電気の使用を勧めた。ほんとうは交流であろうが直流であろうが、使用方法を間違えれば電気の危険性は同じであったのに。交流が社会に普及したあとでも、エジソンは交流を認めようとしなかった。

(23) アモルファス（amorphous）：物質を構成する原子の配列に規則性のあるものを結晶、規則性のないものを非晶質（アモルファス）という。通常のガラスはアモルファス状態であり、通常は結晶状態の金属や半導体にもアモルファス状態が存在する。アモルファス金属は同じ金属でも物性に方向性がなく、腐食に強かったり、硬くか靭性（ねばり強さ）にすぐれ、また磁性特性に優れるなどの性質を持つ。

(24) フィラメントをコイルにする：電球の内部を真空にする代わりに不活性ガスを入れると、電球の内部と表面で温度差があるので対流が起こる。対流が起こると冷やされてフィラメントの温度が低下する。フィラメントをコイル状にすると、単純な1本のフィラメントに比べて質量が数倍にもなり、フィラメント領域の空間容量と熱容量が増すので冷えにくくなる。つまりフィラメントをより高温に保つことができ、より明るく、より白い光になった。1本のコイルをさらに巻いて二重コイルのフィラメントが1921年に東芝の三浦順一によって考案され、白熱電球はより明るく輝くことができるようになった。

(25) 医用画像診断件数：1970年代にX線CTやMRIなどの画期的な医療画像診断分野の数々のイノベーションがあったが、1980年における米国における医用画像診断件数は、なお通常のレントゲン写真による診断が90・9％を占めていて、X線CTはわずか1・8％にすぎなかった。医療分野での革新技術の普及は他の分野よりも遅くなる傾向にある。
出典：J. Lloid Johnson and David L. Abenathy, "Radiology", vol. 146, pp. 851-853, 1984.

第5話

(26) **闇に光る牛**：この記述の出ている文献は、根本特殊化学株式会社 相談役 村山義彦氏によれば、宋の僧 文瑩撰になる宋時代の雑事を記録した『湘山野録』の巻下二十三 に記載され、現在、『景印分淵閣四庫全書 第一〇三七冊』に収められて、台湾商務印書館に所蔵されているという。
出典：https://www.nemoto.co.jp/jp/column/12_yako.html

(27) **錬金術**：石や鉛などの目の前に転がっている何の変哲もない物質を、金や銀などの貴金属に変えたり、不老不死の薬や万能薬などを作り出そうとした原始的な化学技術で、古代エジプトで起こり、アラビアを経て中世ヨーロッパで全盛となった。ジョナサン・スイフトは『ガリバー旅行記』の第3話「飛島（ラピュタ）」の中で、糞尿をもとの食物に変えようとする学者や、氷を焼いて火薬にしようとする男の話を風刺的に描き、当時の錬金術師たちを皮肉っている。あのニュートンも錬金術に凝っていたことが知られている。

(28) **ストークスの法則・輝尽現象・消尽現象**：蛍光体を発光させるには、発光する波長よりも短い波長の光で励起することが必要である。つまり、エネルギーの高い光でエネルギーの低い光は励起できるがその逆はないとする法則。エネルギー保存則から当然であるが、これを「ストークスの法則」という。励起している間は発光し、励起を止めると発光は止まる。これがふつうであるが、励起を止めても残光として光っている場合がある。この残光の途中で、発光した波長よりも長い波長の光を照射すると残光が突然に輝き出す場合があり、これを「輝尽現象」という。これはストークスの法則に反するように見えるのであるが、最初の励起で高いエネルギーが蓄積されていたのであり、エネルギー保存則には反していない。輝尽現象とは逆に残光が急に消えてしまう現象を「消尽現象」と言う。

(29) **カニバリゼーション（Cannibalization）**：「カニバリズム」はもともと、習慣として人肉を食することを意味するが、経営学では新たな製品や新たな事業を始めることにより、従来の製品や事業の売上げや利益を減少させてしまうこと、つまり共食いを意味する。カニバリゼーションを恐れて、新規な事業や製品の計画や実施を中止する場合もしばしばある。一方、従来よりも成長と利益が望めると予測できるならば、カニバリゼーションを自らの経営戦略として採用することもありうる。たとえば、写真フィルム会社におけるデジタルカメラ事業などはその例である。

(30) **ヴァリューチェーン**(value chain):事業のビジネス・プロセス全体を、製品やサービスが顧客に届けられるまでの一連の付加価値の連鎖として考える概念のこと。ヴァリューチェーンとは、その企業の組織風土とか企業パラダイムといった企業文化そのものを反映している。構築されたヴァリューチェーンはその企業の強さの根源となると同時に、自らの変化に対する根強い抵抗の根源にもなる。

(31) **ハロリン酸カルシウム蛍光体**:マッキーグらによって見出されたこの蛍光体は、微量のアンチモンとマンガンが添加されたカルシウムのリン酸化合物とハロゲン化合物の複合化合物の結晶であり、一般式は $3Ca_3(PO_4)_2 \cdot CaX_2$: Sb, Mn と表される。蛍光灯を明かりとしてもっとも普及させる原動力になったすばらしい発明であった。

(32) **スイッチング・コスト**:現在、パソコンなどで使われているキーボードのほとんどは100年以上も前に考案されたQWERTY方式でキーが配列されている。以前からこれに代わる効率のよいさまざまな方式が考案されているが、切り替えるにはキーボードの価格だけではなく、新方式を習い覚えるための時間や苦労を含めて、さまざまな障壁、有形無形のコストが立ちはだかる。これをスイッチング・コストという。画期的な製品や画期的な技術であっても、市場に受け入れられてイノベーションを起こすかどうかはスイッチング・コストに大きく依存している。

(33) **オルダス・ハクスリー**(Aldous Leonard Huxley):オルダス・ハクスリー(1894―1963年)は英国の小説家・評論家である。彼が描いた『すばらしい新世界』(1932年)は、機械文明の発達によって人類は繁栄を享受するが、その代わりに人としての尊厳を失っていく姿を描く。アンチ・ユートピア小説の傑作である。オルダス・ハクスリーの生まれたハクスリー家は知的な家系として知られている。祖父のトーマス・ハクスレーはダーウィンの進化論を擁護し、反対勢力に立ち向かった「ダーウィンのブルドッグ」と知られる著名な生物学者、兄のジュリアン・ハクスレーは国連のユネスコ事務局長にもなった著名な生物学者、弟のアンドリュー・ハクスレーは1963年にノーベル生理学・医学賞を受けた生理学者である。

(34) **新たな自然科学**：「物理学」と「化学」に代表される自然科学は16世紀に西欧キリスト教社会で誕生した。自分の周囲に存在する【外なる自然】を対象領域とし、その中でも次のような前提条件を満たす物事【ものごと】だけを切り取ってきた知識の体系である。たとえば、その物事は数字で定量的に表現でき、唯一絶対な基本法則や基本原理があり、要素を取り出しても全体は変わらず、要素を戻せばもとの全体になり、その要素は感覚・目的・価値を持たず、得られた結果はいつでも誰でもどこでも再現できる、などなどだ。しかしこの前提条件は結果として「物」(=エネルギー)だけを対象にしていたので、「人」や「社会」の物事にはほとんど当てはまらない。だから性別・年齢・民族・宗教・国家・時代・社会などには関係なく、知識の量を急速に増やすことができた。「物理学」と「化学」に支援された近代技術は産業革命というものづくり革命の原動力となり、今日の大量生産・大量消費・大量廃棄という近代「工業」社会を成立させた。「科学技術文明」が短期間の間に初めての世界共通の「文明」となった理由もここにある。一方、「生命科学」と「情報科学」は20世紀の半ばになって誕生した。自分の中にある【内なる自然】を対象領域にしていて、情報・知識・生命・認識・こころなどの、「物」ではない物事を知識の体系としている。これまでの自然科学と違い、結果として、本質的に「人」や「社会」に密接に関連して進化していく特性を持っている。その意味において、新たな自然科学と言ってもよいであろう。近年になってこの新たな自然科学に支援された新たなカテゴリーの技術分野が誕生し、これまでのものづくりの産業、すなわち「工業」とは明らかに違う産業分野が生まれてきたことに多くの人たちは気がついている。その新たな産業が次の新たな社会の原動力になることは間違いないであろう。

第6話

(35) **キルビー特許**：TI社のジャック・キルビーは半導体集積回路の基本概念に関する特許を米国で1959年に出願し、1964年に特許登録された。この米国特許は日本の特許法が改正される直前の1960年2月6日に日本に優先権出願され、1965年6月に公告となり、1977年6月に特許登録された。特許法改正後における特許権の権利期間は出願後20年、あるいは公告後15年間のいずれか短い方であったが、改正前の大正10年法では出願とは関係なく公告後15年間であった。この特許は1980年6月に権利満了となったが、その間にTI社は特許出願を分割する手法を駆使して特許の一部の成立を遅らせ、その特許が1986年11月27日に公告となり、１９８９年10月30日に特許登録された。つまり日本におけるキルビー特許は親子の関係にある二つの特許があって、親特許は消滅していたが、子特許の権利は２００１年11月27日まで有効となったのである。キルビー特許は実に30年の長い間サブマリン特許として水面下にあったことになる。特許登録後ＴＩ社は直ちに日本の半導体メーカーに特許使用料を請求した。ほとんどのメーカーは特許使用料を支払ったが、富士通だけは拒絶し、訴訟を起こした。世界中が注目したこの裁判は２０００年４月11日に最高裁判所の最終判決によって富士通の勝訴が確定した。キルビー自身は集積回路の発明により２０００年にノーベル物理学賞を受賞し、２００５年６月20日に81歳で亡くなった。

(36) **ＬＰＥ法（液相エピタキシャル結晶成長法）**：エピタキシャル結晶成長法とは、単結晶基板の上に、結晶方向を制御して目的とする単結晶薄膜を成長させる方法を言う。成長させるべき結晶組成成分を液体状態にし、基板上に結晶成長させる方法をＬＰＥ法といい、真空中でその成分を分子状態にして基板上に結晶成長させる方法を「ＭＢＥ法」（分子線エピタキシャル結晶成長法、Molecular Beam Epitaxy）という。先に出てきた「ＭＯＣＶＤ法」有機金属気相成長法もエピタキシャル結晶成長法の一つである。

(37) **「無意識知」**：私たちが持っている「知識」には、意識すればすぐに思い出せる「意識知」と思い出せない「無意識知」がある。思い出せる知識は、経営管理手法「ナレッジ・マネジメント」で扱っている「形式知」や「暗黙知」のように、他人に伝えることができる。しかし知識の大部分は、他人に伝えることもできない「無意識知」として蓄えられている。それまでの人生におけるさまざまな経験や好奇心によって蓄えられてきた多様で豊富な知識である。大部分は記憶の彼方にあって、無意識の海に沈んでいるのだが、何かのきっかけで浮かび上がって思い出すことのできる「臨界知」と、底の方に深く沈んでいて思い出すことが困難な「深層知」との二つがある。「無意識知」は創造の発端となる「ひらめき」に不可欠な知識の秘密の宝箱である。ひらめきは、思い詰めたあとのリラックスした状態のときに、「無意識知」・「熱き思い」・「ヒント」が瞬間的に共鳴して起こる。

第７話

(38) **チップ**：チップとはウエハーから切り出された一個一個のＬＥＤ素子を言う。ウエハーとは、目的とするＬＥＤの構造に従って結晶基板上に化合物半導体の薄膜結晶を成長させた多数のＬＥＤが作られている状態であり、白色ＬＥＤに用いる場合は、青色ＬＥＤの発光領域の上に蛍光体が塗布された状態になっている。切り取ったこのチップをさまざまな形にパッケージして、目的とするＬＥＤが作られる。

(39) **近世の小氷河期**：グリーンランドにバイキングが植民するほどに温かい気候が続いた中世の温暖期のあとに続いて、14世紀から19世紀にかけて地球は寒冷化した。その中でも17世紀から18世紀がもっとも寒冷化し、英国のテムズ川が凍り、江戸時代の日本では寒冷で穀物が実らず飢餓が頻発した。それ以降、地球は温暖化に向かっている。

(40) **量子ドット効果**：半導体の結晶粒子をナノサイズに小さくすると電子が量子的に閉じ込められ、サイズに応じて電子のエネルギー順位を変化させることができる。これにより、半導体ナノ粒子のサイズを変えるだけで、任意の波長を持つルミネセンスを発生させることができる。

(41) **ドメイン**（domain）：経営学におけるドメインとは、企業が事業活動を展開する事業領域を意味する。ドメインの定義は現在および将来の経営戦略における重要な構成要素である。ドメインを定義することによって、経営資源を投入すべき方向や蓄積すべき範囲がフォーカスされる。富士フイルムの場合、社名を変える前の富士写真フイルム時代のドメインの定義は、『わたしたちは、より優れた技術に挑戦し、「映像と情報の文化」を創造し続けます』であったが、２００３年に『わたしたちは、先進・独自の技術をもって、最高品質の商品やサービスを提供する事により、社会の文化・科学・技術・産業の発展、健康の増進、環境保持に貢献し、人々の生活の質のさらなる向上に寄与します』に変わった。以前と比べて、定義する事業の範囲が著しく広くなったと言えよう。

参考資料

全般

アイザック・アシモフ『アイザック・アシモフの科学と発見の年表』小山慶太・輪湖　博訳、丸善、１９９２年

アーサー・ザーエンス『光と視覚の科学――神話・哲学・芸術と現代科学の融合』林　大訳、白揚社、１９９７年

アレキサンダー・ヘレマン、ブライアン・H・バンチ『科学年表　知の５０００年史』植村美佐子 他編訳、丸善、１９９３年

安藤孝司『光と光の記録――光編』産業開発機構、２００３年

ヴォルフガング・シヴェルブシュ『闇をひらく光――19世紀における照明の歴史』小川さくえ訳、法政大学出版局、１９８８年

化学大辞典編集委員会編『化学大辞典』共立出版、１９７５年

ギルバート・シャピロ『創造的発見と偶然――科学におけるセレンディピティ』新関暢一訳、東京化学同人、１９９３年

サイエンティフィック・アメリカン編『科学が輝くとき――発明発見の過去・現在・未来』日経サイエンス編集部訳、日経サイエンス社、１９９５年

ジェームス・M・アッターバック『イノベーション ダイナミクス』大津正和・小川　進監訳、有斐閣、１９９８年

ジョー・ティッド、ジョン・ベサント、キース・パビット『イノベーションの経営学』後藤　晃・鈴木　潤監訳、NTT出版、２００４年

ジョン・ジュークス、ディヴィッド・サワーズ、リチャード・スティラーマン『発明の源泉（第2版）』星野芳郎・大谷良一・神戸鉄夫訳、岩波書店、１９７５年

ステファン・メイスン『科学の歴史――科学思想の主なる流れ』（上・下巻）矢島祐利訳、岩波書店、１９５５年

田中紀夫『エネルギー環境史Ⅰ　第一次エネルギー革命』ERC出版、２００１年

田中紀夫『エネルギー環境史Ⅱ　第二次エネルギー革命』ERC出版、２００１年

田中紀夫『エネルギー環境史Ⅲ　第三次エネルギー革命』ＥＲＣ出版、２００２年
トーマス・クーン『科学革命の構造』中山茂訳、みすず書房、１９７１年
一橋大学イノベーション研究センター編『イノベーション・マネジメント入門』日本経済新聞社、２００１年
一橋大学イノベーション研究センター編『知識とイノベーション』東洋経済新報社、２００１年
平凡社編『世界大百科事典』平凡社、１９８８年初版
松下電器照明研究所編『あかりの百科』東洋経済新報社、１９９２年
ヨハン・ベックマン『西洋事物起源』（全4巻）、特許庁内技術史研究会訳、岩波文庫、１９９９―２０００年
"A History of Light and Lighting": http://www.mts.net/~william5/history/hol.htm
"History of lighting": http://www.historyoflighting.net
Neil Ribe and Friedrich, "Exploratory Experimentation: Goethe, Land, and Color Theory", Steinle: http://scitation.aip.org/content/aip/magazine/physicstoday/article/55/7/10.1063/1.1506750

第1話　太陽の白い光

アイザック・ニュートン『光学』島尾永康訳、岩波文庫、１９８３年
アンソニー・ベイリー『フェルメール――デルフトの眺望』木下哲夫訳、白水社、２００４年
稲村耕雄『色彩論』岩波新書、１９６０年
金子隆芳『色彩の科学』岩波新書、１９８８年
「基本単位技術の変遷――光度」『計量標準１００周年記念誌』産業技術総合研究所計量標準総合センター、２００３年
小林頼子『フェルメール論』八坂書房、２００８年
「照明が駆逐　のこぎり屋根」『日本経済新聞』２００４年8月30日付
照明学会編『照明ハンドブック（第2版）』オーム社、２００３年
東海林弘靖「建築家と色温度」『照明学会誌』88巻3号、２００４年、１４３頁
塚田　敢『色彩の美学』紀伊國屋新書、１９７１年
日本色彩学会編『新編　色彩科学ハンドブック（第3版）』東京大学出版会　２０１１年

フィリップ・ステッドマン『フェルメールのカメラ』鈴木光太郎訳、新曜社、２０１０年

村上元彦『どうしてものが見えるのか』岩波新書、１９９５年

ルネ・デカルト『デカルト著作集１』白水社、２００１年

第2話　炎の黄色い光

スティーヴン・オッペンハイマー『人類の足跡10万年全史』仲村明子訳、草思社、２００７年

田家　康『気候文明史』日本経済新聞社、２０１１年

日本第四紀学会編『百年・千年・万年後の日本の自然と人類——第４紀研究にもとづく将来予測』古今書院、１９８７年

深井　有『気候変動とエネルギー問題』中央公論新社、２０１１年

古田隆彦『人口波動で未来を読む』日本経済新聞社、１９９６年

マイケル・ファラディ『ロウソクの科学』矢島祐利訳、岩波文庫、１９５６年改版

メルヴィル『白鯨』八木敏雄訳、岩波文庫

柳田國男「火の昔」『柳田國男全集』第23巻所収、ちくま文庫、１９９０年

ロバート・W・ケイツ「人類存続への道」『日経サイエンス』１９９４年12月号、１４２頁

"Edwin Drake and the Oil Well Drill Pipe": http://pabook.libraries.psu.edu/palitmap/DrakeOilWell.html

Naama Goren-Inbar *et al.*, "Evidence of Hominin Control of Fire at Gesher Benot Ya'aqov, Israel," Science, Vol. 304, No. 30, April 2004, pp. 725-727.

Argand and Lewis Lamps, "Seeing the Light": http://www.terrypepper.com/lights/closeups/illumination/argand/lewis-lamp.htm

第3話　炎の白い光

足立吟也編『希土類の科学』化学同人、１９８８年

舘野之男『放射線と健康』岩波新書、２００１年

村瀬数司（東邦ガス）、インタビュー、２００１年

Andrew Vella（Managing Director of Falks Veritas Ltd.）、私信、２００１年
C. H. Evans ed., "Episodes from the history of the rare earth elements," Kluwer Academic Publishers, Netherlands, 1996.
C. K. Jorgensen, "Narrrow band thermoluminescence of Aure Mantles containing Neodium, Holmium, Erbium or Thorium in mixed oxcide," Chemical Physics Letters, 1, July 1975, Vol. 34, Issue1, pp. 14-16.
Christian K. Jorgensen, Hans Bill, Renata Reisfeld, "Candoluminescence of Rare Earths," Journal of Luminescence, November, 1981, Vol.24/25, Part 1, pp. 91-94.
Etsuko Furuta, Yukio Yoshizawa and Tanaru Aburai, "Comparisons between radioactive and non-radioactive gas lantern mantles," Journal of Radiological Protection, December 2000, Vol. 20, No. 4, pp. 423-431.
Humbolt W. Leverenz, "An Introduction to Luminescence of Solid," Dover Publications Inc., 1968, Table 10, p. 148.
Henry F. Ivey, "Candoluminescence and Radical-Exciteted Luminescence," Journal of Luminescence, February 1974, vol. 8, Issue 4, pp. 271-307.
Roland Adunka（Auor von Welsbach Museum）、私信、２０００年
"Treibacher 100 years," European Rare-Earth and Actinide Society, ERES News Letter, Vol. 9, No. 3, Nov. 30, 1998, p. 1.
Theresa L. Aldridge "A Cradle-to Grave risk assessment approach to Thorium-Containing Lantern Mantles," Radiation Protection Mnagement, Sept/Oct 1997, pp. 37-47.
W. Buckley *et al.*, "Environmental Assesment of Consumer Products Containing Radioactive Material: 5.Incandescent Gas Mantles," NUREG/CR-1775, SAI01280-469LJ/F, NRC, 1980, pp. 5-1-5-31: http://pbadupws.nrc.gov/docs/ML0829/ML082910862.pdf
"Welsbach & General Gas Mantle Contamination," EPA（United States Environmental）.
Protection Agency）Region 2: National Priority Site Fact Sheet: http://www.epa.gov/region2/superfund/npl/0203580c.pdf

第4話　電気の熱い光

志村嘉門『電力技術物語——電気事業事始め』（社）日本電気協会新聞部事業開発局、1995年
ビョール・ランドストローム『星と舵の航跡——船と海の六千年』石原慎太郎監修、ノーベル書房、1968年
杉浦昭典『帆船史話』舵社、1978年
杉浦昭典『帆船——その艤装と航海』舟艇協会出版部、1972年
直川一也『電気の歴史』東京電機大学出版局、1985年
W・B・カールソン「夢追い人　ニコラ・テスラの発明人生」『日経サイエンス』2005年6月号、88頁
"A Review of the Henry Goebel Defense of 1893": http://home.frognet.net/~ejcov/hgoebel.html
"Centennial Light": http://www.centennialbulb.org/index.htm など
"Lincoln's Patent": http://www.abrahamlincolnonline.org/lincoln/education/patent.htm
"Thomas Edison": http://www.answers.com/topic/thomas-edison

第5話　ルミネセンスの白い光

オルダス・ハックスリー『すばらしい新世界』松村達雄訳、講談社文庫、1974年
蛍光体同学会編『蛍光体ハンドブック』オーム社、1987年
ヨーハン・ヴォルフガング・フォン・ゲーテ『イタリア紀行』相良守峯訳、岩波文庫
ヨーハン・ヴォルフガング・フォン・ゲーテ『色彩論　完訳版』（全3巻）、高橋義人 他訳、工作舎、2001年
リチャード・S・ローゼンブルーム、ウィリアム・J・スペンサー編『中央研究所の時代の終焉——研究開発の未来』西村吉雄訳、日経BP社、1998年
H. G. Jenkins, A. H. McKeag and P.W. Ranby, "Alkalin Earth Halophosphates and Related Phosphors," Journal of the Electrochemical Society, July 1949, Vol. 96, pp. 1-12.
"Lamp Inventors 1880-1940: Fluorescent Lamp": http://americanhistory.si.edu/lighting/bios/gi_rt.htm
Maxime F. Gendre, "Two Centuries of Electric Light Source Innovations": http://www.einlightred.tue.nl/lightsources/history/light_history.pdf
"The Discovery of Luminescence: The Bolognian Stone": http://www.isbc.unibo.it/Files/10_SE_BoStone.htm

Thomas Justel *et al.* ed., "New Developments in the field of Luminescent Materials for Lighting and Display," 17, December 1998, Vol. 37, Issure22, pp. 3084-3103.

第6話　量子の白い光

「アーサー・エディントン」：http://ja.wikipedia.org/wiki/アーサー・エディントン
クレイトン・M・クリステンセン『イノベーションのジレンマ――技術革新が大企業を滅ぼすとき』玉田俊平太、伊豆原弓訳、翔泳社、２００１年
「コーナーキューブ」：http://www.nitto-optical.co.jp/products/basic_prism/index.html
小山　稔『青の奇跡――日亜化学はいかにして世界一になったか』白日社、２００３年
関口尚志「技術移転・技術開発の経済文化史断章」『国際交流研究（フェリス女子学院大学国際交流学部紀要）』第６号、２００４年3月、１１３―１６６頁
「サブマリン特許と早期公開制度」、平成16年度特許庁「産業財産権を巡る国際情勢について」参考資料7―4
四宮源市（日亜化学工業）、インタビュー
武石　彰、青島矢一、軽部　大『イノベーションの理由――資源動員の創造的正当化』有斐閣、２０１２年
チャールス・A・リンドバーグ『翼よ、あれがパリの灯だ』佐藤亮一訳、出版協同社、１９７５年
テーミス編集部『青色発光ダイオード――日亜化学と若い技術者たちが創った』テーミス、２００４年
藤井大児「技術革命のメカニズム（青色ＬＥＤ開発史の事例分析）」平成13年度一橋大学大学院商学研究科　博士学位論文
一橋大学イノベーション研究センター「ケース　日亜化学工業」CASE #99-10
『一橋ビジネスレビュー』編集部編「日亜化学工業――成長企業の競争戦略」『ビジネス・ケースブック２』東洋経済新報社、２００３年
「ものつくりにかける意地――日亜化学工業」『日経ビジネス』9月20日、２００４年
山口栄一「巨人たちの敗北――青色発光デバイスに挑戦した男たち」（１～６）『週間東洋経済』２００３年3月22日号―4月26日号
宮原諄二「なぜ中枢は辺境に負けたのか」『学士会会報』No.８６８、63―71頁、２００８年

"From Maser to Laser", https://www.bell-labs.com/about/stories-changed-world/inventing-laser/
Jeff Hecht, "Winning the laser-patent war," Laser Focus World, December 1994, pp. 49–51
Mary Bellis, "Inventors Laser History": http://inventors.about.com/od/lstartinventions/a/laser.htm

第7話　今、白い光は

神戸大学経営学研究室編『経営学大辞典』中央経済社、１９９７年
ジェームス・ワトソン『二重らせん』江上不二夫・中村桂子訳、講談社、１９８６年
四宮源市（日亜化学工業）、インタビュー
中村孝夫「純緑色半導体レーザーの開発」『生産と技術』第65号、第3巻、79―81頁、２０１３年
『日亜化学工業株式会社　有価証券報告書』
森山厳與「ルーブル美術館向けＬＥＤを用いた景観照明用器具の開発」『照明学会誌』第97巻、6月号、２０１３年、３２７―３３２頁

あとがき

大津元一『ドレスト光子――光・物質融合光学の原理』朝倉書店、２０１３年
大津元一『ドレスト光子はやわかり』丸善出版、２０１４年

元素の周期表（2012）

典型非金属元素
典型金属元素
遷移金属元素

周期＼族	1	2	3	4	5	6	7	8	9	10	11	12	13	14	15	16	17	18
1	H 1																	He 2
2	Li 3	Be 4											B 5	C 6	N 7	O 8	F 9	Ne 10
3	Na 11	Mg 12											Al 13	Si 14	P 15	S 16	Cl 17	Ar 18
4	K 19	Ca 20	Sc 21	Ti 22	V 23	Cr 24	Mn 25	Fe 26	Co 27	Ni 28	Cu 29	Zn 30	Ga 31	Ge 32	As 33	Se 34	Br 35	Kr 36
5	Rb 37	Sr 38	Y 39	Zr 40	Nb 41	Mo 42	Tc 43	Ru 44	Rh 45	Pd 46	Ag 47	Cd 48	In 49	Sn 50	Sb 51	Te 52	I 53	Xe 54
6	Cs 55	Ba 56	*	Hf 72	Ta 73	W 74	Re 75	Os 76	Ir 77	Pt 78	Au 79	Hg 80	Tl 81	Pb 82	Bi 83	Po 84	At 85	Rn 86
7	Fr 87	Ra 88	**	Rf 104	Db 105	Sg 106	Bh 107	Hs 108	Mt 109	Ds 110	Rg 111							

* ランタノイド	La 57	Ce 58	Pr 59	Nd 60	Pm 61	Sm 62	Eu 63	Gd 64	Tb 65	Dy 66	Ho 67	Er 68	Tm 69	Yb 70	Lu 71
** アクチノイド	Ac 89	Th 90	Pa 91	U 92	Np 93	Pu 94	Am 95	Cm 96	Bk 97	Cf 98	Es 99	Fm 100	Md 101	No 102	Lr 103

［な行］

［は行］

［ま行］

［ら・わ行］

人名索引

［あ行］

［か行］

［さ行］

［た行］

［な行］

［は行］

［ま行］

事項索引

著者紹介

宮原諄二
イノベーション・ファクター研究センター（IIF）代表。1942年静岡県に生れる。1967年名古屋大学大学院工学研究科修士課程修了。日本碍子株式会社、富士写真フイルム株式会社研究部長・事業部長などを経て、1998年一橋大学イノベーション研究センター教授、2001年同センター長。2004年東京理科大学専門職大学院総合科学技術経営研究科総合科学技術経営専攻（MOT）教授、2010年より現職。
受賞：大河内記念賞、日本結晶学会特別賞等
著著：『知識とイノベーション』（共著、東洋経済新報社、2001年）、『イノベーション・マネジメント入門』（共著、日本経済新聞社、2001年）、『白い光のイノベーション』（朝日新聞社、2005年）ほか

「白い光」を創る　社会と技術の革新史

2016年 2月18日　初　版

［検印廃止］

著　者　宮原諄二（みやはらじゅんじ）

発行所　一般財団法人　東京大学出版会
代表者　古田元夫
153-0041　東京都目黒区駒場4-5-29
http://www.utp.or.jp/
電話　03-6407-1069　Fax 03-6407-1991
振替　00160-6-59964

組　版　有限会社プログレス
印刷所　株式会社ヒライ
製本所　誠製本株式会社

ISBN 978-4-13-063360-4　Printed in Japan